CHANYE ZHUANLI
FENXI BAOGAO

产业专利分析报告

(第61册)——先进储能材料

国家知识产权局学术委员会◎组织编写

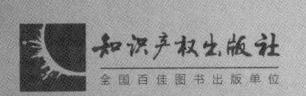

知识产权出版社
全国百佳图书出版单位

图书在版编目（CIP）数据

产业专利分析报告. 第61册，先进储能材料/国家知识产权局学术委员会组织编写. —北京：知识产权出版社，2018.5

ISBN 978－7－5130－5476－8

Ⅰ．①产… Ⅱ．①国… Ⅲ．①专利—研究报告—世界 ②储能—材料—专利—研究报告—世界 Ⅳ．①G306.71②TK02

中国版本图书馆 CIP 数据核字（2018）第 052425 号

内容提要

本书是先进储能材料行业的专利分析报告。报告从该行业的专利（国内、国外）申请、授权、申请人的已有专利状态、其他先进国家的专利状况、同领域领先企业的专利壁垒等方面入手，充分结合相关数据，展开分析，并得出分析结果。本书是了解该行业技术发展现状并预测未来走向，帮助企业做好专利预警的必备工具书。

责任编辑：卢海鹰　王瑞璞	责任校对：谷　洋
内文设计：王祝兰　胡文彬	责任出版：刘译文

产业专利分析报告（第 61 册）
——先进储能材料
国家知识产权局学术委员会◎组织编写

出版发行：知识产权出版社有限责任公司	网　　址：http://www.ipph.cn
社　　址：北京市海淀区气象路50号院	邮　　编：100081
责编电话：010－82000860 转 8116	责编邮箱：wangruipu@cnipr.com
发行电话：010－82000860 转 8101/8102	发行传真：010－82000893/82005070/82000270
印　　刷：保定市中画美凯印刷有限公司	经　　销：各大网上书店、新华书店及相关专业书店
开　　本：787mm×1092mm　1/16	印　　张：14
版　　次：2018 年 5 月第 1 版	印　　次：2018 年 5 月第 1 次印刷
字　　数：318 千字	定　　价：60.00 元
ISBN 978-7-5130-5476-8	

出版权专有　侵权必究

如有印装质量问题，本社负责调换。

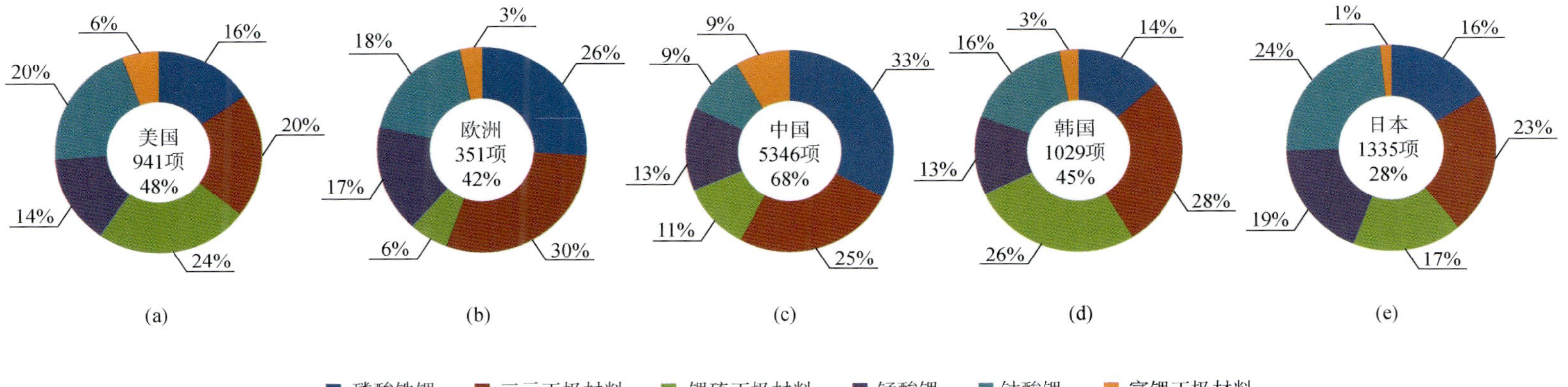

图 3-2-7 锂电正极材料领域各技术分支全球专利申请的国家/地区分布

(正文说明见第 44～45 页)

注：环形图中心数字表示申请总量；百分数表示近 5 年(2012～2016 年)的申请占比。

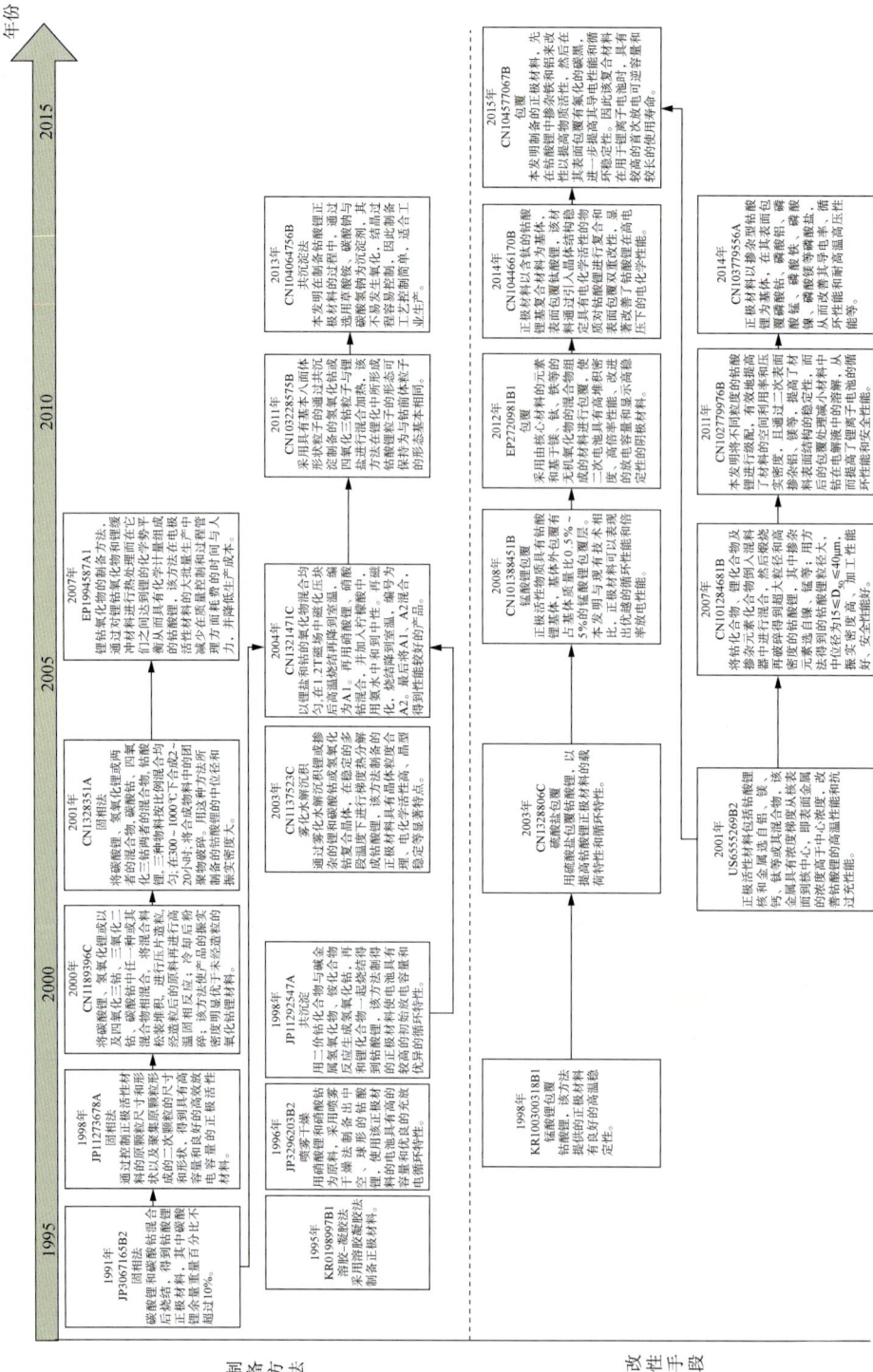

图 3-4-7 钴酸锂材料领域全球专利申请的技术发展路线图

(正文说明见第 57～59 页)

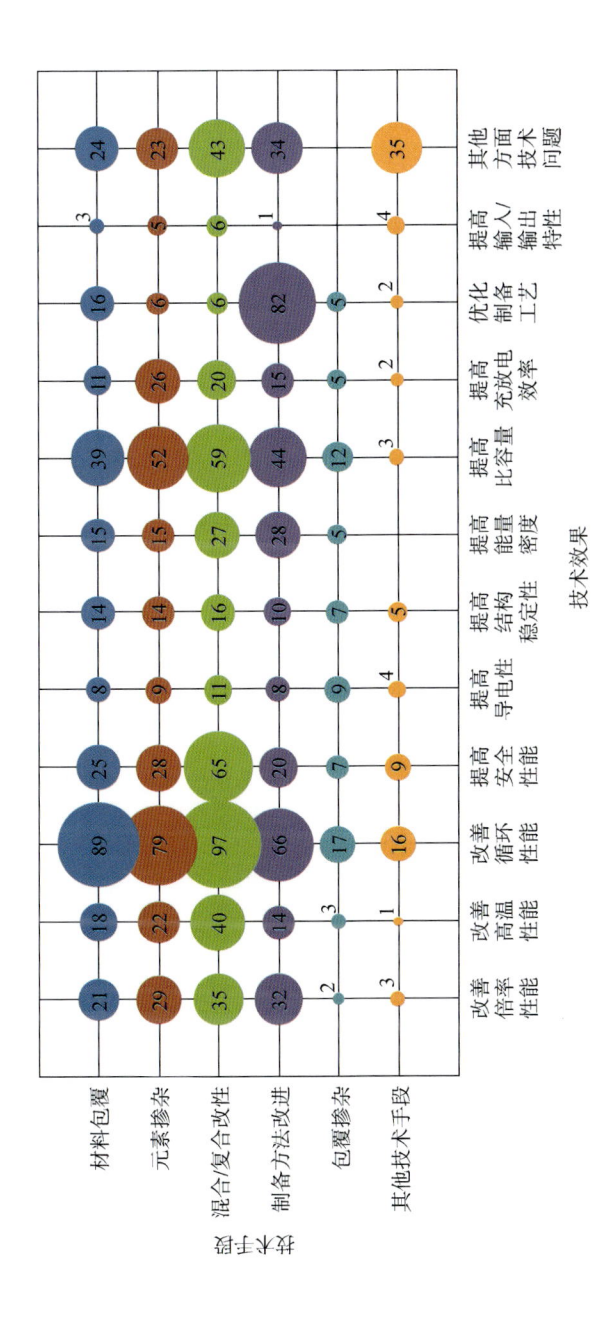

图 3-4-8 钴酸锂材料领域技术功效矩阵
（正文说明见第 59~60 页）

注：图中数字表示申请量，单位为项。

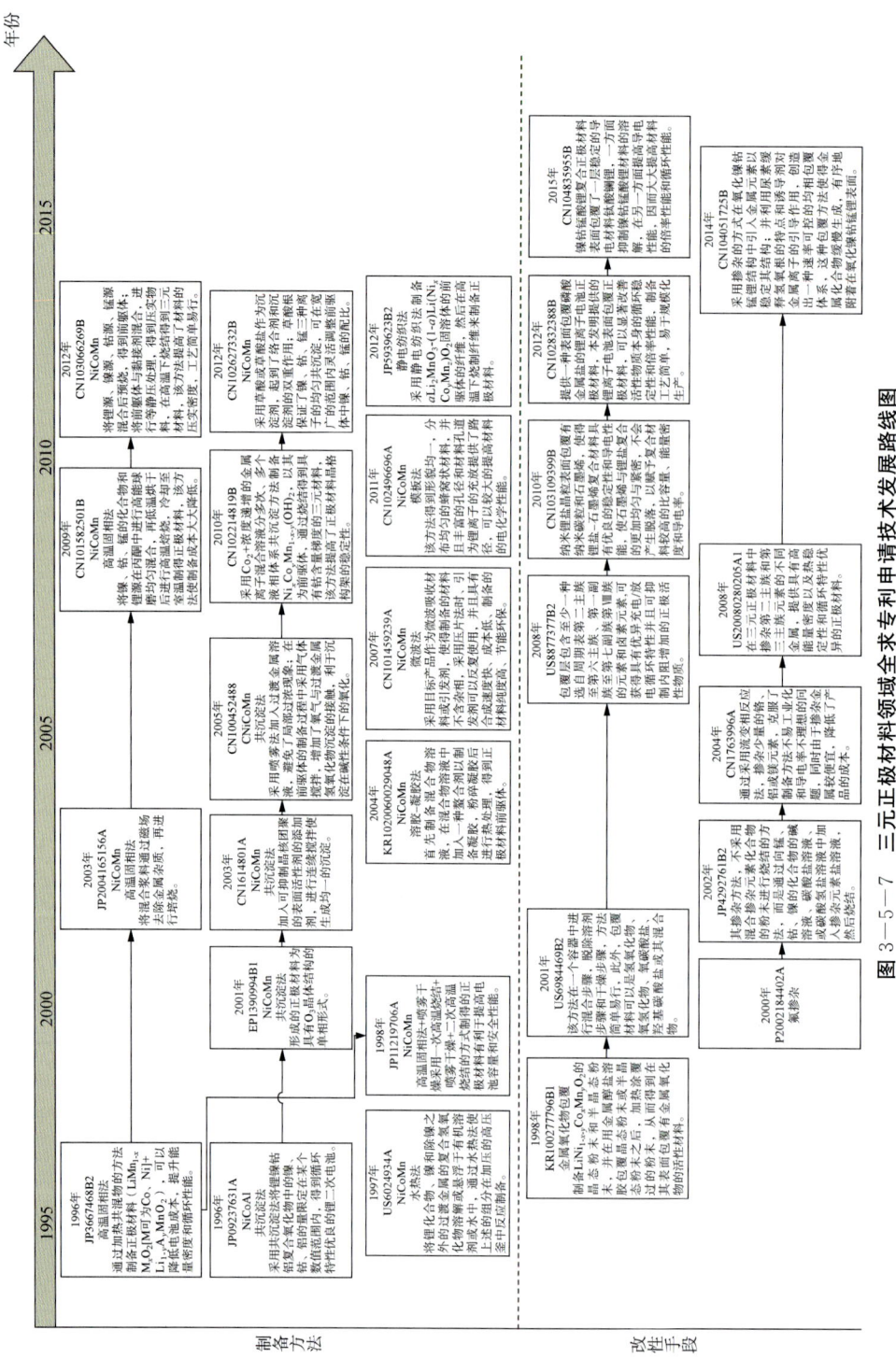

图 3-5-7 三元正极材料领域全求专利申请技术发展路线图

(正文说明见第 70~72 页)

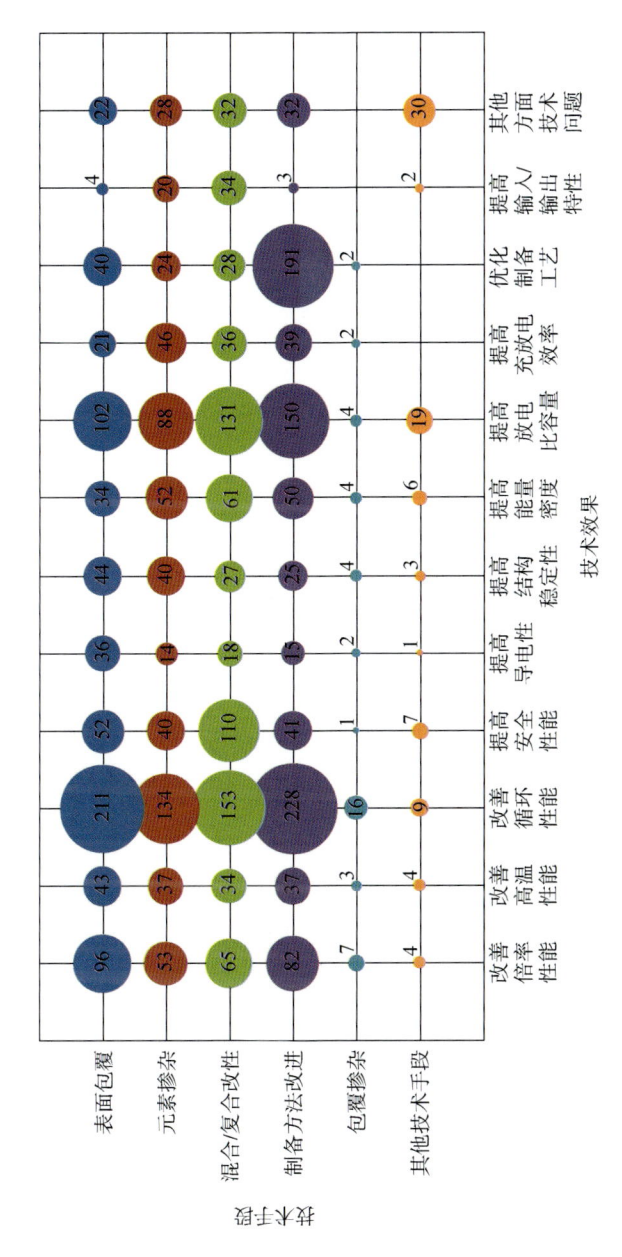

图 3-5-8 三元正极材料领域专利材料技术功效矩阵图

（正文说明见第 72~73 页）

注：图中数字表示申请量，单位为项。

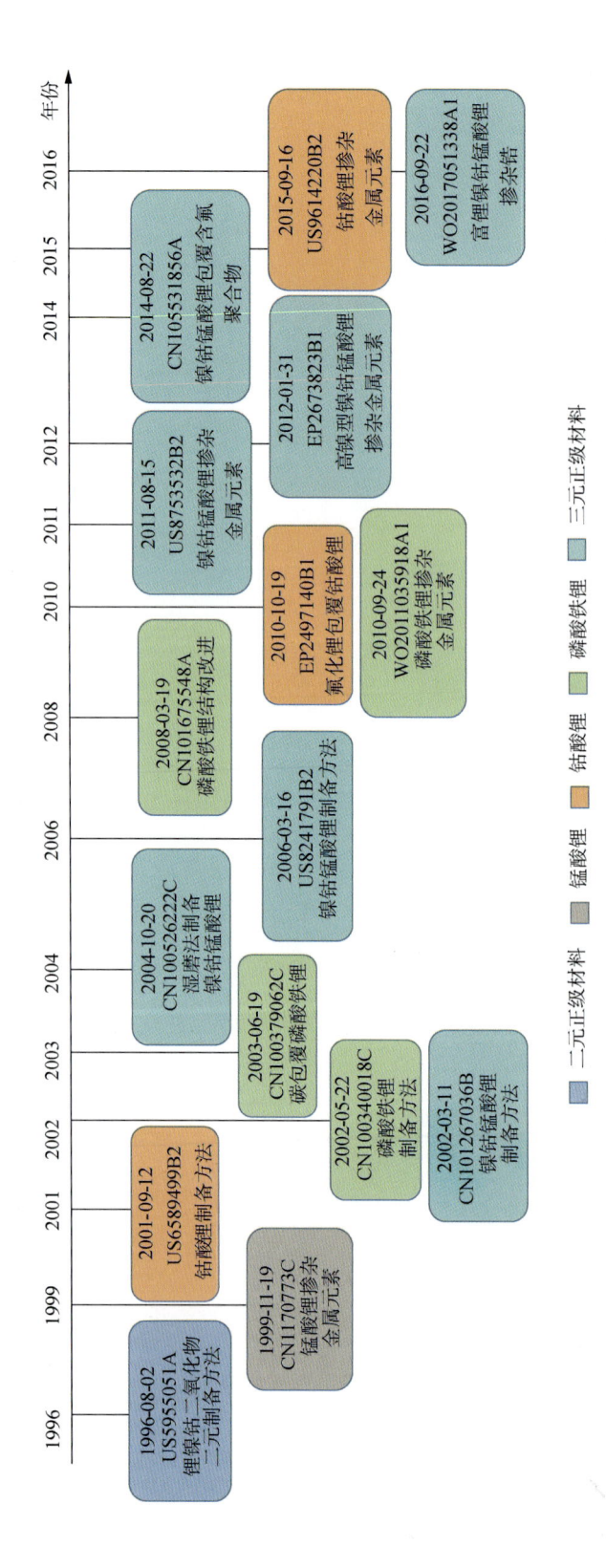

图 5-3-7　优美科锂电正极材料领域全球专利申请的技术发展路线

（正文说明见第 145 页）

编委会

主　任：张茂于

副主任：郑慧芬　雷春海

编　委：张伟波　夏国红　邱绛雯　孙跃飞

　　　　彭　燕　袁国春　李　锋　李扩拉

　　　　张小凤　褚战星

总 序

在习近平总书记新时代中国特色社会主义思想的领导下，按照十九大报告提出的倡导创新文化，强化知识产权创造、保护、运用的要求，国家知识产权局"十三五"期间继续组织开展专利分析普及推广项目，做好产业专利分析工作。

自专利分析普及推广项目启动以来，历年专利分析成果集结成册，对外出版发行。《产业专利分析报告》系列丛书出版以来，受到各行业广大读者的广泛欢迎，有力推动了各产业的技术创新和转型升级。

2017年专利分析普及推广项目继续秉承"源于产业、依靠产业、推动产业"的工作原则，在综合考虑来自行业主管部门、行业协会、创新主体的众多需求后，最终选定了6个产业开展专利分析研究工作。这6个产业包括食品安全检测、关节机器人、先进储能材料、全息技术、智能制造和波浪发电，均属于我国科技创新和经济转型的核心产业。2017年项目首次试点由社会研究力量承担的形式开展，在安徽省知识产权局、陕西省知识产权局和湖南省知识产权局的支持下，探索专利分析普及推广项目落地的路径。在多方努力下，形成了内容实、质量高、特色多、紧扣行业需求的6份专利分析报告。

2017年度的产业专利分析报告在加强方法创新的基础上，进一步深化了专利申请人、产品与专利、市场与专利、标准与专利、专利诉讼等多个方面的研究，并在课题研究中得到了充分的应用和验证。例如全息技术课题对国内外重点专利申请人进行深入研究；关节机器人课题对产品和专利的关系进行了深入分析；食品安全检测课题尝试进行对检测标准相关的专利分析。

2017年度专利分析普及推广项目的研究得到了社会各界的广泛关

注和大力支持。来自社会各界的近百名行业和技术专家多次指导课题工作，为课题顺利开展做出了贡献。行业协会和产业联盟在课题开展过程中提供了极大的助力，安徽省知识产权局、陕西省知识产权局和湖南省知识产权局给予了大力支持，在此一并表示感谢。《产业专利分析报告》（第59～64册）凝聚社会各界智慧，旨在服务产业发展。希望各地方政府、各相关行业、相关企业以及科研院所能够充分发掘专利分析报告的应用价值，为专利信息利用提供工作指引，为行业政策研究提供有益参考，为行业技术创新提供有效支撑。

由于报告中专利文献的数据采集范围和专利分析工具的限制，加之研究人员水平有限，报告的数据、结论和建议仅供社会各界借鉴研究。

《产业专利分析报告》丛书编委会

2018年5月

项目联系人

褚战星 62086064 18612188384 chuzhanxing@sipo.gov.cn

前 言 一

党的十九大倡导创新文化，强化知识产权创造、保护、运用，为我们依靠创新推动发展指明了方向。当今世界，专利技术日益成为经济发展的动力和市场竞争的焦点，分析利用专利技术信息成为助力各类创新主体提高创新水平、强化专利保护、避免专利纠纷、提升竞争力的一项重要基础性工作。

"十三五"期间，国家知识产权局组织进一步实施了专利分析普及推广项目。在"十二五"有关项目的基础上，更加深入地对关系到国计民生的重点产业开展专利分析，致力于推动各个产业的知识产权工作，培育知识产权服务业。

先进储能材料作为新材料的重要一员，通过技术创新，将材料转化为市场需求的产品，极大地促进了新材料产业系统的升级。本报告作为国家知识产权局2017年度专利分析普及推广项目的成果之一，通过对先进储能材料领域中的五大类材料进行专利数据分析，旨在对该领域开展专利分析工作提供指引和参考，提升我国专利信息利用的水平。

衷心希望更多的行业关注和重视专利信息分析，更多的创新主体和市场主体掌握专利分析方法，加速推动我国技术创新水平向更高端发展，努力实现经济发展方式的战略目标。

丁旭

前 言 二

  2017年，在先进储能材料产业专利分析报告项目立项之初，通过多种渠道广泛收集行业需求，得到了湖南省知识产权局以及行业内多家企业和高校的热烈回应，最终确定了先进储能材料产业专利分析报告的整体框架。一年来，10余名专利检索分析人员参与项目研究，先后拜访了多家企业、高校以及新材料产业协会，邀请相关行业专家和技术专家参与课题研究，为课题研究出谋划策。

  为了促进专利信息分析技术的普及推广，特将2017年度的研究成果汇集成《产业专利分析报告（第61册）——先进储能材料》正式出版。本报告共计31余万字，百余幅图表，经过多次检索调整，共计分析了近16万条专利数据信息。其专利分析流程包括技术和行业调研、专利技术分解、专利分析检索、数据去噪、专利数据标引、图表制作、图表解读、报告撰写等8个关键环节。本报告内容主要采取宏观分析结合具体微观分析的模式，对先进储能材料行业整体知识产权情况进行了介绍，同时对先进储能材料热点研究领域——锂电正极材料和燃料电池材料进行了较为深入的纵向分析。为了进一步突出行业典型，给国内企业树立标杆，本报告还选取了两家国际领先的企业申请人并对其知识产权信息加以详细介绍和分析。

  为了使专利分析报告能够进一步有效推动产业、服务创新，课题组已经将本报告中的部分研究成果分期推送给了湖南省先进储能材料行业内的相关企业，共计40余家。这一形式得到了湖南省知识产权局以及行业内诸多企业的高度认可。为此，本课题组将继续加强和深化与行业、企业的合作研究。在公开出版研究报告的基础上，本课题组还将继续深入行业和企业举行报告研究成果宣讲和专利分析方法培训，培育行业内的专利分析人才。希望相关行业、相关企业以及协会组织等能够充分发掘专利分析报告的应用价值，为行业政策研究提供有益参考，为行业技术创新提供有效支撑，为专利信息利用提供工作指引。

由于本报告中专利文献的数据采集范围和专利分析工具的限制，加之研究人员水平有限，本报告的数据、结论和建议仅供社会各界借鉴参考。

先进储能材料课题组

2017 年 12 月

先进储能材料产业专利分析课题研究团队

一、项目指导

国家知识产权局：张茂于　郑慧芬　白光清　韩秀成

二、项目管理

国家知识产权局专利局：雷春海　张小凤　褚战星　孙　琨

三、课题组

承 担 部 门：湖南省知识产权信息服务中心

课 题 负 责 人：李　锋

课 题 组 组 长：周璇玮

课 题 组 成 员：刘　佳　肖坤立　杨　宇　戴孙强　任娜娜
　　　　　　　　　赵　丽　康　婷　罗秀娟　蔡　杨　夏琴晔
　　　　　　　　　唐杏姣　江　柳　朱宇冰

四、研究分工

数据检索：周璇玮　肖坤立　赵　丽　康　婷　蔡　杨

数据清理：周璇玮　肖坤立　赵　丽　刘　佳　夏琴晔

数据标引：刘　佳　戴孙强　赵　丽　康　婷　杨　宇

图表制作：周璇玮　刘　佳　任娜娜　戴孙强　唐杏姣

报告执笔：刘　佳　周璇玮　戴孙强　任娜娜　肖坤立　赵　丽

报告统稿：刘　佳　周璇玮　戴孙强　杨　宇　任娜娜

报告编辑：肖坤立　周璇玮　刘　佳　罗秀娟　江　柳　朱宇冰

报告审校：李　锋

五、报告撰稿

刘　佳：主要执笔第3章，参与执笔第5章第5.6节、第7章

周璇玮：主要执笔第4章，参与执笔第3章第3.4节、第7章

戴孙强：主要执笔第2章，参与执笔第6章第6.2节、第7章

任娜娜：主要执笔第1章，参与执笔第4章第4.5节

肖坤立： 主要执笔第 5 章，参与执笔第 3 章第 3.5 节

赵　丽： 主要执笔第 6 章，参与执笔第 4 章第 4.4 节

六、指导专家

行业专家（按姓氏字母排序）

王志兴　中南大学

朱爱平　湖南省先进电池材料及电池产业技术创新战略联盟

技术专家（按姓氏字母排序）

陈　振　湖南立方新能源科技有限公司

公伟伟　湖南瑞翔新材料股份有限公司

郭　军　妙盛动力科技有限公司

李智华　湖南杉杉能源科技股份有限公司

唐泽勋　桑顿新能源科技有限公司

周友元　湖南长远锂科有限公司

朱　岭　湖南永盛新材料股份有限公司

专利分析专家

褚战星　国家知识产权局专利局审查业务管理部

刘　伟　国家知识产权局专利局化学发明审查部

董喜俊　湖南省知识产权局管理运用处

七、合作单位（排名不分先后）

湖南省先进电池材料及电池产业技术创新战略联盟、中南大学、桑顿新能源科技有限公司、湖南立方新能源科技有限公司、湖南长远锂科有限公司、湖南杉杉能源科技股份有限公司、湖南瑞翔新材料股份有限公司、妙盛动力科技有限公司、湖南永盛新材料股份有限公司

目 录

第1章 研究概述 / 1
    1.1 研究背景 / 1
    1.1.1 技术现状 / 1
    1.1.2 产业现状 / 3
    1.1.3 行业需求 / 4
    1.2 研究对象和方法 / 5
    1.2.1 技术分解 / 5
    1.2.2 数据检索 / 7
    1.2.3 查全查准评估 / 8
    1.2.4 数据处理 / 8
    1.2.5 相关事项和约定 / 13

第2章 先进储能材料专利分析 / 15
    2.1 全球专利分析 / 15
    2.1.1 发展趋势分析 / 15
    2.1.2 技术构成分析 / 16
    2.1.3 目标国/地区申请态势分析 / 17
    2.1.4 来源国/地区申请态势分析 / 20
    2.1.5 申请人分析 / 22
    2.2 中国专利分析 / 24
    2.2.1 发展趋势分析 / 24
    2.2.2 技术构成分析 / 25
    2.2.3 申请人国别分析 / 27
    2.2.4 申请人类型构成分析 / 28
    2.2.5 专利申请法律状态分析 / 29
    2.2.6 省区市分析 / 30
    2.2.7 主要申请人分析 / 30

第3章 锂电正极材料专利分析 / 33
    3.1 研究概况 / 33
    3.1.1 技术概况 / 33

3.1.2 产业概况 / 35
3.2 全球专利分析 / 36
　3.2.1 发展趋势分析 / 36
　3.2.2 申请国家/地区分析 / 38
　3.2.3 申请人分析 / 40
　3.2.4 主要技术分支分析 / 41
3.3 中国专利分析 / 45
　3.3.1 发展趋势分析 / 45
　3.3.2 主要申请人分析 / 46
　3.3.3 申请人国别分析 / 47
　3.3.4 申请人类型构成 / 48
　3.3.5 专利申请法律状态分析 / 48
　3.3.6 主要技术分支分析 / 49
3.4 钴酸锂正极材料专利分析 / 52
　3.4.1 钴酸锂材料技术简介 / 52
　3.4.2 技术发展态势分析 / 53
　3.4.3 主要申请人分析 / 56
　3.4.4 技术发展路线分析 / 57
　3.4.5 技术功效分析 / 59
　3.4.6 重点专利技术分析 / 61
3.5 三元正极材料专利分析 / 64
　3.5.1 三元正极材料技术简介 / 64
　3.5.2 技术发展态势分析 / 66
　3.5.3 主要申请人分析 / 68
　3.5.4 技术发展路线分析 / 70
　3.5.5 技术功效分析 / 72
　3.5.6 重点专利技术分析 / 74
3.6 结　论 / 81

第4章 燃料电池专利分析 / 83

4.1 燃料电池材料技术概况 / 83
　4.1.1 技术概况 / 83
　4.1.2 产业概况 / 84
4.2 全球专利分析 / 85
　4.2.1 申请趋势分析 / 85
　4.2.2 申请国家/地区分析 / 88
　4.2.3 申请人分析 / 90
4.3 中国专利分析 / 92
　4.3.1 申请趋势分析 / 92

4.3.2 主要申请人分析 / 93
4.3.3 申请人国别分析 / 94
4.3.4 申请人类型构成 / 95
4.3.5 专利申请法律状态分析 / 95
4.4 电极专利分析 / 96
4.4.1 电极技术简介 / 97
4.4.2 全球专利申请趋势 / 98
4.4.3 全球专利申请区域分布 / 98
4.4.4 全球主要申请人排名 / 99
4.4.5 中国专利申请趋势 / 101
4.4.6 中国专利申请区域分布 / 102
4.4.7 中国重点申请人分析 / 103
4.5 催化剂专利分析 / 119
4.5.1 催化剂技术简介 / 119
4.5.2 全球专利申请趋势 / 120
4.5.3 全球专利申请区域分布 / 121
4.5.4 全球主要申请人排名 / 121
4.5.5 中国专利申请趋势 / 123
4.5.6 中国专利申请区域分布 / 124
4.5.7 中国重点申请人分析 / 125
4.6 结 论 / 138

第5章 优美科专利分析 / 139

5.1 企业概况 / 139
5.2 锂电正极材料全球专利申请趋势分析 / 140
5.3 锂电正极材料专利布局分析 / 141
5.3.1 国别分布 / 141
5.3.2 技术构成 / 141
5.3.3 技术发展路线分析 / 145
5.4 锂电正极材料在华专利申请分析 / 145
5.5 锂电正极材料重点专利分析 / 149
5.6 锂电正极材料引进专利分析 / 152

第6章 丰田专利分析 / 155

6.1 企业概况 / 155
6.2 燃料电池全球专利申请趋势分析 / 155
6.3 燃料电池专利布局分析 / 156
6.3.1 国别分布 / 156
6.3.2 技术构成 / 156
6.3.3 技术发展趋势分析 / 158

6.4 燃料电池在华专利申请分析 / 158
6.4.1 发展趋势 / 158
6.4.2 法律状态分析 / 159
6.4.3 技术构成 / 159
6.5 燃料电池重点专利分析 / 162
6.6 燃料电池在华失效专利分析 / 165

第7章 结论和建议 / 168
7.1 结　论 / 168
7.1.1 先进储能材料领域结论 / 168
7.1.2 锂电正极材料领域结论 / 168
7.1.3 燃料电池材料领域结论 / 169
7.1.4 重点申请人结论 / 170
7.2 建　议 / 170

附录 / 172
　　附表1 可关注专利列表 / 172
　　附表2 失效专利列表 / 183
图索引 / 197
表索引 / 200

第 1 章 研究概述

1.1 研究背景

为贯彻落实《中国制造 2025》和《湖南省贯彻〈中国制造 2025〉建设制造强省五年行动计划（2016—2020 年）》，深入推进制造强省建设，湖南省建领导小组在制造强省建设加快发展的十二大重点产业中，筛选出湖南省 20 个新兴优势产业链作为湖南省制造强省建设重点产业发展的核心任务。其中，湖南省先进储能材料及电动汽车产业整体发展势头强势，取得了较大成绩，形成了电池材料、动力电池、电动汽车整车生产配套系列产业链，涌现出湖南杉杉、湖南桑顿、时代南车等一批先进储能材料和电动汽车骨干企业，在全国甚至全球均有较高的知名度和美誉度。[❶]

储能材料（Energy storage materials）是利用物质发生物理或者化学变化来储存能量的功能性材料。它所储存的能量可以是电能、机械能、化学能和热能，也可以是其他形式的能量。储能材料离不开储能技术，其不仅是电力系统、能源结构优化以及电能生产消费变革的重要支撑性技术，而且进一步的推广应用也给传统的电力系统设计、规划、调度、控制等带来了重大变革。能源的形式多种多样，储电、储热、储氢、太阳能电池等所用到的材料广义上都属于储能材料。理想储能材料应具有化学性能稳定、腐蚀性小、资源丰富、储能密度大、价格便宜、危险性小等特点。[❷] 先进储能材料是新材料中的重要组成部分，其高速、高效的发展将大幅度提高终端能源利用效率。先进储能材料主要应用在新能源汽车、智能电网、太阳能储能等具体产品中，主要包括镍系列和锂系列电池材料、燃料电池材料、超级电容器电极材料和太阳能电池材料等。

在全球能源问题日益尖锐的今天，先进储能材料因高效的特点在新能源汽车、电子产品、国防航空技术领域中具有极大的实用性。人们对其技术发展的急切需求正受到全球各国的关注，先进储能材料的发展意义非比寻常。

1.1.1 技术现状

根据《湖南工业新兴优势产业链行动计划》，本报告研究的先进储能材料主要包括：锂离子电池材料、镍氢电池材料、超级电容器材料、燃料电池材料和太阳能电池材料。下面对上述五种先进储能材料的技术特点及应用进行简要介绍。

---

❶ 湖南省经济和信息化委员会. 湖南工业新兴优势产业链行动计划 [EB/OL]. [2017-09-20]. http://sjxw.hunan.gov.cn/xxgk_71033/ghjh/201704/t20170411_4131147.html.

❷ 新材料在线. 一张图看懂储能材料 [EB/OL]. [2017-09-28]. http://www.xincailiao.com/news/news_detail.aspx?id=16842.

（1）锂离子电池材料

锂离子电池是一种二次电池（充电电池），它主要依靠锂离子在正极和负极之间的移动来工作。锂离子电池使用嵌入式的锂化合物作为正极材料。❶ 目前用作锂离子电池的正极材料主要有：钴酸锂、锰酸锂、镍酸锂、磷酸锂铁及三元材料等。锂离子电池及其发展产品常见于消费电子领域。它们是便携式电子设备中可充电电池最普遍的类型之一，具有高能量密度，无记忆效应，在不使用时只有少量电荷损失。除了消费类电子产品，越来越先进的锂离子电池开始应用于军事、纯电动汽车和航空航天领域。

（2）镍氢电池材料

镍氢电池是由镍镉电池改良而来的，其以能吸收氢的金属代替镉（Cd）。它以相同的价格提供比镍镉电池更高的电容量、较不明显的记忆效应，并且环境污染较低（不含有毒的镉），其回收再利用的效率比锂离子电池好，被称为是最环保的电池。但是在与锂离子电池比较时，却有一定的记忆效应。旧款的镍氢电池有较高的自我放电反应；新款的镍氢电池已具有相当低的自我放电反应（与碱性电池接近），而且可于低温下工作（-20℃）。镍氢电池比碳锌或碱性电池有更大的输出电流，相对地更适合用于高耗电产品，某些特别型号甚至比普通镍镉电池有更大输出电流。因此，镍氢电池被普遍地应用在消费型电子产品中。此外，在遥控玩具、混合动力车辆及纯电池动力车领域也有所应用。❷

（3）超级电容器材料

超级电容器是一种介于传统电容器和电池之间的新型储能器件，通过在电极材料和电解质界面快速的离子吸脱附或完全可逆的法拉第氧化还原反应来存储能量。根据储能与转化机制的不同可将超级电容器分为双电层电容器（Electric double layer capacitors，EDLC）和法拉第准电容器（又叫赝电容器，Pseudocapacitors）。与传统电容器相比，超级电容器具有更大的比电容、更高的能量密度、更长的使用寿命等特点；而与锂离子电池相比，超级电容器又具有更高的功率密度、更长的使用寿命及绿色环保等优点。双电层电容器主要用于能源储存，而非通用电路元件，特别适用于精密能源控制和瞬间负载设备，也有作为能量储存和KERS（动能回收系统）设备在车辆使用；另外亦有用于其他小型系统，例如需要快速充/放电的家用太阳能系统。

（4）燃料电池材料

燃料电池是一种电化学电池，通过含氢燃料与氧气或其他氧化剂的电化学反应将化学能转化为电能。燃料电池主要由正极、负极、电解质和辅助设备组成。最常见的燃料为氢，其他燃料来源来自任何能分解出氢气的碳氢化合物，例如天然气、醇和甲烷等。燃料电池有别于原电池，优点在于透过稳定供应氧和燃料来源，即可持续不间断地提供稳定电力，直至燃料耗尽，不像一般非充电电池一样用完就丢弃，也不像充电电池一样，用完后需继续充电，也因此其可通过电堆串联后，甚至成为发电量百万瓦（MW）级的发电厂。1839年，英国物理学家威廉·葛洛夫制作了首个燃料电池。

---

❶ 张晓雨. 锂离子电池简介［J］. 北京大学学报（自然科学版），2006（sl）：100.
❷ 刘阁. 镍氢电池充放电原理研究［J］. 赤峰学院学报（自然版），2005（6）：12.

而燃料电池的首次应用是在美国国家航空航天局 20 世纪 60 年代的太空任务当中，为探测器、人造卫星和太空舱提供电力。此后，燃料电池就开始被广泛使用在工业、住屋、交通等方面，作为基本或后备供电装置。

(5) 太阳能电池材料

太阳能电池（亦称"太阳能芯片"或"光电池"）是一种将太阳光转换成电能的装置。依照光电效应，当光线照射在导体或半导体上时，光子与导体或半导体中的电子作用，会造成电子的流动。而光的波长越短，频率越高，电子所具有的能量就越高，例如紫外线所具有的能量便高于红外线，因此，同一材料被紫外线照射产生的流动电子能量将较高。并非所有波长的光都能转化为电能，只有频率超越可产生光电效应的阈值时，电流才能产生。在常见的半导体太阳能电池中，透过适当的能阶设计，便可有效地吸收太阳所发出的光，并产生电压与电流。这种现象又被称为太阳能光伏。太阳能发电是一种可再生的环保发电方式，其发电过程中不会产生二氧化碳等温室气体，因此不会对环境造成污染。按照制作材料太阳能电池分为硅基半导体电池、Cd-Te 薄膜电池、薄膜电池（Copper indium gallium selenide，CIGS）、染料敏化薄膜电池、有机材料电池等。其中，硅基半导体电池又分为单晶硅电池、多晶硅电池和无定形体硅薄膜电池等。对于太阳能电池来说最重要的参数是转换效率。目前在实验室所研发的硅基太阳能电池中［非硅空气电池（Silicon-air battery）］，单晶硅电池效率为 25.0%，多晶硅电池效率为 20.4%，CIGS 薄膜电池效率达 19.8%，Cd-Te 薄膜电池效率达 19.6%，非晶硅（无定形硅）薄膜电池的效率为 10.1%。目前太阳能电池的应用已从军事领域、航天领域进入工业、商业、农业、通信、家用电器以及公共设备等部分。由于造价高昂，太阳能电池大规模使用仍受到经济上的限制。[1]

1.1.2 产业现状

20 世纪 70 年代的能源危机，大大促进了人们对节能、高效、高性能新材料的开发和研究。传统化石燃料消耗殆尽，能源短缺等问题日益突出，其排放物污染问题也同时引起人们的重视。在能源开发及利用的研究中，人们发现有的能源与一般传统的矿物能源不同，如太阳能、风能、潮汐能等再生性能源，能量供给和需求的不稳定性或可变性使人们开始致力于研究能源储存的技术。为此，一系列高安全性、高环境适应性、高比能量、轻量化及小型化的能源及储能设备应运而生，引起了国内外科研工作者们的广泛关注。由于能源储存技术可以改善能量的供应性质，因而成为现代科技界、工业界等努力发展的目标。

目前储能技术的研究和开发与应用主要集中在再生能源开发、电力需求调节、交通运输、工业节能及建筑物采暖等领域。近年来，随着科技的快速发展，储能技术的不断提升，各国对发展新能源产业越来越重视，对储能材料的研究和开发也越来越积极。随着各国对发展可再生能源比例目标的不断提高，储能技术成为当前各国研发和

---

[1] 必应网典. 太阳能电池 [EB/OL]. [2017-10-02]. https://www.bing.com/knows/search?q=%e5%a4%aa%e9%98%b3%e8%83%bd%e7%94%b5%e6%b1%a0&mkt=zh-cn&FORM=BKACAI.

亟需实现技术突破的重要领域。

自2010年起,全球储能项目累计装机规模的增长速度趋于平稳,年复合增长率(2010~2015年)为18%;累计数量增长相对较快,年复合增长率(2010~2015年)达40%。截至2015年底,全球累计运行储能项目327个,装机规模946.8MW。其中锂离子电池装机规模356.7MW,占全球总规模的38%。据中关村储能产业技术联盟(CNESA)项目库不完全统计,截至2016年底,全球投运储能项目累计装机规模168.7GW,同比增长2.4%。抽水蓄能的累计装机规模依旧占比最大,但增速缓慢,同比增长1.8%;熔融盐储热累计装机紧随其后,同比增长18%;电化学储能位列第三,规模为1769.9MW,同比增长56%。各类电化学储能技术中,锂离子电池占比最大,比重为65%,同比增长89%,其在建、规划装机规模2.2GW,占全球总规模的83%。❶

对我国来说,截至2016年底,投运储能项目累计装机规模24.3GW,同比增长4.7%。同样抽水蓄能所占比重最大,同比增长4.3%;电化学储能位列第二,规模为243.0MW,同比增长72%,其中锂离子电池比重最大,为59%,同比增长78%;熔融盐储热国内应用还比较少,截至2016年底,我国仅在青海投运了10MW熔融盐储热项目。❷

1.1.3 行业需求

相比其他国家,储能产业对于中国的影响更为重大。众所周知,随着中国的高速发展与国民经济的快步提高,国家对经济增长的要求正在从单纯的注重经济增长逐步向可持续发展进行转变,对节能减排工作的要求和重视程度越来越高。为此,国家不仅从立法的高度专门颁布了《节约能源法》,而且还重新调整了国务院各部委在节能减排工作中的职责与范围,以加强对节能减排工作的执行力。此外,国务院还增设了专门的跨部委的国家能源委员会。这些都充分表明了国家对能源工作的重视。储能产业正在或者将会为节能减排作出不容忽视的贡献。为了更加清洁、可持续的未来,中国政府正在加大在清洁能源技术领域上的政策倾斜力度。但是,风能和太阳能等可再生能源的波动性和不确定性阻碍其大规模应用,因而储能系统在可再生资源上的应用上大有可为,是未来清洁能源中势在必行的技术。❸

目前我国储能项目装机规模位于世界前沿。近年来我国储能产业虽然取得了很大进步,但我国在前阶段大力发展新能源的同时,对储能技术进步以及其在新能源发展中的特殊作用认识相对不足,导致储能规划滞后。制约储能技术发展有诸多因素,成本依然是主要瓶颈。毋庸置疑,由于成本低廉,以煤、石油、天然气为代表的化石燃料在全球的能源使用量中仍然占主导地位。除成本之外,目前,尤其在中国,大规模储能技术应用相关的运行数据、可靠性和持久性数据及银行可贴现性数据的缺乏也极

---

❶ 中国产业信息网. 2016年全球储能电池行业发展前景分析 [EB/OL]. [2017-10-02]. http://www.chyxx.com/industry/201612/477723.html.

❷ 中国电池网. 去年累计装机规模24.3GW储能爆发前夜市场在哪里? [EB/OL]. [2017-10-02]. http://www.itdcw.com/m/view.php?aid=80590.

❸ 金虹,衣进. 当前储能市场和储能经济性分析 [J]. 储能科学与技术,2012.11 (2):25-26,103-111.

大限制了储能技术的推广。此外，单一、垂直的传统销售模式也在阻碍着储能技术的大规模应用。

未来中国的能源变革、大规模可再生能源的接入和各项体制改革的进一步深化都将给储能产业和市场创造巨大的商机，储能技术的发展优化也将更贴近市场和用户的需求。"十三五"期间，中国储能产业和市场的快速发展离不开能源政策的支持、电力体制改革各项配套措施的落地、可再生能源装机及发电比例的增加、储能技术成本的下降等几个主要因素的驱动。同时，储能市场的真正爆发和持续发展也需要可盈利商业模式的建立和成熟。在"十三五"期间，储能产业能够保持健康、可持续的发展态势，在政策推动和市场开拓的双重努力下，突破商业化应用的门槛，实现系统的多重价值，成为支撑能源革命、建设中国低碳绿色生态系统的新生力量。

1.2 研究对象和方法

1.2.1 技术分解

课题组经资料收集、企业及高校调研、与专家交流等多种形式了解先进储能材料领域的技术和产业状况，并通过在专利检索系统中初步检索后，根据技术特点和产业习惯，同时兼顾专利文献分类制定了技术分解表，如表1-2-1所示。

表1-2-1 技术分解表

一级分支	二级分支	三级分支	四级分支
锂离子电池材料	正极材料	三元正极材料	镍钴锰三元
			镍钴铝三元
		富锂材料	—
		二元正极材料	镍锰二元
			镍钴二元
		过渡金属锂氧化物	钴酸锂
			镍酸锂
			锰酸锂
		磷酸铁锂	—
		磷酸锰锂	—
		钒基化合物	磷酸钒锂
		有机化合物	导电高分子聚合物
			含硫化合物
			氮氧自由基化合物
			含氧共轭化合物

续表

一级分支	二级分支	三级分支	四级分支
锂离子电池材料	负极材料	硅基化合物	硅-碳
		碳材料	石墨类
			碳纳米管
			中间相碳微球
			硬碳
		金属硫化物	硫化锑
			硫化锡
		钛酸锂	—
		金属氧化物	氧化锡
超级电容器材料	赝电容电极材料	金属氧化物	二氧化钌
			氧化铁
			氧化铱
			氧化钼
			四氧化三钴
			氧化镍
			氧化锰
		导电聚合物	聚苯胺
			聚吡咯
			聚噻吩
	双电层电容电极材料	碳材料	石墨烯
			碳纳米管
			活性炭
			模板碳
			碳气凝胶
			碳化物骨架碳
镍氢电池材料	正极材料	氢氧化镍	
	负极材料	金属氢化物	
太阳能电池材料	晶体硅太阳能电池	单晶硅	
		多晶硅薄膜	—
		非晶硅薄膜	
	多元化合物薄膜太阳能电池	硫化镉	
		碲化镉	
		砷化镓	—
		铜铟硒	—

续表

一级分支	二级分支	三级分支	四级分支
太阳能电池材料	聚合物多层修饰电极型太阳能电池	有机聚合物	—
	纳米晶太阳能电池	纳米二氧化钛晶体	—
	染料敏化太阳能电池	纳米二氧化钛+光敏染料	—
	有机太阳能电池	有机薄膜	—
	塑料太阳能电池	塑料薄膜	—
燃料电池材料	电极	—	—
	催化剂	—	—
	双极板	—	—
	电解质隔膜	熔融态碳酸盐电解质	—
		碱性电解质	—
		固体氧化物电解质	—
		液态磷酸电解质	—
		质子交换膜	—

1.2.2 数据检索

本课题采用的专利文献数据主要来自 Incopat 数据库。该数据库收录了包括"八国两组织"❶在内的 102 个国家、地区和组织的专利文献。数据具有全面、准确的特性。

本课题针对中国专利数据和全球专利数据库检索的截止日期为 2017 年 8 月 28 日。由于发明专利申请自申请日（有优先权的自优先权日）起 18 个月（主动要求提前公开的除外）才能被公布，实用新型专利申请在授权后才能获得公布（即其公布日的滞后程度取决于审查周期的长短），而 PCT 专利申请可能自申请日起 30 个月甚至更长时间之后才进入到国家阶段（导致其相对应的国家公布时间更晚），并且在专利申请公布后再经过编辑而进入数据库也需要一定的时间，因此在实际数据中会出现 2015 年之后的专利申请量比实际申请量少的情况，反映到本报告中的各技术申请量年度变化的趋势图中，一般自 2015 年之后出现较为明显的下降。

检索时采用的检索策略主要是总分策略，按照技术分解表中的锂离子电池材料、燃料电池材料、镍氢电池材料、超级电容器材料、太阳能电池材料这五类分别进行检索，最后将每部分的结果进行合并，从而得到最终全部数据。

在每个部分的检索中，为了避免由于过多使用关键词而导致的漏检或引入噪声，主要采用分类号进行限定。在检索的前期，首先选用最准确的关键词和分类号得出比较准确的检索结果，对其进行阅读浏览，发现一些关键词和分类号。然后对关键词和

---

❶ "八国两组织"包括中国、日本、美国、英国、法国、德国、瑞士、韩国、欧洲专利局、世界知识产权组织。

分类号进行扩展，得出比较全的结果，在进行浏览之后去除明显的噪声，随着理解的深入，进一步扩展，力求取得全面的结果。随后对噪声源进行分析，采用分类号或者关键词等手段进行去噪。

先进储能材料的检索文献量如表1-2-2所示。

表1-2-2 先进储能材料领域全球专利检索结果

技术领域	检索结果		检索截止日	
	中文库/项	外文库/项	中文库	外文库
锂离子电池材料	16060	40152	2017-08-28	2017-08-28
燃料电池材料	9406	28548	2017-08-28	2017-08-28
镍氢电池材料	2527	4871	2017-08-28	2017-08-28
太阳能电池材料	8303	20947	2017-08-28	2017-08-28
超级电容器材料	8577	15999	2017-08-28	2017-08-28

1.2.3 查全查准评估

为确保专利分析结果的有效性，在检索过程中对检索的查全率和查准率进行了评估。针对数据的查全率和查准率，采用按每个技术分支为一部分的验证方式。这样做是考虑到能够对每个技术分支的检索结果有直观的评估，了解每一部分数据的有效性，从而避免了在将各部分数据加和后再进行查全率验证时，各部分数据间相互造成影响。这对数据有效性的评估是不利的。同时，验证过程与检索去噪交替进行。因为在检索初期，查全检索不可避免地会引入噪声，所以为确保较高查全率，查准率将受到影响；而在去噪后，由于去噪采用的主要是检索去噪的方式，因此在去噪后保证查准率的同时，还需要进行查全率的验证，以使最终的数据的有效性更好。经查全查准验证，最终确定综合查全率为90%，综合查准率为88%。

1.2.4 数据处理

数据处理包括：数据去噪、数据标引以及申请人名称统一等。

（1）数据去噪

由于数据来源于检索结果，而关键词和分类号的使用必然会导致部分噪声文献的引入。为确保数据的客观、准确，需要对数据进行去噪处理。根据研究的目的不同，对于重点技术分支的数据，主要采用人工阅读去噪的方式；对于其他技术分支以及外文专利文献主要采用批量清理与人工清理相结合的方式进行。

（2）数据标引

中文专利文献在经过人工去噪后，对获得的最终数据进行了数据标引。数据标引就是给经过数据清理的每一件专利申请赋予属性标签，以便于统计学上的分析研究。所述的"属性"可以是技术分解表中的类别，也可以是技术功效的类别，或者其他需要研究的项目的类别。给每一件专利申请进行数据标引后，就可以方便地统计相应类别的专利申请量或者其他需要统计的分析项目。

（3）申请人名称统一

由于翻译或者子母公司等因素，在申请人的表述中存在一定的差异，因此对主要申请人名称进行统一，便于规范本报告，参见表1-2-3、表1-2-4。

表1-2-3 国内主要专利申请人名称的约定

简　　　称	公司名称
丰田	丰田自动车株式会社
	株式会社丰田自动织机
	丰田自动车股份有限公司
	丰田纺织株式会社
	丰田车体株式会社
	丰田技术开发公司
	丰田汽车株式会社
	丰田自动车工程及制造北美公司
	丰田自动车欧洲股份有限公司
三星	三星SDI株式会社
	三星电子株式会社
	三星精密化学株式会社
	三星电管株式会社
	三星康宁精密素材株式会社
LG	LG化学股份有限公司
	LG化学公司
	LG化学株式会社
松下	松下电器产业株式会社
	松下知识产权经营株式会社
	松下冷机株式会社
	松下电工株式会社
三菱	三菱化学株式会社
	三菱电机株式会社
	三菱综合材料株式会社
日产	日产自动车株式会社
	日产化学工业株式会社
	日产汽车株式会社

续表

简　称	公司名称
本田	本田技研工业株式会社
通用汽车	通用汽车环球科技运作公司
	通用汽车环球科技运作有限责任公司
	通用汽车公司
	通用汽车环球科技动作公司
现代	现代自动车株式会社
	现代制铁株式会社
3M	3M创新有限公司
	3M新设资产公司
	美国3M公司
日立	日立化成株式会社
	日立制作所株式会社
	日立金属株式会社
	日立麦克赛尔株式会社
	日立车辆能源株式会社
	日立造船株式会社
	日立汽车系统株式会社
	日立电线株式会社
	日立高新技术株式会社
三洋	三洋电机株式会社
	三洋株式会社
	三洋化成工业株式会社
	三洋电机公司
优美科	尤米科尔公司
	优米科尔公司
	优美科

表1-2-4　国外主要专利申请人名称的约定

简　称	公司名称
丰田	TOYOTA MOTOR CO., LTD.
	TOYOTA MOTOR ENGINEERING MANUFACTURING NORTH AMERICA INC.
	TOYOTA CENTRAL RES DEV
	TOYOTA CENTRAL RESEARCH INSTITUTE
	TOYOTA CENTRAL R D LABS INC.
	TOYOTA JIDOSHOKKI KK
	TOYOTA INDUSTRIES CORP.
	TOYOTA TECHNICAL CENTER USA INC.
	KABUSHIKI KAISHA TOYOTA JIDOSHOKKI

续表

简　　称	公司名称
三星	SAMSUNG SDI CO., LTD.
	SAMSUNG ELECTRONICS CO., LTD.
	SAMSUNG FINE CHEMICALS CO., LTD.
	SAMSUNG DISPLAY DEVICES CO., LTD.
	SAMSUNG ESUDIAI LTD.
	SAMSUNG CORNING PRECISION MATERIALS CO., LTD.
	SAMSUNG R D INSTITUTE JAPAN CO., LTD.
	SAMSUNG YOKOHAMA RES INST CO.
	SAMSUNG MOBILE DISPLAY CO., LTD.
LG	LG CHEM LTD.
	LG CHEM INVESTMENT LTD.
	LG CABLE LTD.
松下	MATSUSHITA ELECTRIC IND CO., LTD.
	MATSUSHITA DENKI SANGYO KK
	MATSUSHITA BATTERY IND CO., LTD.
	PANASONIC CORP.
	PANASONIC ELECTRIC WORKS CO., LTD.
	PANASONIC IP MANAGEMENT CO., LTD.
三菱	MITSUBISHI CHEM CORP.
	MITSUBISHI CABLE IND LTD.
	MITSUBISHI MATERIALS CORP.
	MITSUBISHI HEAVY IND LTD.
	MITSUBISHI GAS CHEMICAL CO.
	MITSUBISHI DENKI KABUSHIKI KAISHA
	MITSUBISHI RAYON CO., LTD.
	MITSUBISHI PAPER MILLS LTD.
	MITSUBISHI PENCIL CO.
	MITSUBISHI KASEI ELECTRONICS
	MITSUBISHI PETROCHEMICAL CO.
	MITSUBISHI PLASTICS IND
	MATSUSHITA ELECTRIC IND CO., LTD.
	MITSUBISHI ALUM CO., LTD.

续表

简　称	公司名称
日产	NISSAN MOTOR CO., LTD.
	NISSAN NORTH AMERICA INC.
	NISSAN CHEMICAL IND LTD.
	NISSAN MOTOR KO LTD.
	NISSAN JIDOSHA KABUSHIKI KAISHA
本田	HONDA MOTOR CO., LTD.
	HONDA KAZUYOSHI
	HONDA ATSUSHI
	HONDA TAKASHI
	HONDA SHINYA
	HONDA PATENTS TECHNOLOGIES NORTH AMERICA LLC
	HONDA GIKEN KOGYO K K
通用汽车	GM GLOBAL TECHNOLOGY OPERATIONS LLC
	GM GLOBAL TECH OPERATIONS INC.
	GENERAL MOTORS CORP.
	GENERAL MOTORS CORP DETROIT
	GENERAL MOTORS CORP MICH DETROIT USMICH DETROITUSUS
	GM GLOBAL TECHNOLOGY OPERATIONS INC DETROIT MICH US
	GM GLOBAL TECHNOLOGY OPERATIONS LLC MICH DETROIT US
现代	HYUNDAI MOTOR CO., LTD.
	HYUNDAI HEAVY INDUSTRIES CO., LTD.
	HYUNDAI MOBIS CO., LTD.
	HYUNDAI HYSCO CO., LTD.
	HYUNDAI MOTOR COMPANY SEOUL KR
	HYUNDAI SUNGWOO AUTOMOTIVE KOREA CO., LTD.
3M	3M INNOVATIVE PROPERTIES CO.
	3M INNOVATIVE PROPERTIES COMPANY A DELAWARE CORPORATION
	3M INNOVATIVE PROPERTIES COUNSEL
日立	HITACHI LTD.
	HITACHI VEHICLE ENERGY LTD.
	HITACHI MAXELL LTD.
	HITACHI METALS LTD.
	HITACHI CHEM CO., LTD.

续表

简　称	公司名称
日立	KABUSHIKI KAISHA HITACHI SEISAKUSHO
	HITACHI CABLE LTD.
	HITACHI AUTOMOTIVE SYSTEMS CO., LTD.
	HITACHI ENERGY INC.
	HITACHI POWDERED METALS CO., LTD.
	HITACHI SEISAKUSHO KK
	HITACHI HIGH TECH FINE SYSTEMS CORP.
	HITACHI MAKUSERU KK
	BABCOCK HITACHI KK
	HITACHI HIGH TECH CORP.
	HITACHI METALS MMC SUPERALLOY LTD.
	HITACHI AUTOMOTIVE SYSTEMS INC.
	HITACHI SHIPBUILDING ENG CO.
	HITACHI ZOSEN CORP.
三洋	SANYO ELECTRIC CO., LTD.
	SANYO CHEM IND LTD.
	SANYO SPECIAL STEEL CO., LTD.
	SANYO COMPONENT EUROPE GMBH
	SANYO DENKI KK
优美科	UMICORE
	UMICORE NV
	UMICORE KOREA LTD.
	UMICORE S A

1.2.5　相关事项和约定

此处对本报告上下文出现的以下术语或现象，一并给出解释。

（1）专利申请的"项"与"件"

项：同一项发明可能在多个国家或地区提出专利申请。在进行专利申请数量统计时，对于数据库中以一族（这里的"族"指的是同族专利中的"族"）数据的形式出现的一系列专利文献，计算为"1项"。

件：在进行专利申请数量统计时，例如为了分析申请人在不同国家、地区或组织所提出的专利申请的分布情况，将同族专利申请分开进行统计，所得到的结果对应于申请的件数。1项专利申请可能对应于1件或多件专利申请。

（2）同族专利：同一项发明创造在多个国家申请专利而产生的一组内容相同或基本相同的专利文献出版物，称为一个专利族或同族专利。从技术角度来看，属于同一专利族的多件专利申请可视为同一项技术。在本报告中，针对技术和专利技术首次申请国分析时对同族专利进行了合并统计，针对专利在国家或地区的公开情况进行分析时各件专利进行了单独统计。

（3）专利所属国家或地区：本报告中专利所属的国家或地区是以专利申请的首次申请优先权国别或地区来确定的，没有优先权的专利申请以该项申请的最早申请国别或地区确定。

（4）专利法律状态：法律状态是指1件专利申请在专利法意义上的状态，包括授权、实质审查、公布、主动撤回、视为撤回、驳回、权利终止、无效/部分无效和放弃。从法律有效性角度考虑，法律状态为主动撤回、视为撤回、驳回、权利终止、放弃和无效的专利申请为失效专利；已获得授权，且未权利终止或部分无效的专利为有效专利。在本报告中"有效"专利是指到检索截止日为止，专利权处于有效状态的专利申请。专利申请未显示结案状态，称为"审中"。此类专利申请可能还未进入实质审查程序或者处于实质审查程序中，也有可能处于复审等其他法律状态。调查专利的法律状态可以帮助了解哪些专利享有专利保护，需要防范；哪些未享有专利保护，构成现有技术，可以无偿使用，或形成防御性公开。

（5）被引频次：某件专利申请被其他专利申请所引用的次数。通常1件专利被引用的次数越高，说明该件专利技术的被认可度越高，这样的专利通常具有更高的价值。

（6）欧洲：本报告汇总目标国家/地区及来源国家/地区分析时出现的"欧洲"是指欧洲专利局。

（7）国际局：本报告汇总目标国家/地区及来源国家/地区分析时出现的"国际局"是指世界知识产权组织。

第 2 章 先进储能材料专利分析

2.1 全球专利分析

本节将以在全球范围内先进储能材料领域的专利为数据源,从专利申请发展趋势、技术构成区域分布、申请人等方面出发,对先进储能材料领域进行专利分析。本节涉及专利申请共 155167 项,检索截止日期为 2017 年 8 月 28 日。

2.1.1 发展趋势分析

图 2-1-1 示出了先进储能材料领域全球专利申请的发展趋势。可以看出,全球储能材料领域专利申请总体态势大致可分为四个阶段。1954~1978 年为萌芽阶段。该阶段申请量较少,但已开始逐年提升,从起始的几项申请发展到该阶段后期的近 200 项申请。这个阶段的专利申请主要集中在锂离子电池、太阳能电池以及 1977 年开始出现的燃料电池领域。

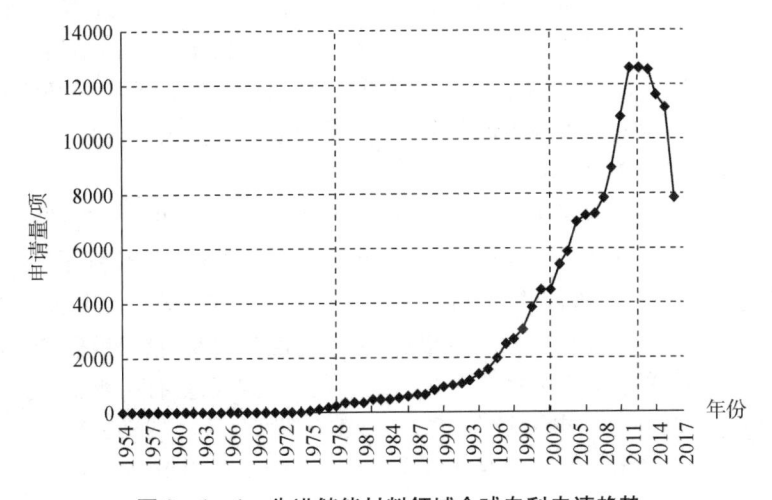

图 2-1-1 先进储能材料领域全球专利申请趋势

1979~2002 年为技术成长阶段。从 1979 年开始,申请量突破 300 项且发展较快,并于 2002 年达到了 4138 项。2003~2012 年为快速发展阶段。从 2003 年开始,先进储能材料专利申请进入了一个飞速的发展阶段,历经 9 年的时间到 2012 年达到峰值(11733 项)。2013 至今为调整阶段。这一阶段,专利申请量较峰值虽有所回落,但年申请量仍维持在 7000 项以上(2017 年数据未计算在内)。

2.1.2 技术构成分析

先进储能材料领域分为五个一级技术分支：锂离子电池材料、燃料电池材料、超级电容器材料、太阳能电池材料和镍氢电池材料。图2-1-2显示了各类先进储能材料全球专利申请量所占的比例。其中申请量最大的是技术发展较早的锂离子电池材料，占比达到36%；其次是燃料电池材料，出现时间较晚，但发展速度较快，目前的占比已经达到24%；紧随其后的分别是太阳能电池材料、超级电容器材料和镍氢电池材料，其申请量分别占比19%、16%和5%。

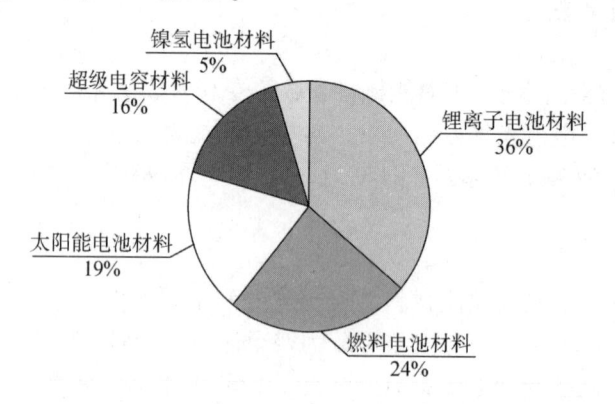

图2-1-2 先进储能材料领域全球专利申请构成

图2-1-3展示了各类先进储能材料历年的全球专利申请变化趋势。鉴于1977年以前仅有零星申请，此处选取1977年作为起始节点，以便更加清晰地展示申请量的历年变化趋势。从图2-1-3中可以看出，五类先进储能材料在1977~1995年的专利申请量增长缓慢，均未超过500项/年，但整体趋势为逐年稳步增长。1995年后，五类先进储能材料的增长趋势有所不同。

其中，锂离子电池材料的专利申请量在1995年后较其他四类先进储能材料有大幅增长。其主要增长期为2007~2013年，专利申请量从1695项增长到了5353项，年平均增长率超过21%，并于2013年达到峰值（5353项）。这一数值比其他四类先进储能材料的最大年申请量值多1700余项，可见锂离子电池材料是五类储能材料里应用最广泛，技术成熟度最高的。近几年锂离子电池材料的专利申请量有小幅回落。

超级电容器材料的专利申请量在1977~2015年虽有几次波动，但整体稳步增长，且增幅较为平缓。到2015年达到最大申请量为1950项，2016年的专利年申请量为1769项，因专利公开滞后的原因，2016年统计的申请量要少于实际申请量。

燃料电池材料在1997~2006年的专利申请量逐年稳步增长，并从2002年开始一度超过锂离子电池材料的申请量，2006年达到了最大申请量，为2959项。随后其申请量又逐年开始减少，2016年燃料电池的申请量为860项。这一数据同样要少于实际的专利申请量。

镍氢电池材料的专利申请量在1977~2015年内年增长趋势不明显，总体维持在年均200项的申请量水平。可见镍氢电池材料相较其他先进储能材料发展缓慢。

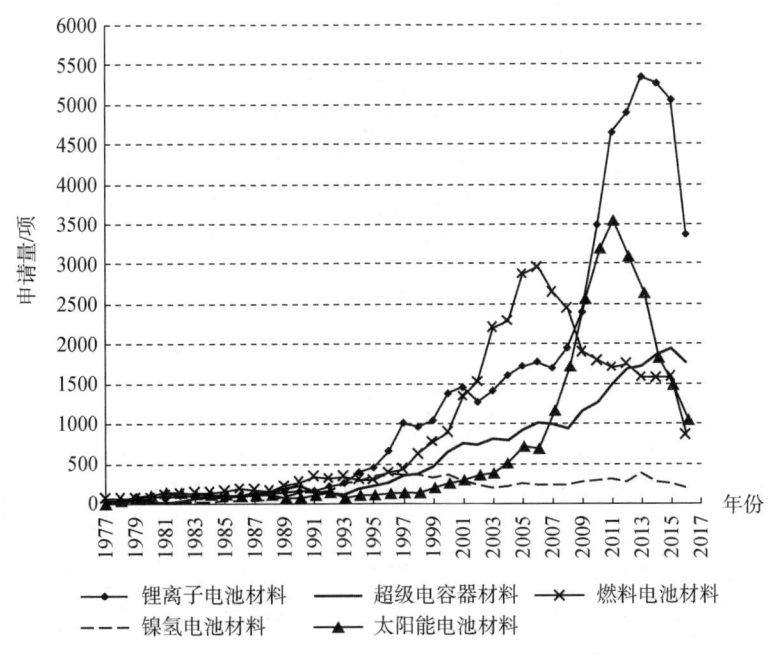

图 2-1-3 先进储能材料领域各技术分支全球专利申请趋势

太阳能电池材料的专利申请量在2006年以前增长速度较为缓慢，在2006~2011年其增长速度迅速提升，从2006年的719项增至2011年的3566项仅用了5年时间，年均增长率达到37.75%，比锂离子电池材料高速发展阶段的增速高近17个百分点。可见这5年太阳能电池材料技术得到了全球各国的普遍重视，这与全球能源枯竭和各国对绿色清洁能源的需求有密切的关系。2011年后，其申请量开始逐年减少，2016年的申请量为1093项，其统计申请量要少于实际申请量。

2.1.3 目标国/地区申请态势分析

图2-1-4示出了先进储能材料全球专利申请的目标国/地区分布。由图可知，先进储能材料在中国的申请量是各个目标国/地区中最大的，占总申请量的29%；其次为日本，占总申请量的28%；紧接着是美国和韩国，其申请量占比分别为11%、10%；其他国家和地区的申请量占比均低于10%。由分析可知，中国、日本、美国、韩国在先进储能材料领域的专利申请量处于全球前列，说明其对先进储能材料领域较为重视，加强了对先进储能材料的专利布局。

以下介绍各先进储能材料技术分支在不同国家和地区申请的专利态势。

（1）在日本申请的专利

图2-1-5示出了日本申请的先进储能材料各技术分支发展趋势。日本申请的先进储能材料专利最早开始于1966年，其最先进入锂离子电池材料领域，之后于1969年开始进入超级电容器材料技术领域，1966~1976年10余年仅有零星申请。1990年之前，先进储能材料各技术分支发展较为平均。而随着全球第一个锂离子电池由日本SONY公司于1991年开始量产，日本诸多公司开始转向锂电池技术领域，使得日本锂

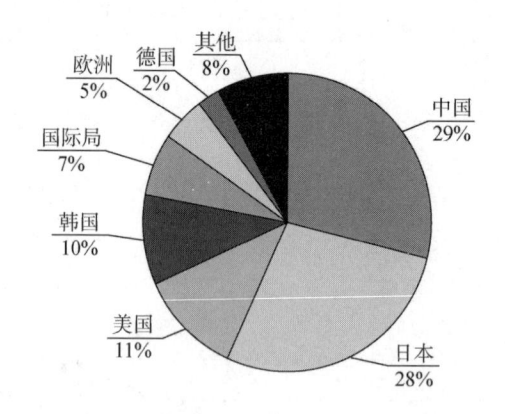

图 2-1-4 先进储能材料领域全球专利申请目标国/地区分布

离子电池材料这一技术分支从众多先进储能材料中脱颖而出,其专利申请量占比逐年加大。这一阶段的发展也奠定了日本在全球锂电产业界的霸主地位,日本众多企业通过对技术和市场的垄断获取了高额利润。进入20世纪之后,随着先进储能材料这一高新技术行业的不断发展和技术更迭,锂离子电池材料等储能材料技术逐渐向中国与韩国扩散,低端市场开始被中国和韩国蚕食。并且由于日本拥有许多全球领先的汽车制造公司,因此高效无污染、可广泛应用于电动汽车的燃料电池材料技术发展突飞猛进,其专利申请量一跃超过了锂离子电池材料,成为日本先进储能材料领域的主导力量。而超级电容器材料、镍氢电池材料等技术分支在这一阶段发展较为平稳。2008年,由于全球性的经济危机和燃料电池加氢站等配套设施的研发瓶颈,日本燃料电池材料技术的专利申请量急剧下降;与此同时,锂离子电池材料的技术发展开始回暖,申请量以较快的增长速度逐年攀升。2011年福岛核危机之后,日本政府重新审视了过往国家能源政策。太阳能电池光伏市场因日本于2012年7月1日实施的可再生能源补贴政策而蓬勃发展。

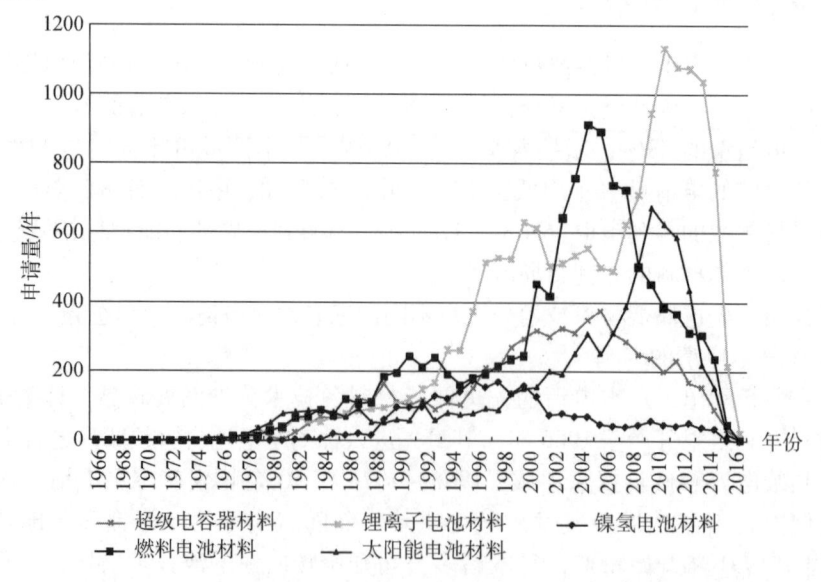

图 2-1-5 先进储能材料领域各技术分支在日本的专利申请趋势

(2) 在美国申请的专利

图 2-1-6 示出了美国申请的先进储能材料各技术分支发展趋势。美国的先进储能材料专利申请的起始阶段较早，第一件专利申请出现在 1958 年。1976 年之前，美国先进储能材料的各个技术分支均处于萌芽阶段，专利申请量较少。之后的 20 年期间，各个分支均衡增长。2000 年左右，由于大量利用矿物能源造成严重的温室气体排放，美国长期承受的巨大国际压力，因此美国的能源供应战略选择逐渐转向以氢为载体的燃料电池能源体系。这一阶段美国的先进储能材料专利申请中，燃料电池材料分支占比较大。与此同时，利用太阳能电池材料技术也是美国增加能源多样化和提高美国本国能源安全性的一大选择，其专利申请量于 2006 年开始逐渐上升。而美国锂离子电池材料分支的专利申请量在 2009 年出现了爆发式的增长，其占比明显超越其他先进储能材料技术分支。在此之前，锂离子电池的应用市场主要集中在可移动电子设备等体积小、重量轻的微型电器，而随着近年来美国汽车业的发展，锂离子电池的市场应用也开始向大型电动设备发展。如美国杜拉塞尔公司和德国瓦尔塔电池公司针对电动汽车应用，则选择锂离子电池作为大型动力电池。这一计划的兴起使得市场对锂离子电池材料需求逐渐增大，从而进一步激发了美国众多科研机构和企业对于锂离子电池材料的研发热情，专利申请量于 2014 年达到了顶峰，为 604 件。

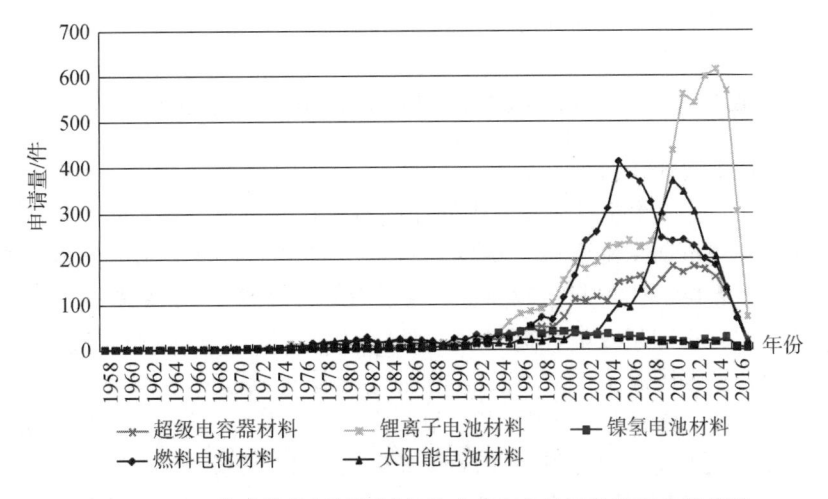

图 2-1-6 先进储能材料领域各技术分支在美国的专利申请趋势

(3) 在韩国申请的专利

图 2-1-7 示出了韩国申请的先进储能材料各技术分支发展趋势。韩国的先进储能材料专利申请的起始阶段较晚，最早开始于 1980 年。韩国最先进入的是太阳能电池领域，5 年之后才进军锂电子电池材料领域。但在 1980~2000 年的 20 年时间里，韩国在太阳能电池材料领域并没有很多的专利申请。在经历了近 20 年的技术萌芽阶段之后，韩国各先进储能材料技术分支的专利申请量均有一定的增长。其中，锂电子电池材料技术分支的专利申请量于 1996 年开始稳步上升，其占比逐渐超过其他分支。这主要与韩国政府在该技术分支上的政策和资金扶持等方面有关。这一阶段，韩国的手机

制造商如三星、LG等开始加大对锂离子电池的研发生产力度，并一跃成为行业内的龙头企业，其在全球锂离子电池行业的市场占比和影响力不容小觑。并且在政府的扶持和协调下，韩国锂离子电池产业的行业集中度非常之高，完全由三星、LG和SK三家巨头垄断，形成了一种较为良性的竞争和合作关系，共同推动了韩国在该产业的发展。其专利申请量于2009年达到了新的增长速度，并于2014年到达了顶峰。这一趋势也与全球的锂离子电池材料申请趋势一致。同时，为了发展绿色清洁能源，韩国政府在政策及资金方面对于太阳能电池材料领域也有所扶持，近年来其在光伏储能项目有了很大的发展，因此太阳能电池材料领域的专利申请量仅次于锂离子电池材料。而超级电容器材料、镍氢电池材料、燃料电池材料三个技术分支的年专利申请趋势一直处于比较平稳的状态。

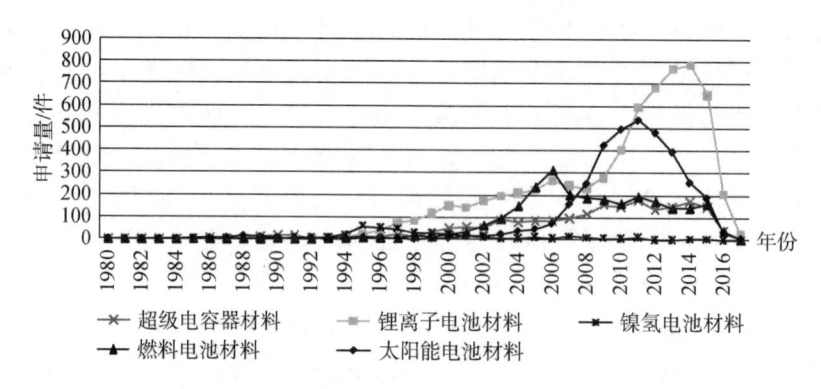

图2-1-7 先进储能材料领域各技术分支在韩国的专利申请趋势

（4）在欧洲申请的专利

图2-1-8示出了欧洲申请的先进储能材料各技术分支发展趋势。欧洲在先进储能材料领域的专利申请总量要少于中国、日本、韩国、美国等先进储能材料主流发展国家，其在该领域的研究起始时间也较晚，开始于1978年，最先进入太阳能电池材料、燃料电池材料和超级电容器材料领域。早期，欧洲汽车制造商使用的电池大多是从中国和韩国等国家进口。而随着先进储能材料行业的迅速发展，以及全球能源模式转型问题的亟待解决，欧洲汽车制造商纷纷进军电动汽车行业，如欧洲的大众、宝马、戴姆勒等公司将开发新能源汽车列入了未来发展计划中。国外一些大型企业也陆续在欧洲地区设厂，如韩国的LG等。2000年开始，欧洲先进储能材料各技术分支的专利申请量开始明显上升，其对燃料电池材料、锂离子电池材料、超级电容器材料等新能源器件材料的研发重视程度逐渐提高。这一阶段燃料电池材料和锂离子电池材料分支占比较重，其他技术分支则发展较为平均。2010年之后，欧洲的电池需求更是迅速增长，其中，锂离子电池材料明显占据先进储能材料的主导地位。

2.1.4 来源国/地区申请态势分析

图2-1-9示出了先进储能材料各来源国/地区的全球申请量排名。通过对全球各

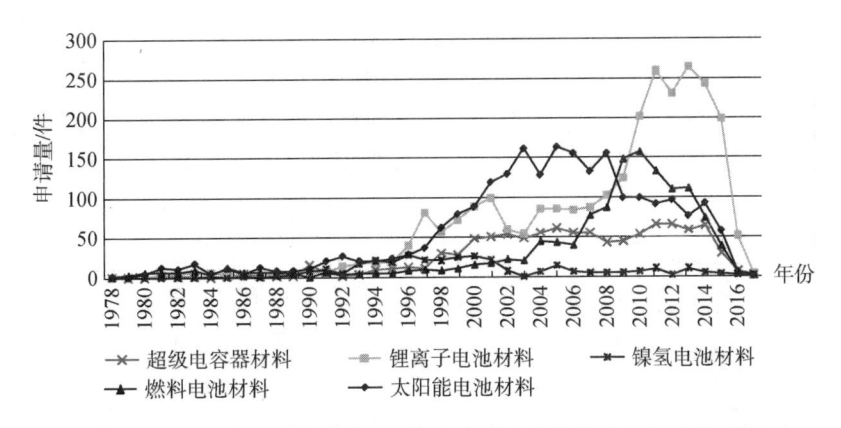

图 2-1-8 先进储能材料领域各技术分支在欧洲的专利申请趋势

国申请人的专利数据分析可以发现,先进储能材料专利申请的申请来源国主要是日本、中国、韩国、美国、巴哈马,来自这 5 个国家的申请人提出的专利申请数量达到 127003 项,占到了全球先进储能材料领域总专利申请量的 90% 以上。说明先进储能材料领域的主要研发力量分布相对集中。此外,德国也是较为主要的专利申请来源国,来自澳大利亚和法国的专利申请量则相对较少。在上述来源国/地区排名中,日本申请人的申请量最多,达到 49281 项,领先世界各国;中国和韩国的申请人其申请量紧随其后,再次为美国。

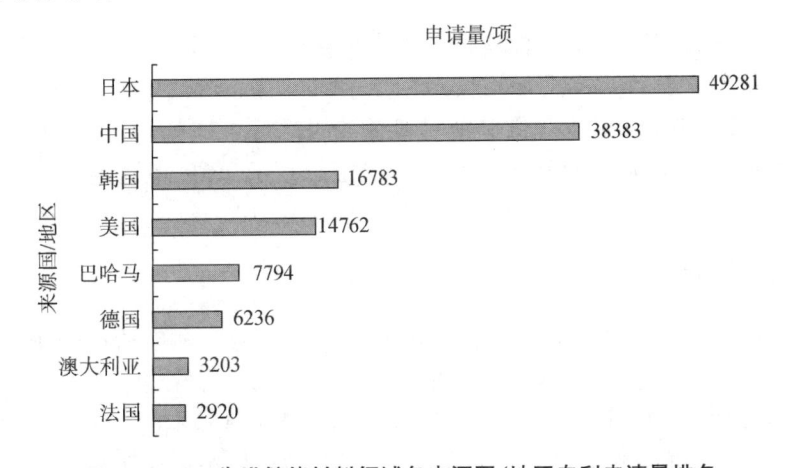

图 2-1-9 先进储能材料领域各来源国/地区专利申请量排名

从 2-1-10 可以看出,上述来源国的申请态势与全球总体申请态势相似,均表现为缓慢增长后进入稳步快速增长阶段,申请量达到峰值后就急剧下降。

日本申请人的申请量最大,且其进入先进储能材料领域的时间较早,其增长起步阶段开始于 1978 年。说明日本申请人在先进储能材料领域的专利布局意识出现较早,之后申请量稳步上升,并于 2010 年突破 2500 项,于 2013 年达到顶峰。中国申请人在先进储能材料领域的专利申请起步较晚,但自起步后发展迅速。特别是 2010 年之后,中国申请人的申请量迅速攀升,并于 2016 年突破 5000 项,跃居为仅次于日本的第二大

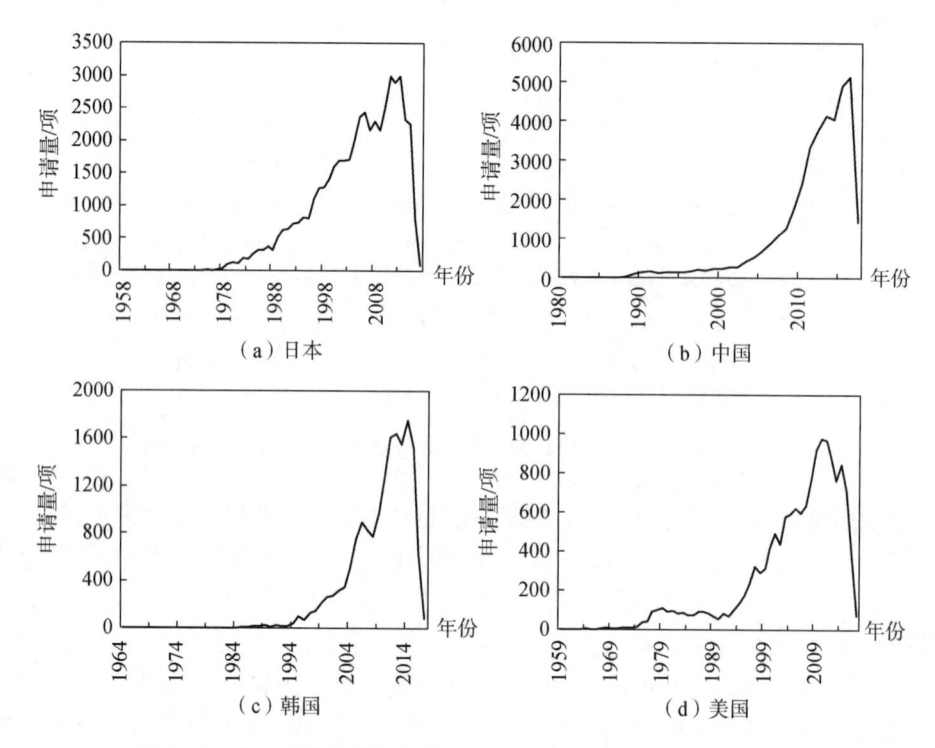

图2-1-10 先进储能材料领域各来源国家/地区的专利申请趋势

申请来源国。韩国申请人在先进储能材料领域的专利申请开始于1964年,之后经历了近30年的蛰伏期,于1994年开始增长;而最近10年来自韩国申请人的申请量则有了较大的发展。美国申请人进入先进储能材料领域的时间与日本申请人相近,其申请量于1975年开始有较明显的上升,发展较为稳定,并于2009年达到顶峰,申请量为924项。

2.1.5 申请人分析

图2-1-11示出了先进储能材料领域全球申请人的专利申请量的排名情况。日本、韩国申请人优势明显,占据了大部分席位。

其中,韩国的三星申请量最大,有5800余项;其次是日本的松下、丰田,其总申请量也超过了4000项。这三家公司组成了按申请量排名的第一梯队,申请量均在4000项以上。

LG、三洋、日立、三菱以及日产组成了第二梯队,其申请量均在1000项以上。其中以日本申请人为主要阵营,占据了4个席位。

其余公司的申请量尚不足千项,除日本公司外,中国深圳海洋王照明科技股份有限公司(以下简称"海洋王照明")也跻身这一梯队。

表2-1-1是先进储能材料领域的全球申请人专利申请量统计表。分析结论如下:

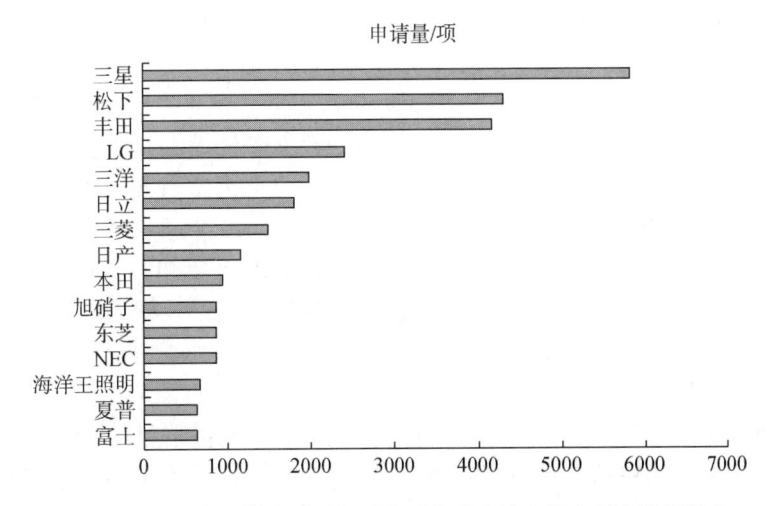

图2-1-11 先进储能材料领域全球主要申请人的专利申请量排名

表2-1-1 先进储能材料领域全球主要申请人专利申请量排序表

梯队	序号	公司名称	申请量/项	所占百分比
第一梯队	1	三星	5814	3.75%
	2	松下	4311	2.78%
	3	丰田	4163	2.68%
第二梯队	4	LG	2406	1.55%
	5	三洋	1980	1.28%
	6	日立	1790	1.15%
	7	三菱	1480	0.95%
	8	日产	1163	0.75%
第三梯队	9	本田	940	0.61%
	10	旭硝子	861	0.55%
	11	东芝	853	0.55%
	12	NEC	852	0.55%
	13	海洋王照明	780	0.50%
	14	夏普	634	0.41%
	15	富士	621	0.40%

位于第一梯队的3家公司具有绝对的专利申请量优势。其中三星的专利申请量遥遥领先。通过深入分析发现，其在锂离子电池材料领域共申请了3753项专利，占三星总申请量的64.6%。三星旗下拥有众多子公司，从申请专利的具体公司来看，三星SDI是其主要的专利申请公司，该公司主要负责三星手机等电子产品的电池供应。由分析可知，三星SDI共申请专利4555项，占三星总申请量的78.3%。位居次席的松下在先

进储能材料领域的专利申请主要侧重于燃料电池材料和锂离子电池材料，申请量分别为1311项、1491项，占总申请量的比例分别为30.4%、34.6%。近年来，松下与美国电动车及能源公司特斯拉加强了合作，并收购了三洋，拟进一步拓展电池业务。排名第三的丰田是知名的日本汽车厂商，近年来一直致力于推动混合动力汽车和燃料电池汽车产业的发展。丰田在先进储能材料领域的专利申请侧重点和松下类似，主要是燃料电池材料和锂离子电池材料相关专利，申请量分别为2227项、1744项，该两项技术申请量占了丰田总申请量的95.4%。值得关注的是，2015年初，丰田宣布无偿开放自身拥有的燃料电池材料相关专利，这给广大汽车及电池生产及研发厂商提供了很好的技术学习和借鉴机会。

在第二梯队的5家公司中：韩国公司LG在先进储能材料领域主要以锂离子电池材料的专利申请为主，共申请了1814项专利，占LG总专利申请量的75.4%，主要为该公司旗下LG化学公司申请。LG化学公司以石油化学、信息电子材料、二次电池等三个领域作为研究重点。日本公司三洋是一家有60多年历史的大型企业集团，其产品涉及显示器、手机、数码相机、机械、生物制药等领域。2008年，三洋成为松下的子公司，但仍保留原公司商标。三洋在先进储能材料领域的专利申请以镍氢电池材料和锂离子电池材料为主。剩下的3家公司在先进储能材料领域的专利申请也以锂离子电池材料及燃料电池材料的申请为主：日立的主营业务领域是能源、铁路系统等，三菱公司主要的产品有汽车制造、新能源、各类机械、电力设备等，日产主营汽车、船舶设备的制造。分析可知，位于第一、第二梯队的公司多为世界500强企业，拥有强大研发技术团队。

位于第三梯队的公司共7家。其中日本最大的玻璃生产厂商旭硝子和三菱同属于日本四大财团之一的三菱财团。旭硝子主要以燃料电池材料和超级电容器材料的专利申请为主；东芝是日本最大的半导体制造商，也是第二大综合电机制造商，其业务涵盖数码产品、电子元器件等，在先进储能材料领域的专利申请以镍氢电池材料和锂离子电池材料为主。本田、NEC、夏普和富士等一批日本企业在先进储能材料领域的专利申请也占有一定比例，其业务领域多涉及汽车制造、电子通信及机械设备制造。海洋王照明作为唯一一家排名进入前15的中国企业，其专利申请主要以太阳能电池材料、超级电容器材料和锂离子电池材料为主。该公司具备自主研发、生产各种专业照明设备的能力，是承揽过各类照明工程项目的国家级高新技术企业，在专业照明领域占有较大市场份额。上述15家公司共占有全球先进储能材料专利申请量的18.46%。

2.2 中国专利分析

本节以中国范围内储能材料领域的专利申请为数据源，从专利申请发展趋势、技术构成、区域分布、申请人等方面出发，对先进储能材料领域的中国专利申请状况进行分析。本节涉及专利申请44873件，检索截止日期为2017年8月28日。

2.2.1 发展趋势分析

图2-2-1示出了先进储能材料领域中国专利申请的发展趋势。先进储能材料在

中国的专利申请整体呈现增长趋势：在主要的技术分支中，锂离子电池材料的申请最多，占到了36%；其次是燃料电池材料、超级电容器材料和太阳能电池材料，三者的申请量相差不大；申请量占比最低的是镍氢电池材料，占比为6%。

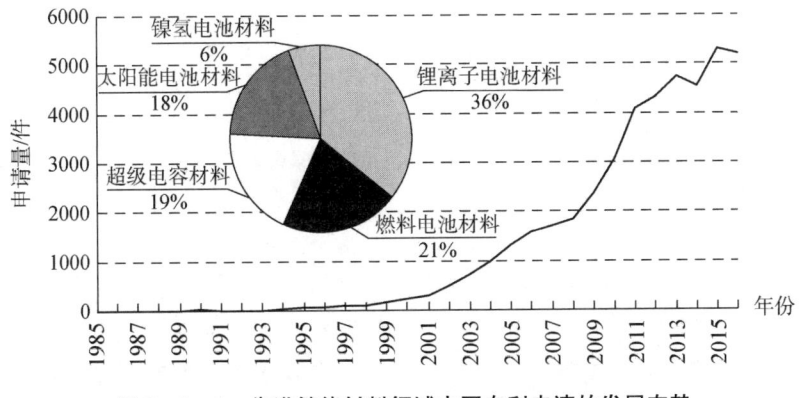

图2-2-1 先进储能材料领域中国专利申请的发展态势

在中国先进储能材料专利申请的发展趋势大致可以分为三个阶段。1985~2000年为缓慢发展期。在此期间内，先进储能材料在中国的申请量增长缓慢，从1985年的6件增长到2000年的231件。在此阶段内镍氢电池材料和锂离子电池材料的申请量较其他材料增长快，对先进储能材料领域专利申请量贡献最大。2001~2013年为快速发展期。在此期间，先进储能材料在中国的专利申请呈现快速发展的趋势，专利申请量达到了27547件。2014年至今，先进储能材料在中国的专利申请呈现稳固发展的趋势，申请量有小幅波动但仍然维持在较高的水平，2015年申请量达到了5288件，2015~2017年因专利申请公开滞后的原因，其申请量要少于实际申请量。

2.2.2 技术构成分析

下面对锂离子电池材料、燃料电池材料、超级电容器材料以及太阳能电池材料四个主要技术分支的专利申请态势以及专利类型进行分析。

（1）锂离子电池材料

锂离子电池材料的专利申请量随年份变化大致可以分为两个阶段（参见图2-2-2）。1985~2008年，锂离子电池材料申请量的发展处于一个较长的低速增长期，共申请了2564件专利。2009年开始至今，锂离子电池材料申请量以较快的速度发展，2009年全年申请量为670件，2016年全年申请量增长到2129件，接近第一阶段的总申请量。这一数据还未包括未公开的专利申请数据。从1985年中国出现首件锂离子电池材料专利申请到检索截止日，中国锂离子电池材料的申请量共计16060件，其中发明专利占比较高，达到96%，实用新型专利占比仅为4%，说明锂离子电池的专利申请质量较高。

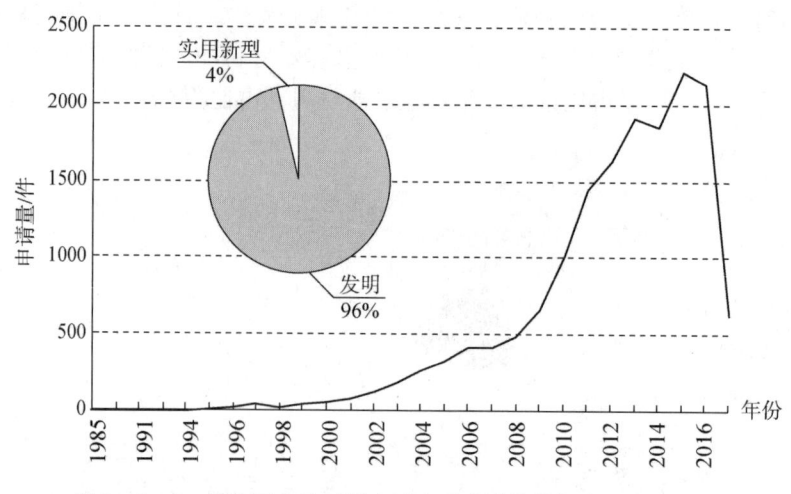

图2-2-2 锂离子电池材料中国专利申请趋势与专利类型分布

(2) 燃料电池材料

在1985~1995年，燃料电池材料专利只有零星的申请记录；从1996~2006年申请量飞速增长（参见图2-2-3），从1996年的13件增至2006年的792件，申请量增长了近60倍。2007年至今，燃料电池材料的年申请量一直在500~800件间徘徊，2016年申请量为564件。燃料电池材料领域在中国的总申请量为9406件，其中，发明专利占比为92%，实用新型专利占比为8%。

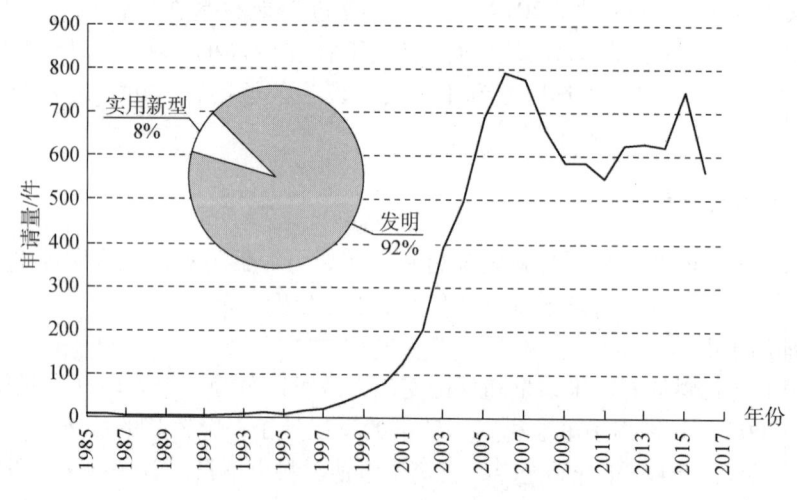

图2-2-3 燃料电池材料中国专利申请趋势与专利类型分布

(3) 超级电容器材料

1986~1999年，超级电容器材料的专利申请量一直很少（参见图2-2-4）；而在2000~2008年，专利申请量开始缓慢增长；2008年之后，专利申请量的增长速度开始加快。超级电容器材料在中国的专利申请量共8577件，发明专利的申请占比80%，实用新型专利占比20%。通过对比可以发现，超级电容器材料的实用新型专利申请较锂

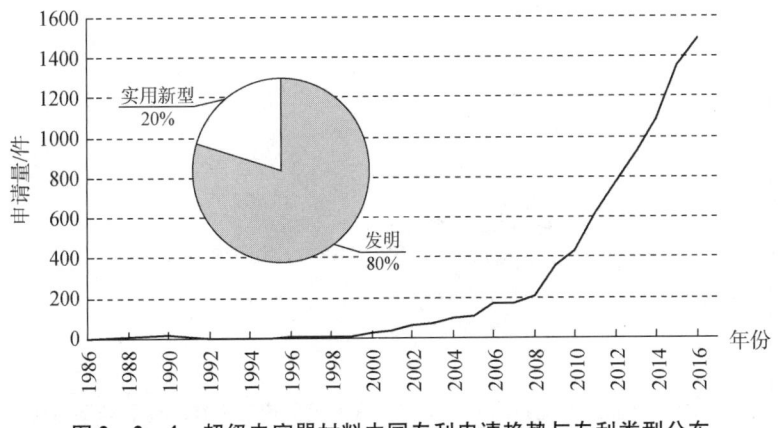

图2-2-4 超级电容器材料中国专利申请趋势与专利类型分布

离子电池材料和燃料电池材料多。

（4）太阳能电池材料

太阳能电池材料在1986~2002年的中国专利申请量一直很少（参见图2-2-5），累计仅76件，而在2003~2011年处于一个飞速发展的阶段，2011年申请量达到峰值（1266件），之后开始回落，到2016年其专利申请量为826件，其中包括一部分因专利申请未公后的原因。太阳能电池材料的专利申请量共8140件，其中发明专利占78%，实用新型专利占22%。

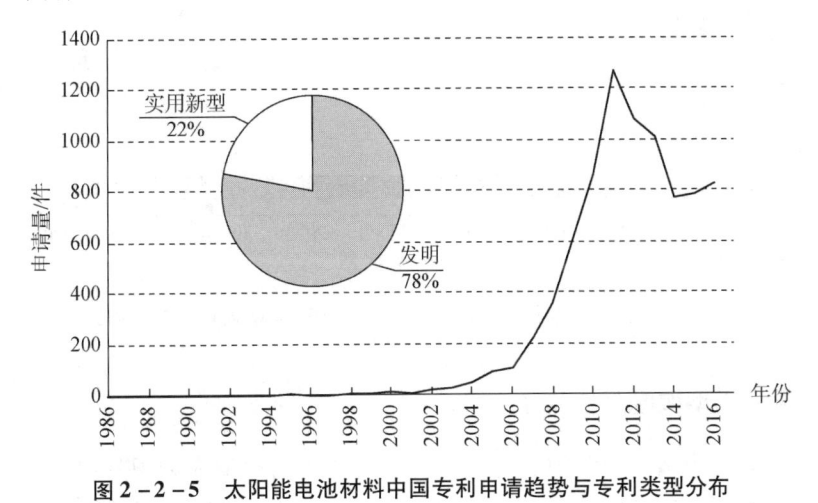

图2-2-5 太阳能电池材料中国专利申请趋势与专利类型分布

2.2.3 申请人国别分析

通过对先进储能材料领域中国专利申请人的国别进行分析（参见图2-2-6）可见，中国申请人的申请量占总申请量的77.0%。国外申请人中，日本申请人的申请量最多，共计5372件，占总申请量的12.0%；作为国外申请人的第二、第三申请大户，美国申请人的申请量达到1758件，韩国申请人的申请量达到1645件；欧洲申请人的申请量占比达到2.9%；其他国家和地区申请人的专利申请量占总量的0.5%。

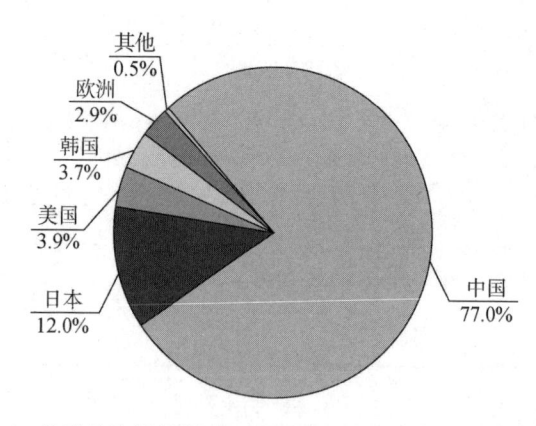

图2-2-6 先进储能材料领域不同国家和地区申请人在华专利申请占比

由图2-2-7可以看出，目前国内申请人已经逐步认识到以专利为基础的核心技术对行业发展所起到的推动作用，正在积极进行专利布局。作为邻国，日本一直非常重视中国市场，在中国申请了大量的专利。而随着中国市场的重要性日益增加，美国和韩国近年来也逐渐加强了在中国的专利战略布局。

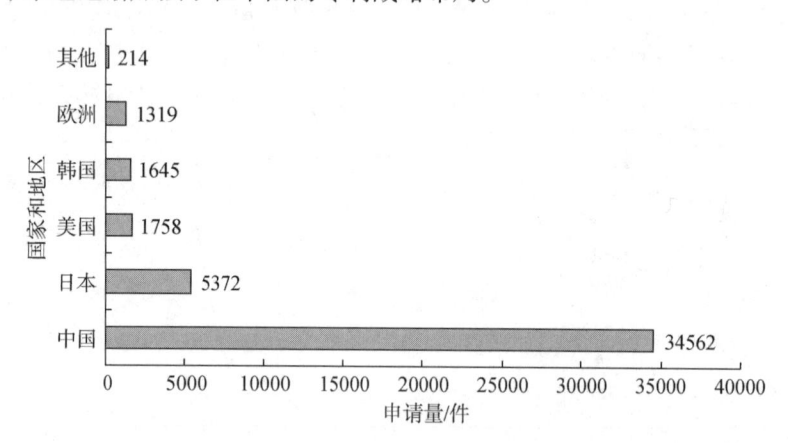

图2-2-7 先进储能材料领域不同国家和地区申请人在华专利申请量

2.2.4 申请人类型构成分析

对在华申请的申请人类型构成进一步分析可知国内申请人和国外申请人的类型有所不同（参见图2-2-8）。经统计，国内申请人申请专利总量为35769件，国外申请人申请专利总量为10659件。国外申请人的申请量虽少于国内申请人的申请量，但国外申请人中企业占据绝对优势，其申请量占国外申请人总申请量的92%。相比之下，在国内申请人中，尽管企业的总申请量位居第一位，占国内申请人总申请量的49%，但相对于国外申请人的92%的比例，差距很大；高校的比例也较大，占国内申请人总申请量的34%，可见高校也拥有较强的技术实力。

图2-2-9示出了先进储能材料中国专利申请国内/国外申请人申请量的占比。在中国专利申请中，国内申请人的申请量占比77%，处于绝对的优势地位。说明中国申

（a）国内申请人　　　　　（b）国外申请人

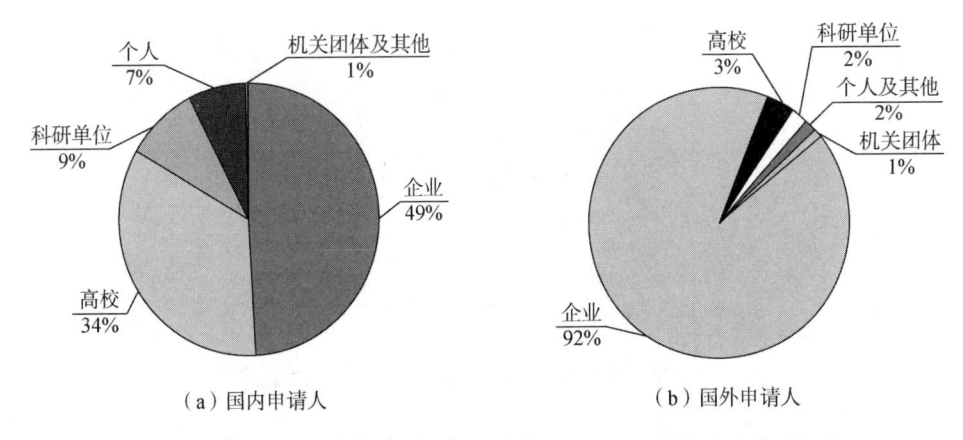

图2-2-8　先进储能材料领域中国专利申请国内外申请人的类型构成

请人在国内先进储能材料市场中占据了主导地位。而国外申请人的申请量占中国专利总申请量的23%，约为1/4。这一占比在一定程度上说明了国内先进储能材料市场正逐渐受到其他各个国家和地区的重视。对于其较为核心的基础专利，其他国家的申请人在全球大范围进行专利布局的同时，中国也是其抢占先进储能材料市场的主要选择之一。这些国外申请人主要来自日本、韩国、美国等先进储能材料生产应用的主流国家。

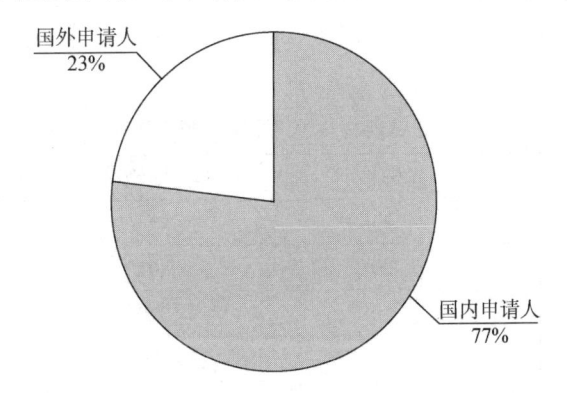

图2-2-9　先进储能材料领域中国专利申请国内/外申请人的申请量占比构成

2.2.5　专利申请法律状态分析

从图2-2-10先进储能材料中国专利申请法律状态可以看出，在中国有效专利、审中专利和失效专利占比分别为38%、27%和35%。其中，失效专利占比较大，说明在中国可以无偿使用的专利量较大，造成失效专利较多的原因为撤回，一方面可能是为达到防御性公开的目的，另一方面也可能是国内企业在专利管理上仍有不足，造成视为撤回。另外，专利失效的原因还包括权利终止。这主要是因为储能材料专利申请较早，部分专利已经过了保护期，考虑到先进储能材料更新换代较快，可能权利终止的专利利用率较低。先进储能材料驳回专利也相对较多，结合储能材料国内年度专利申请量及审中专利的占比，可能的原因是近几年先进储能材料发明专利申请量较多，

29

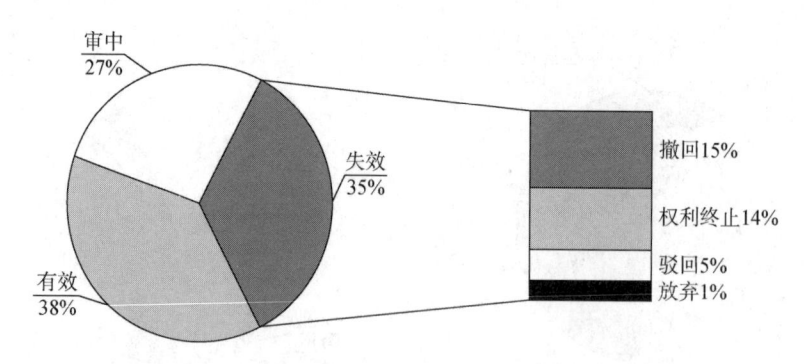

图 2-2-10 先进储能材料领域中国专利申请法律状态

而在技术创新上不高。放弃专利占比较少，说明先进储能材料市场应用前景较好。

2.2.6 省区市分析

表 2-2-1 示出了先进储能材料领域中国专利申请各省区市排名情况。目前，先进储能材料领域中国专利申请量位于前 11 位的省区市分别是：广东、江苏、北京、上海、浙江、山东、天津、辽宁、湖南、安徽和湖北。由表 2-2-1 可知，中国沿海各省区市贡献了大部分的专利申请量，如广东、江苏、上海、浙江等。这些省区市的经济发展水平也处于全国前列。此外，排名靠前的省区市申请人中高校起到了一定促进作用。

表 2-2-1 先进储能材料领域中国专利申请省区市排名

排名	省份	发明/件	实用新型/件	申请总量/件
1	广东	4300	853	5153
2	江苏	3612	861	4473
3	北京	3017	320	3337
4	上海	2844	430	3274
5	浙江	1959	464	2423
6	山东	1156	318	1474
7	天津	1219	230	1449
8	辽宁	1172	178	1350
9	湖南	1061	195	1256
10	安徽	1085	144	1229
11	湖北	989	178	1167

2.2.7 主要申请人分析

在先进储能材料领域申请量排名前 10 位的主要申请人（参见图 2-2-11），中国科学院位居首位，其次为日本丰田，海洋王照明紧随其后，位居第三。其中，国内的申请人主要为：中国科学院、海洋王照明、清华大学、比亚迪、浙江大学、中南大学和哈尔滨工业大学。国内的申请人以高校居多。

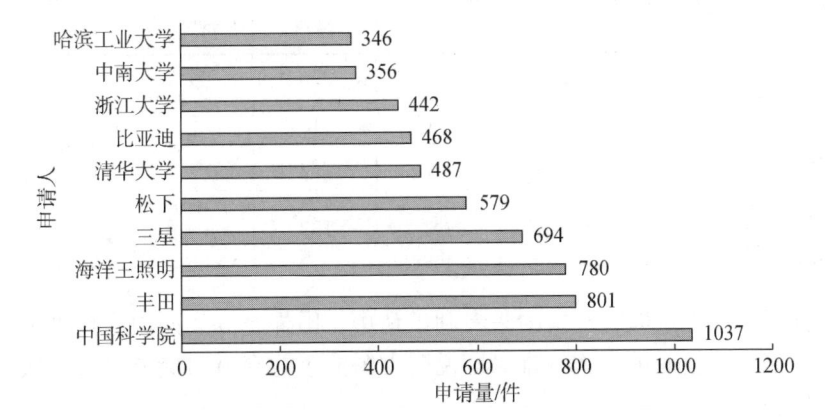

图2-2-11 先进储能材料领域在华主要申请人排名

表2-2-2示出了先进储能材料领域在华主要申请人申请量排序情况。先进储能材料领域在华的专利申请中，排名前10位的申请人的专利申请量占了总申请量的13.36%。其中，五个技术领域分支中，丰田、比亚迪和三星在超级电容器材料的申请量较少，其余7位申请人占了超级电容器材料总申请量的29.1%。锂离子电池材料在华申请以三星、比亚迪和中国科学院的申请量较为突出，前10位申请人的申请量共占锂离子电池材料总申请量的40.6%；前10位申请人在镍氢电池材料专利申请量占比较少，仅21.3%，说明国内对镍氢电池材料的技术研发关注较少。燃料电池材料专利申请中，国外企业占据较大优势，丰田、三星和松下共申请专利1247件，占前10位申请量的61.5%；国内申请人除了比亚迪一家企业外，其余均为高校在进行相关研究，说明国外的燃料电池技术研发较为成熟，日本、韩国企业利用其技术优势，加强了燃料电池在华的战略布局。前10位申请人中，国内申请人在太阳能电池材料领域占据较大优势，中国企业海洋王照明依靠自身的研发优势，在专业照明领域占据较大的市场份额，但通过对比其在全球申请专利的情况可知，该公司仅在中国申请了专利，没有在海外进行过专利布局，缺乏专利预警意识，这亦是大多数中国企业所缺乏的。

表2-2-2 先进储能材料领域在华主要申请人的申请量排名

序号	申请人名称	申请量/件	所占百分比	超级电容器材料	锂离子电池材料	镍氢电池材料	燃料电池材料	太阳能电池材料
1	中国科学院	1037	2.31%	77	324	55	399	182
2	丰田	801	1.79%	—	173	15	613	—
3	海洋王照明	780	1.74%	367	117	—	—	296
4	三星	694	1.55%	357	—	9	328	—
5	松下	579	1.29%	77	156	40	306	—
6	清华大学	487	1.09%	82	241	—	117	47

续表

序号	申请人名称	申请量/件	所占百分比	超级电容器材料	锂离子电池材料	镍氢电池材料	燃料电池材料	太阳能电池材料
7	比亚迪	468	1.04%	—	326	44	48	50
8	浙江大学	442	0.99%	78	215	28	69	52
9	中南大学	356	0.79%	74	282	—	—	—
10	哈尔滨工业大学	346	0.77%	68	132	—	146	—

综合分析，在先进储能材料的华专利申请中，国外企业和国内高校占据大部分的比例，仅两家中国企业进入这一排名，说明中国的企业在材料储能材料领域的综合实力还相对较弱。

第3章 锂电正极材料专利分析

3.1 研究概况

3.1.1 技术概况

锂电池的发展主要经历了两个阶段：锂金属电池阶段和锂离子电池阶段。其中，锂金属电池，即锂一次电池，是一种高能化学原电池，于1912年最早由吉尔伯特·N.刘易斯（Gilbert N. Lewis）提出并研究。锂金属电池以金属锂为负极，固体盐类或溶于有机溶剂的盐类为电解质，金属氧化物或其他固体、液体氧化剂为正极活性物质。但由于锂金属的化学特性非常活泼，因此锂金属的加工、保存、使用对环境要求非常高，所以，锂金属电池长期没有得到应用。20世纪70年代，M. S. 维丁汉姆（M. S. Whittingham）提出并开始研究锂离子电池。锂离子电池是一种二次电池（充电电池），主要依靠锂离子在正极和负极之间移动来工作。在充放电过程中，锂离子在两个电极之间往返嵌入和脱嵌：充电时，锂离子从正极脱嵌，经过电解质嵌入负极，负极处于富锂状态；放电时则相反。锂离子电池因其工作电压高、比能量大、循环寿命长、安全性能好等优点而广泛应用于诸多领域，如便携式电子产品、电动交通工具、大型动力电源等。[1]

锂离子电池主要由正极材料、负极材料、隔膜和电解液四大材料构成。从原材料的技术壁垒上看，锂离子电池行业技术的难易程度排序为隔膜＞正极材料＞电解液＞负极材料。但目前阻碍锂离子电池产业化应用发展的战略核心问题是正极材料：一方面正极材料在锂电池中占有较大比例（正、负极材料的质量比例为3∶1～4∶1），且其在电池成本中所占的比例可高达40%左右，因此廉价、高性能的正极材料的研究一直是锂离子电池行业发展的重点；另一方面正极材料是锂离子电池电化学性能的决定性因素，目前正极材料尚不能完全满足下游电动交通工具和工业储能领域的大规模应用要求。

正极材料作为锂离子电池最为关键的一个组成部分。传统类型的正极材料性能各有利弊，根据下游产品的需求，选择的正极材料不尽相同。消费类电子产品领域锂离子电池正极材料（以下简称"锂电正极材料"）的性能需求侧重锂离子电池能量密度和安全性，钴酸锂为目前消费类电子产品锂离子电池主要的正极材料；动力锂离子电

---

[1] 新材料在线. 锂电池材料行业调研报告［EB/OL］. ［2017-10-12］. https://wenku.baidu.com/view/1c5e052328ea81c759f578d4.html.

池正极材料的性能需求为高电压、高能量、高功率和宽温度范围，磷酸铁锂、锰酸锂、三元材料是目前动力锂离子电池正极材料的主要原材料。其中三元材料是未来动力锂离子电池正极材料的发展趋势。下面将几种常见的正极材料的主要特点介绍如下。

（1）钴酸锂

钴酸锂由于具有生产工艺简单和电化学性能稳定等优势而最先实现商品化。同时，由于钴酸锂具有工作电压高、充放电电压平稳、适合大电流充放电、比能量高、循环性能好等优点，在小型充电电池领域中具有广泛应用。钴酸锂正极材料的缺点是价格昂贵，实际比容量仅为其理论容量（274 mAh/g）的50%左右；钴酸锂的循环寿命目前可达到1000次，但仍有待于进一步提高。此外，钴酸锂的抗过充电性能较差，在较高充电电压下比容量迅速降低。目前，中国的钴酸锂主要是中粒径为10~12微米的产品，各主要锂电正极材料企业也纷纷推出了中粒径在15~18微米的产品，预计钴酸锂会向高振实密度和高安全性能的方向发展。

（2）锰酸锂

与钴酸锂相比，锰酸锂具有安全性好、耐过充性好、原料锰的资源丰富、价格低廉及无毒性等优点，是很有发展前景的一种正极材料。层状锰酸锂用作锂电正极材料的缺点是虽然容量很高，但在高温下不稳定，而且在充放电过程中易向尖晶石结构转变，导致容量衰减过快。锰酸锂在中国市场的使用还主要定位在小型电池领域，无法应用于高端领域，更不能完全取代钴酸锂材料在小型电池领域的地位。经过多年的研究，锰酸锂材料的性能得到了较大的改善，2007~2008年，国内已有多数企业开始稳定、批量地使用锰酸锂。锰酸锂主要与钴酸锂掺混使用于低端的钢壳电池上，或者单独用于动力电池。目前，国内锰酸锂企业包括大型的正极材料生产企业都在积极地开发高温循环性能良好的锰酸锂材料。

（3）磷酸铁锂

随着动力电池的发展，国内厂家大多倾向于采用磷酸铁锂材料作为锂电正极材料。它是一类新型的锂离子电池用正极材料。该类材料具有高的能量密度、低廉的价格、优异的安全性能等特点，特别适用于动力电池。它的出现是锂离子电池材料的一项重大突破，现已成为各国竞相研究的热点。目前，磷酸铁锂被认为是最有发展前景的动力电池正极材料。据统计，国内实现磷酸铁锂批量生产的企业有60多家，年产能达到6500吨/年。❶ 由于磷酸铁锂生产技术门槛很高，大多数生产厂商在批量生产时产品的稳定性难以保证，它的缺点是电阻率较大，电极材料利用率低，因此研究工作主要集中在解决其导电率问题上。

（4）三元材料

近几年来，层状嵌锂多元过渡金属复合型正极材料发展迅速，尤其是含有镍、钴、锰三种元素的新型过渡金属嵌锂氧化物复合材料，可用通式表示为 $LiMn_xNi_yCo_{1-x-y}O_2$ （$0<x<0.5$，$0<y<0.5$）。这一方面是由钴酸锂价格较高所导致，另一方面，国际市

---

❶ 中国产业调研网. 2017年中国磷酸铁锂正极材料现状调研及市场前景走势分析报告［EB/OL］.［2017 - 10 - 13］. http://www.cir.cn/7/96/LinSuanTieLiZhengJiCaiLiaoHangYe.html.

场的需求也是三元材料发展迅猛的另一动力。由于中国企业越来越多地参与国际市场竞争，国际锂电池企业的材料选择也直接影响到国内企业的选择。此种三元材料综合了钴酸锂、镍酸锂和锰酸锂三类材料的优点，形成了钴酸锂/镍酸锂/锰酸锂三相的共熔体系，且其综合性能优于任一的单组分化合物，存在明显的三元协同效应。此类固溶体材料通常具有200mAh/g左右的放电比容量，主要工作电压区间为2.5～4.6V；在充放电过程中，能保持层状结构的特征，避免了层状锰酸锂结构向尖晶石结构的转变。与目前占据市场主流的钴酸锂比较，其具有比容量高、价格低廉、环境友好、热稳定性高和安全性好等优势，从而具有广阔的市场前景。今后的发展将在制备方法创新、形态控制、表面修饰以及提高振实密度等方面深入。[1]

（5）富锂锰基材料

在目前研究的所有正极材料中，由于富锂锰基材料（通式为$x\text{Li}_2\text{MnO}_3\cdot(1-x)\text{Li MO}_2$）容量高（克比容量高达250～300 mAh/g，是商用正极材料的2倍左右），且成本低、毒性低，被认为是下一代优选的锂电正极材料。然而，这种材料存在首次库伦效率低、长循环过程中电压和容量衰减、倍率性能差以及体积比能量低等缺陷，严重阻碍了实际的应用。针对上述问题，研究者通过结构和组分设计、掺杂和包覆改性进行了深入探讨。国内富锂锰基材料的制备技术基本采用液相共沉淀法，与国外技术差距不大。但由于我国没有富锂锰基材料的原始专利，在降低首次充放电不可逆容量、提高材料循环寿命和倍率性能等方面基本沿用了国外的相关技术，受到专利方面的制约，尚未实现产业化生产。

（6）锂硫正极材料

锂硫电池是以硫为正极、金属锂为负极的电池体系，拥有能量密度高、成本低、污染小等优点，被认为是最具潜力的下一代储能体系之一。然而，由于活性物质的电子、离子传导性差，充放电过程中体积变化大，以及充放电中间产物的溶解性和伴随的"穿梭效应"等问题，锂硫电池活性物质的利用率低且循环寿命短，阻碍了锂硫电池实用化进程。现阶段采用的技术手段主要是将硫和碳材料复合或者硫和有机物复合以解决硫的不导电和体积膨胀问题。如果要在锂硫电池正极材料（以下简称"锂硫正极材料"）的研究中取得更大突破，需要在以下几方面取得新进展：①将合成性能优异的导电材料与硫复合，提高硫的利用率；②在充放电过程中抑制多硫化物在电解液中的溶解；③控制充放电过程中硫的体积膨胀。将合成性能优异的导电材料（如碳材料、导电聚合物）与硫复合，进一步提高复合材料中硫的负载量，是未来研究的重要方向。硫/介孔碳复合材料更是未来的发展方向之一。介孔碳对硫活性物质放电中间产物——多硫化物的吸附作用能抑制其在电解液中的溶解，减弱穿梭效应，提高锂硫电池的放电比容量，并且改善锂硫电池的循环寿命。

3.1.2 产业概况

从全球范围来看，锂电池企业主要集中在日本、中国和韩国，相应地，锂电正极

---

[1] 其凡.锂电正极材料研究现状及产业概况回顾［J］.中国粉体工业，2015（3）.

材料的生产也主要集中在以上国家。日本与韩国的锂电正极材料产业起步早，整体技术水平和质量优于我国锂电正极材料产业，因此占据了全球锂电正极材料市场的高端领域。由于我国锂电正极材料生产所需的锂、钴、锰、镍等金属资源丰富，且消费类电子产品、新型能源汽车等锂电池下游应用市场迅速扩张，近10年来我国大型锂电正极材料企业迅速发展，产品质量大幅提高，具备较强的成本优势。日本与韩国锂电池企业正逐步从我国进口锂电正极材料，目前我国市场份额已占据全球的46%。

2016年，我国锂电正极材料总体产量达到16.16万吨，同比增长43%。这主要是受动力电池发展的带动，2016年国内动力电池产量同比增长超过60%。具体来看，磷酸铁锂产量5.7万吨，同比增长75%，其产量的大幅增长主要受动力电池及储能锂电池的带动；三元材料产量5.43万吨，同比增长49%，其增长则主要受新能源乘用车、锂电自行车、中低端数码锂电池等市场的带动；钴酸锂出货量同比2015年增长9.4%，出货量3.49万吨，其主要用于日用消费品。[1]

从产值来看，2016年锂电正极材料产量持续增长，而随着产品质量的提高，正极材料的价格也逐渐上涨，使得正极材料的产值增速大于产量增速。2016年我国锂电正极材料的产值达到208亿元，同比2015年增长超过54%。其中，国内三元材料、磷酸铁锂、锰酸锂等正极材料市场规模同比增速超过70%，三元材料的市场规模更是接近80亿元，磷酸铁锂与锰酸锂的产值则分别突破元与7亿元。[2]

我国锂电正极材料行业集中度较高，目前已经形成了京津地区、长三角地区和华南地区三大锂电正极材料产业基地。其中，京津地区主要是指北京、天津、山东，也包括河北和辽宁部分地区，是目前中国最大的锂电正极材料生产基地。长三角地区主要包括上海、浙江和江苏，其在正极材料产业方面奋起急追，外企的材料产业基地多选择在此落户。以广东为代表的华南地区则是中国锂电池产业最主要的聚集地，这也带动着我国正极材料的整体发展。湖南则是围绕长株潭核心地区，以湖南瑞翔和湖南杉杉为代表，以中南大学等科研院所为依托，在锂电正极材料方面也有一定的生产规模。

3.2 全球专利分析

本节从锂电正极材料全球专利申请量、申请区域和主要申请人出发，对锂电正极材料的技术生命周期及其区域分布、主要市场竞争者进行分析。

截至本报告的检索截止日（2017年8月28日），全球共申请锂电正极材料相关专利20951项。

3.2.1 发展趋势分析

对全球锂电正极材料进行申请趋势分析，图3–2–1示出锂电正极材料全球专利

---

[1] 中国新能源网．2016年全国锂电正极材料产量16.16万吨［EB/OL］．［2017-10-14］．http：//www.china-nengyuan.com/news/103252.html．

[2] 中商情报网．2016年中国锂电池材料行业发展概况及行业竞争格局分析［EB/OL］．［2017-10-14］．http：//www.askci.com/news/chanye/20160715/15373342231.shtml．

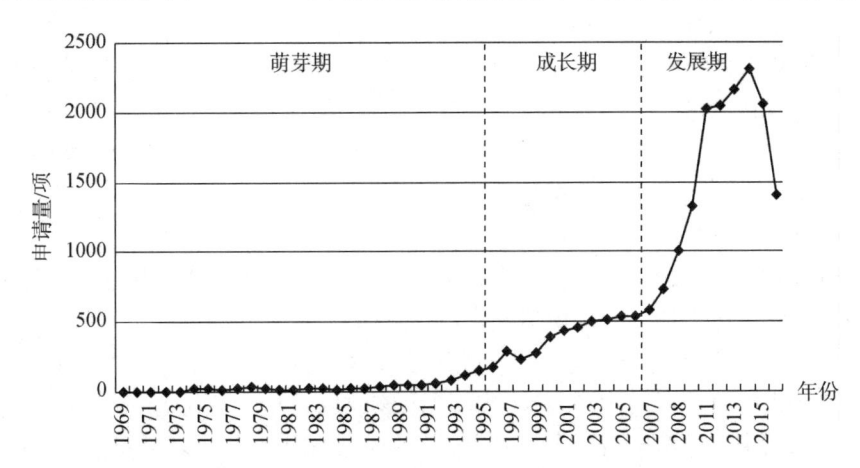

申请量年变化趋势，图3-2-2示出锂电正极材料全球专利申请的技术生命周期。

图3-2-1 锂电正极材料领域全球专利申请趋势

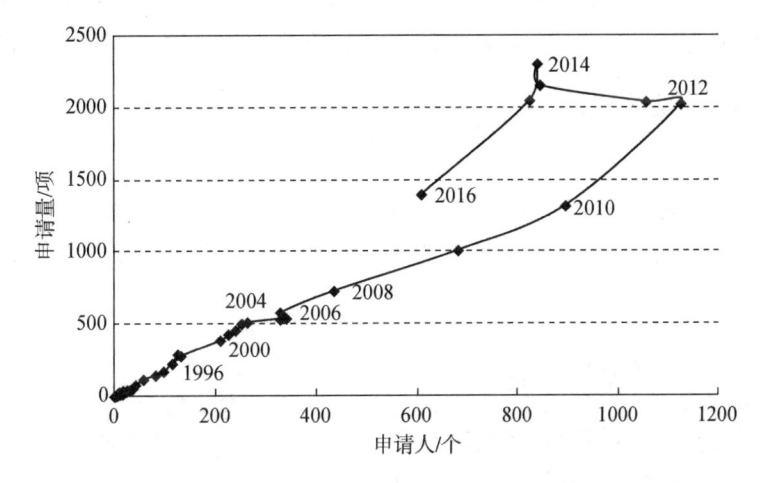

图3-2-2 锂电正极材料领域全球专利申请的技术生命周期

从图3-2-1、图3-2-2可以看出该技术专利申请经历了萌芽期、成长期、发展期三个阶段。

(1) 萌芽期（1969~1996年）

这一阶段，进入该领域的申请人数量较少，且增加缓慢；申请量不多，涨幅也非常小，这些专利集中于日本和美国。这阶段的时间持续比较长，是由于早期锂电池采用的金属锂为负极，而金属锂负极循环过程中生成的锂枝晶会穿透隔膜，导致电池的内短路，引发失火甚至爆炸，从而使得锂电池的发展一度处于停滞状态。直至1990年，SONY能源技术公司推出了以钴酸锂为正极、石墨为负极的商品化锂离子电池，随后由于锂离子电池的杰出表现，人们对其研究兴趣高涨。

(2) 成长期（1997~2007年）

这一时期的专利申请量平稳增长，日本在研发、申请方面独占鳌头。而上升最明显的是中国和韩国，专利申请数量快速增长。在这一阶段，进入锂电正极材料行业的竞争者越来越多，申请人数量的增加成为专利申请量平稳增长的主要原因。

（3）发展期（2008年至今）

由于专利申请的公布需要一定时间，图3-2-1中2015~2017年专利申请量比实际申请量少，仅供参考。

从2008年起，锂电正极材料专利申请进入快速增长阶段。其间，中国专利申请迅猛增加，其申请量超越日本，占据鳌头。

这一时期可以分成两个阶段：

第一阶段：2008~2011年，属于蓬勃发展期。这一阶段，申请人的数量迅速增多，伴随着市场竞争者的增加，专利申请数量也迅速增长。

第二阶段：2012年至今，属于稳定发展期。这一阶段，专利申请数量的增长趋于平缓，且申请人的数量开始逐渐减少。这说明该领域的技术逐渐趋于成熟，部分申请人由于技术门槛慢慢退出申请，专利集中到一些主要的市场竞争者手里。

从市场方面来看，这一期间专利申请量增加明显。这可能是由于比传统手机更耗电的智能手机、数码相机和游戏机对电池的要求提高，再加上手提电脑、其他个人数码电子设备以及电动汽车的日益普及，对锂电池需求越来越大，性能要求越来越高。

3.2.2 申请国家/地区分析

图3-2-3示出了全球锂电正极材料专利申请的目标国家/地区分布。从图中可以看出，全球锂电正极材料排名前五位的国家/地区分别为中国、日本、美国、韩国以及欧洲，其申请总量约占全球总申请量的93%，说明该领域市场分布非常集中。

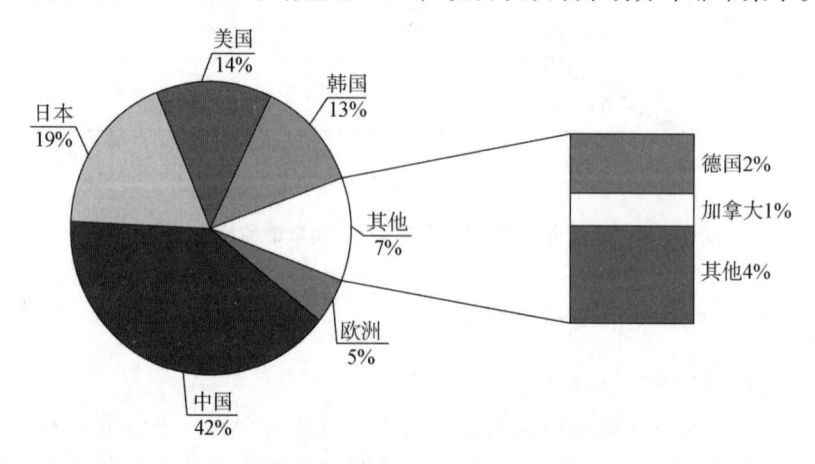

图3-2-3　锂电正极材料领域全球专利申请的目标国家/地区分布

锂电正极材料在中国的申请量是各个国家/地区中最多的，占总申请量的42%，为8181件。其中绝大多数都是中国申请人的申请（参见表3-2-1），其次为日本申请人在中国的申请。此外，韩国申请人在中国的申请也占了一定比例（3.9%）。参考各国家/地区的专利申请流向，可以看出，中国作为一个专利申请大国，也是锂电正极材料的主要应用市场。而随着我国动力汽车行业的迅速发展，其对新型储能装置的需求也逐渐增大。中国作为目前锂电正极材料应用的最大市场之一，也逐渐受到各国家/地区的重视。由此可以预见，各个国家/地区在中国的锂电正极材料专利申请数量将会进一步提高。

表3-2-1 锂电正极材料领域全球主要申请国家专利申请流向表　　单位：件

来源国	目标国			
	日本	美国	中国	韩国
日本	1828	915	544	464
美国	29	608	116	104
中国	210	96	7138	14
韩国	275	678	314	1435

锂电正极材料在日本的申请量占全球总申请量的19%。其中，申请量最多的是日本本国申请人，其次是韩国申请人和中国申请人。对比而言，美国申请人在日本的申请相对较少，仅为29件，反映美国对于日本锂电正极材料的市场份额占比较少。这可能是由于日本锂电正极材料技术相对成熟，且其专利布局意识较强，其国内市场主要由本国企业主导。

锂电正极材料在美国的申请量位于第三位，为2734件，占总申请量的13%。其中，美国本国申请人的申请为608件，除美国本国申请人外，日本和韩国申请人在美国的申请量也较大，且均超过了美国申请人在本国的申请量，分别为915件和678件，可见其对美国市场的重视程度。相反，中国申请人在美国的专利申请量则相对较少，这也侧面反映了中国申请人对于在其他国家/地区的市场布局意识相对薄弱。

锂电正极材料在韩国的申请量与美国专利申请量相近，为2583件，占总申请量的13%。其中，韩国本国申请人是最主要申请人，申请量为1435件，其次是日本申请人，再次是美国申请人。

从图3-2-4锂电正极材料全球专利申请的来源国家/地区分布情况来看，中国申请人的申请量最大，达到7650件，占全球总申请量的36.5%；其次是日本申请人，申请量为4970件，占全球总申请量的21.9%；接下来是韩国和美国申请人，其申请量分别占比15.6%和7.6%。中国申请人的申请量虽然最多，但从专利申请流向的角度来看，其申请主要集中在本国，只有极少数申请流向日本和韩国等其他国家/地区，仅占中国申请人总申请量的7%。可以看出，中国申请人更倾向于在本国寻求保护。其作为锂电正极材料领域中较新的参与者，技术上还处于跟随状态，近年来申请量有明显增长，基数也较大，但对于寻求其他国家保护的需求或意识还不明显。这与长期以来以本国市场为主，还没有进军他国市场有密切的关系，也可进一步反映出中国在锂电正极材料技术上还相对薄弱。

日本申请人的申请量位于第二位。进一步分析其专利申请流向，对于申请人所属国为日本的申请，美国是最重要的流向地，为915件，其次分别为中国和韩国。流向他国的申请量占日本申请人总申请量的63%。韩国同日本申请人的申请情况类似，除

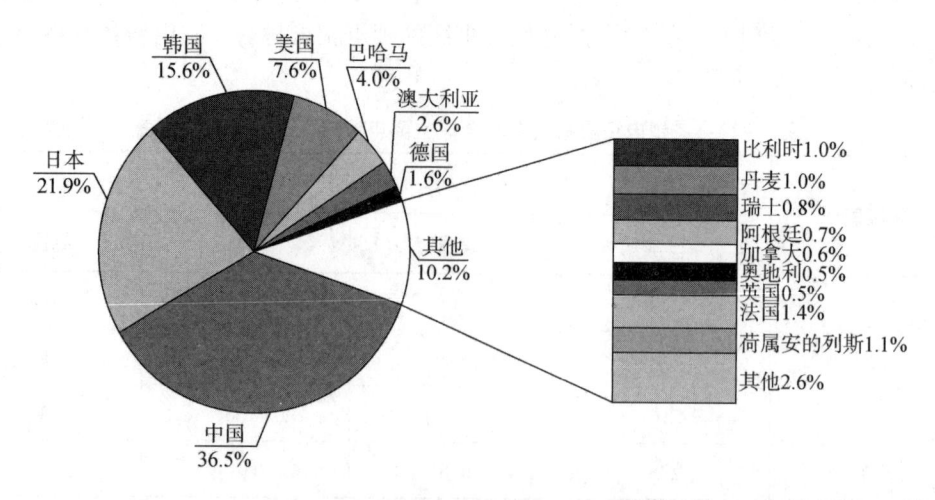

图3-2-4 锂电正极材料领域全球专利申请的来源国家/地区分布

韩国申请人在本国的申请之外,有57%的韩国申请人申请流向了其他国家。最主要的流向国是美国,为678件,其次为中国,再次为日本。可见在几个申请量较多的来源国家/地区中,日本申请人和韩国申请人对于在其他国家的保护行动较强,其对重点技术在多国寻求保护。这也从侧面反映了日本和韩国企业的技术水平相对先进,同时知识产权保护意识也相对较强。

3.2.3 申请人分析

表3-2-2示出锂电正极材料领域全球专利申请量排名前20位的专利申请人。专利申请量排名前20的申请人来自中国、日本、韩国这三个国家,可见中国、日本、韩国不仅在全球锂电池产业上三分天下。在锂电正极材料的专利申请量排名上,中国、日本、韩国的申请人也呈现出三足鼎立之势,其中日本申请人数量优势较为明显,占据了大部分席位。

表3-2-2 锂电正极材料领域全球主要申请人排名

序号	申请人	申请量/项
1	三星(韩)	1333
2	LG(韩)	1034
3	丰田(日)	587
4	日立(日)	405
5	中国科学院(中)	367
6	住友(日)	366
7	三菱(日)	356
8	新日矿(日)	315
9	松下(日)	305

续表

序号	申请人	申请量/项
10	清华大学（中）	247
11	比亚迪（中）	239
12	汤浅（日）	237
13	清美化学（日）	228
14	中南大学（中）	202
15	日本化学（日）	199
16	三洋（日）	199
17	ATL新能源（中）	199
18	三井（日）	172
19	日本电气（日）	154
20	汉阳大学（韩）	151

而韩国的申请人虽然只占据3个席位，但是申请量排名前两位的申请人由韩国包揽，分别是三星和LG，其申请量之和占前20位申请人的申请量1/3，可能是由于韩国锂电池产业被这两家巨头主导并垄断。三星的申请主要来自三星SDI，其主要的电池技术是应用在IT设施、电动汽车以及储能方面。三星在产业链的横向布局方面很有优势，如半导体、电子、化工、汽车、造船等。依靠多领域的雄厚技术优势、资金优势、人才优势，三星可以在不同领域保持强大的竞争力。LG的申请主要来自LG化学。LG化学本身是一家化学品公司，除电池这一产品外，本身具有大量化工产品和化学品的生产线，从1947年至今，累积了大量制作化学制品和化学材料的工程和制造经验。LG的地位使得LG化学在开发锂电池的时候，有产业链协同的优势，在正负极材料、隔膜等方面都有独到的技术。

中国申请人占据了5个席位，分别是第五位的中国科学院、第10位的清华大学、第11位的比亚迪、第14位的中南大学以及第17位的ATL新能源。可以看出，中国申请人在锂电正极材料领域的全球申请人排行榜中靠前的主要是学校和科研院所。这可能与中国锂电正极材料产业的起步相对较晚有关，表明国内锂电池企业的创新实力和动力稍显不足，在全球申请人排名前20位的中国企业申请人只有比亚迪和ATL新能源。其中，比亚迪是中国锂电池企业综合实力第一的企业，从事二次充电电池的研究、开发、制造和销售，主要产品包括锂离子、镍镉、镍氢充电电池。ATL新能源的申请量包含了东莞新能源科技有限公司、宁德新能源有限公司以及宁德时代新能源有限公司的申请，其年销售额在全球锂电池领域排名前十名。

3.2.4 主要技术分支分析

3.2.4.1 申请趋势

目前，研究较多的锂电正极材料为钴酸锂材料、锰酸锂材料、磷酸铁锂材料、镍钴锰酸锂和镍钴铝酸锂等三元材料、富锂锰基材料以及锂硫正极材料等。图3-2-5示出了全球各类锂电正极材料历年申请量的变化趋势。

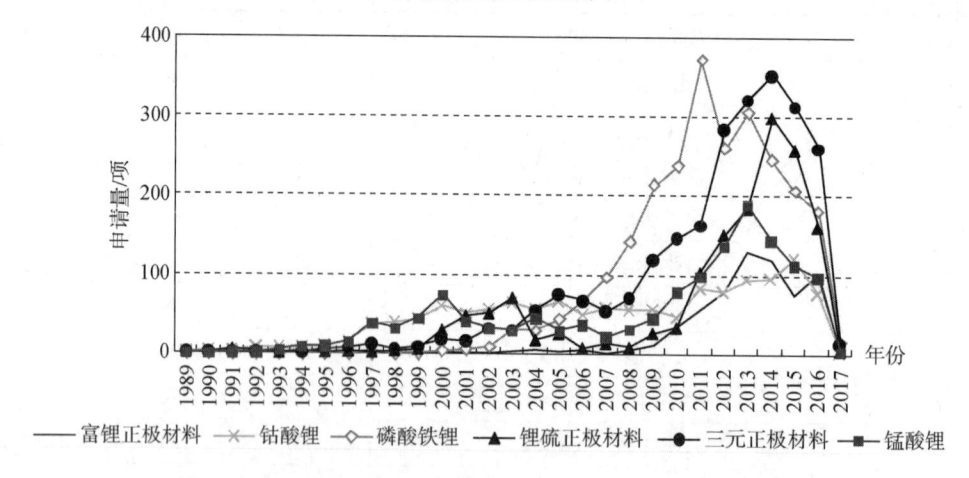

图3-2-5 锂电正极材料领域各技术分支全球专利申请趋势

可以看出，各技术分支的研究主要开始于20世纪90年代。其中，关于锂硫正极材料的研究起步较早，为1975年。鉴于1989年以前仅有零星申请，图中选取1989年作为起始节点，以便更加清晰地表示出其他分支的历年申请变化趋势。

与全球锂电正极材料的申请趋势一致，各技术分支在1996年之前还处于萌芽阶段，申请量仅有几项。这主要是由于早期研究者们对于锂电池这一储能装置的认识还不普遍，且其本身锂负极产生的锂枝晶等技术问题也极大地限制了锂电正极材料的发展。1997年之后，各类锂电正极材料的发展开始进入成长期，申请量明显上升。其中，钴酸锂和锰酸锂正极材料增长平稳，2010年之后其增长速度开始加快，锰酸锂的申请量于2013年达到峰值，为190项，随后开始逐年下降。而磷酸铁锂和三元正极材料则经历了一个蓬勃发展期，其在2006年之后的申请非常活跃。2009年，磷酸铁锂正极材料的专利申请突破200项，之后稳步攀升，于2011年达到峰值373项，2009~2015年的申请量占总申请量的75%。三元正极材料的发展趋势与磷酸铁锂较为类似，其在2012~2016年这5年的申请量达到了1538项，占其总申请量的63%。与上述各分支的申请趋势不同的是，锂硫正极材料的申请在经过2000~2004年的成长期后，则是进入了一段时间的低迷期，直到2009年之后申请量才开始逐年增加。而富锂正极材料的发展经历了较长的萌芽期，近10年开始出现稳定上升的申请趋势。由于专利申请的公布需要一定时间，图中2015~2017年的专利申请量要少于实际申请量，仅供参考。

3.2.4.2 发展态势

图3-2-6示出了锂电正极材料全球专利申请的技术分支发展态势图。饼图显示了各类锂电正极材料所占的比例。其中申请量最大的是目前研发及市场的热点磷酸铁锂和三元正极材料，其申请时间较晚，但发展速度很快，目前两者的占比均达到了25%。其次是技术发展较早的锂硫正极材料，为1556项，占比达到16%。接着便是较早商业化的锰酸锂和钴酸锂正极材料，占比均为14%。而发展较为缓慢的富锂正极材

料的专利申请则相对较少，仅有 633 项，占比为 6%。条形图分别显示了不同发展阶段各类锂电正极材料的占比。随着时间的变化，专利申请的侧重点也有明显的不同。

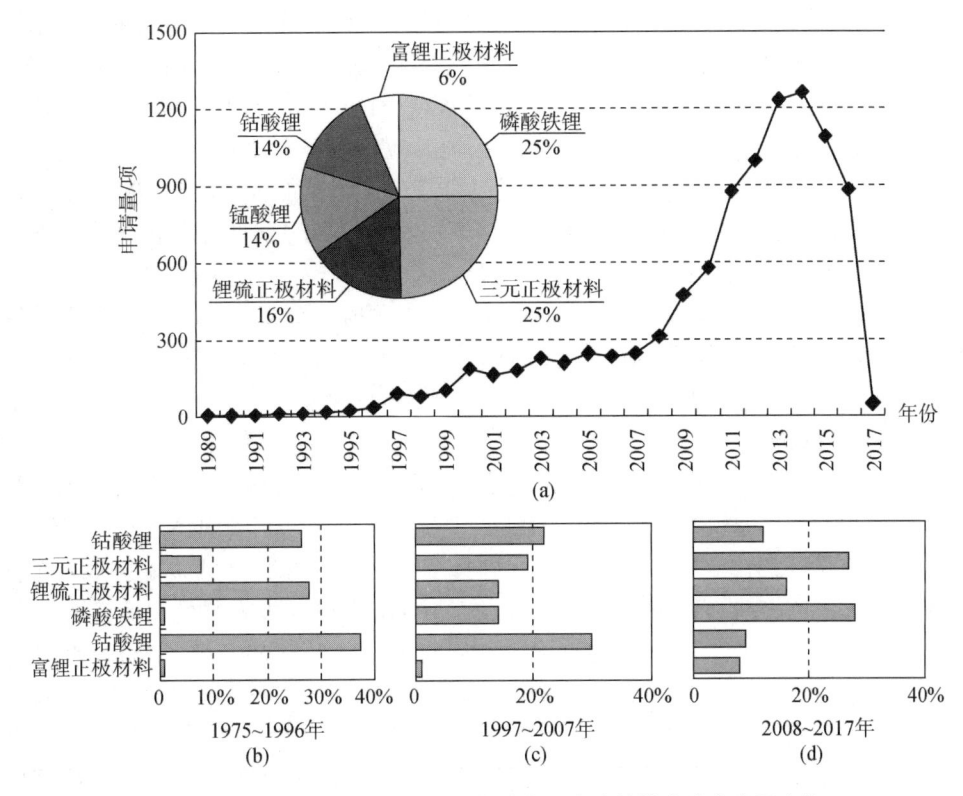

图 3-2-6 锂电正极材料领域全球专利申请的技术分支发展态势

1975~1996 年的各类锂电正极材料申请量均较少。其专利申请主要集中在 20 世纪 70 年代出现的锂硫正极材料和发展平稳的钴酸锂、锰酸锂正极材料，仅有少量涉及三元正极材料的专利申请，以稳定性较好的镍钴锰酸锂类型为主；而同一时期的磷酸铁锂和富锂正极材料则发展相对缓慢，申请量所占的比重较小，仅有 1%。

1997~2007 年的申请量明显上升，锂电正极材料的研发及应用热点仍然集中在钴酸锂和锰酸锂等过渡金属锂氧化物上，分别占比 30% 和 22%。其间，磷酸铁锂因其原材料丰富、循环寿命长、放电电压平台稳定等诸多优点，从而激发了锂电正极材料行业对其的研发热情，产生了较多的专利申请，其占比从上阶段的 1% 增加至 14%。同时，三元正极材料也有了长足的发展。两者的发展在一定程度上压缩了钴酸锂和锰酸锂的市场，这一阶段钴酸锂和锰酸锂的专利申请占比相对于萌芽期开始有所降低。而锂硫正极材料虽然具有远高于其他正极材料的理论比容量（1675 mAh/g），但因较差的导电性和"穿梭效应"等技术瓶颈，导致其专利申请量出现了明显的回落，2006 年其申请量仅有 8 项。富锂正极材料的占比变化不大。

2008~2017 年，受益于全球许多国家相继出台对于环保型电动/混合动力汽车及锂电池电力驱动系统的激励政策，锂电正极材料进入一个较快速的发展期。例如，2009 年 8 月，时任美国总统奥巴马签署了一项汽车动力电池项目资金援助计划，援助的总金额达到24亿美元；2009年初，德国政府拿出5亿欧元用于资助电动汽车的研发，其中资助锂离子电池的研发费用为5900万欧元。从2010年开始，锂电正极材料这六个分支的申请量突破500项且发展迅速，并于2014年达到峰值（1262项）。这个阶段申请量的大幅增加主要源自磷酸铁锂和三元正极材料的迅猛发展，其在该阶段所占的比例相比技术成长期进一步提升，分别达到了28%和27%。当前的锂电正极材料市场中安全性能高的磷酸铁锂占据较大的份额；三元正极材料则在逐步拓展其应用领域，发展迅速，在高电压电池领域具有较明显的优势。而容量衰减较快的钴酸锂和高温性能较差的锰酸锂的应用领域则被进一步压缩，其占比出现了较大幅度的下降。这基本与快速发展期的各类锂电正极材料的占比一致。锂硫正极材料的占比则变化不大。这与近些年锂硫电池虽技术发展较平稳，但并未出现大规模商业化应用有一定的关系。同时，20世纪90年代出现的富锂正极材料也逐步发展起来，但总的申请还较少，占比仅有8%。总体而言，全球锂电正极材料最近几年的重点研究领域主要集中在磷酸铁锂和三元正极材料上。

3.2.4.3 国别分析

图3-2-7（见文前彩色插图第1页）示出了锂电正极材料各技术分支全球专利申请的区域分布。中国是锂电正极材料领域各主要技术分支近几年申请最活跃的国家，其近5年申请量（2012~2016年）占本国各技术分支总申请量的68%。这一方面表明了中国作为锂电正极材料领域的申请大国，对于各类锂电正极材料的研究还处于起步阶段；另一方面也表明了中国在各类锂电正极材料技术的蓬勃发展以及投入的增大，这将为未来的技术进步打下坚实的基础。美国和韩国申请人近5年在这六大技术分支中的申请也相对活跃，申请量占各技术分支总申请量的比例分别为48%和45%，表现出对这几类锂电正极材料技术研究和申请的持续性。日本申请人最近5年的申请比例则相对较低，申请量占各技术分支总申请量的比例为28%，表明日本的各类锂电正极材料的技术发展相对比较成熟。

从锂电正极材料领域申请国家/地区的技术分支情况来看，中国申请人对于各种锂电正极材料的关注度相对分散。其中对磷酸铁锂的申请比例最高，为33%；其次为三元正极材料，占总申请量的25%；对于全球技术发展较早的锂硫正极材料，申请量占总申请量的11%；而发展较为平稳的锰酸锂和钴酸锂，申请量分别占总申请量的13%和9%，相比于其他国家/地区的申请比例均较低；与之相反的是，中国申请人对富锂正极材料的申请比例则比其他国家/地区申请人高，占总申请量的9%，表现出在富锂正极材料这一技术分支的明显优势。日本申请人则对于较早投入市场应用的钴酸锂材料的申请量最大，且其占总申请量的比例均高于其他国家/地区，为24%；其次为新兴的三元正极材料，申请量占总申请量的23%；此外，相比其他国家/地区日本申请人的锰酸锂材料申请量占总申请量的比例也最高，达到19%。这进一步说明日本在锂电正极材料各分支中技术发展较为成熟的主要是钴酸锂和锰酸锂材料。韩国申请人的专利申请技术分布侧重点较为明显。其中，申请量最多的为三元正极材料，占申请总量的28%；而锂硫正极材料和钴酸锂材料分别占申请总量的26%和16%，可见韩国申请人对于技术发展较早的锂电正极材料申请相对较多，其技术也相对成熟。美国申请人申请的技术分支中锂硫正极材料占总申请量的24%，而对三元正极材料和钴酸锂的技术申请较为平均，均占总申请量的20%。欧洲申请人对于锂电正极材料各技术分支的申请总量较少。其主要关注新兴的三元正极材料，占总申请量的30%；其次为近期发展较好的磷酸铁锂，占比26%；接下来的是技术较为成熟的钴酸锂，其申请量占总申请量的18%。

比较而言，各国家/地区对各种锂电正极材料的研究投入有所不同：韩国和欧洲三元材料的申请量最多，中国磷酸铁锂技术分支的申请量最多，而美国和日本申请人则是对除富锂正极材料之外的其他锂电正极材料技术分支的投入相对平均。其中，日本申请人非常重视将各种技术采用专利形式进行保护，并在专利策略上对重点技术进行了较为全面的全球专利布局。

3.3 中国专利分析

本节以锂电正极材料领域在中国范围内的专利申请为数据源，从申请趋势、主要申请人的情况，以及主要技术分支出发，对锂电正极材料领域的中国专利申请状况进行分析。

截至本报告的检索截止日（2017年8月28日），中国共申请锂电正极材料相关专利8181件。

3.3.1 发展趋势分析

图3-3-1示出了锂电正极材料的中国专利申请趋势。从图中可以看出，锂电正极材料在中国的专利申请与全球的专利申请趋势基本一致，整体呈现增长趋势，主要经历了萌芽期、成长期和蓬勃发展期三个阶段。

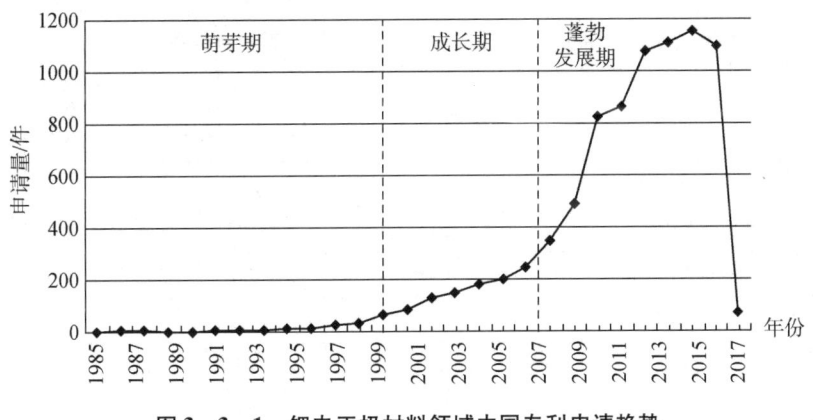

图3-3-1 锂电正极材料领域中国专利申请趋势

（1）萌芽期（1985～1999年）

由于中国《专利法》实施较晚，中国锂电正极材料专利申请相较全球专利申请出现较晚，1985年出现第一件专利申请，开始了锂电正极材料专利技术发展的萌芽期。这一期间专利申请量一直较少，每年仅有几件到十几件专利申请。

(2) 成长期（2000~2007 年）

这一阶段，专利申请量在逐步增长，特别是进入 2001 年后，随着比亚迪、比克电池有限公司（以下简称比克电池）等中国锂电池企业的迅速崛起，中国企业的锂电池产量与日本企业的锂电池产量形成比肩之势。可见，随着锂电池企业的发展，锂电正极材料的专利申请也开始逐步增长。

(3) 蓬勃发展期（2008 年至今）

2008 年中国锂电正极材料专利申请进入蓬勃发展期。由于发明专利申请自申请日（有优先权的，自优先权日）起 18 个月（主动要求提前公开的除外）才能被公布，实用新型专利申请在授权后才能获得公布（即其公布日的滞后程度取决于审查周期的长短），因此，图中 2015~2017 年专利申请量比实际申请量要少。

这一时期的专利申请量增加明显，可能是因为国家及地方政府开始大力发展电动汽车，出台了很多相关政策来激励并扶持企业发展锂电池电动汽车。如从 2008 年至 2012 年，湖南的株洲市、湘潭市每年共安排 4500 万元专项资金，重点用于电动汽车产业的发展；2009 年 1 月，由科技部、财政部、国家发展和改革委员会、工业和信息化部共同启动十城千辆工程；2010 年 6 月，财政部、科技部、工业和信息化部、国家发展和改革委员会联合发布了《关于开展私人购买新能源汽车补贴试点的通知》。

3.3.2 主要申请人分析

表 3-3-1 示出了中国专利申请量排名前 20 位的专利申请人，其中包括国内和国外申请人。申请人排名中主要以中国申请人为主，占据了 18 位。其中中国企业有 10 家，高校科研院所 8 家；国外申请人只占据了 2 位，且均来自韩国，分别为 LG（排名第 6 位），以及三星（排名第 7 位）。

表 3-3-1 锂电正极材料领域中国主要申请人排名

序号	申请人	申请量/件	近 5 年申请量/件（2012~2016 年）	近 5 年申请量占申请总量的比例
1	中国科学院	367	225	61%
2	中南大学	202	127	63%
3	ATL 新能源	190	86	45%
4	比亚迪	184	37	20%
5	清华大学	165	83	50%
6	LG	153	59	39%
7	三星	138	57	41%
8	合肥国轩高科	134	106	79%
9	比克电池	99	14	14%
10	哈尔滨工业大学	97	78	80%
11	青岛乾运高科	92	86	93%

续表

序号	申请人	申请量/件	近5年申请量/件（2012~2016年）	近5年申请量占申请总量的比例
12	万向集团公司	83	27	33%
13	福建师范大学	73	48	66%
14	东莞市迈科科技有限公司	71	21	30%
15	山东精工电子	68	64	94%
16	复旦大学	65	27	42%
17	彩虹集团公司	63	19	30%
18	浙江大学	62	42	68%
19	武汉理工大学	60	50	83%
20	天津巴莫科技	57	44	77%

近5年专利申请所占百分比较高的企业有青岛乾运高科新材料股份有限公司（以下简称"青岛乾运高科"）、山东精工电子科技有限公司（以下简称"山东精工电子"）、合肥国轩高科动力能源有限公司（以下简称"合肥国轩高科"）、天津巴莫科技股份有限公司（以下简称"天津巴莫科技"）等。其中，青岛乾运高科和山东精工电子这两家企业的近5年的专利申请量占其申请总量的90%以上。这可能是由于青岛乾运高科于2011年12月整体变更为青岛乾运高科新材料股份有限公司，注册资本3000万元，资金投入的增大促进了该公司在锂电正极材料领域技术的发展；而山东精工电子于2008年成立，在锂电正极材料领域的研究还处于起步阶段。这一迅猛的发展势头也必将为未来的技术进步打下坚实的基础。此外，合肥国轩高科与天津巴莫科技这两家企业近5年的专利申请量也占其申请总量的近八成。这些公司在近5年关注于锂电正极材料的专利布局，表现出对锂电正极材料技术研究和申请的持续性。

值得注意的是，排名第9位的比克电池。该公司专利布局意识较强，截至2016年企业专利申请总数就达到了1196件，其中锂电正极材料的申请量为99件，但在近5年内的锂电正极材料专利申请量为14件，仅占其锂电正极材料申请总量的14%。近年来该公司的专利申请主要来自郑州比克新能源汽车有限公司，集中在动力汽车的零部件、电池包结构方面，其中外观设计及实用新型申请量占78%。可见比克电池近年来的发展力度正逐渐从储能材料领域转移至电动汽车的整车制备。另外，排名前20位的高校科研院所申请人近5年的申请量占比基本都在50%以上，可见锂电正极材料领域未来还存在很大的发展潜力。

3.3.3 申请人国别分析

图3-3-2为锂电正极材料中国申请国外申请人国别分布。其中，其他包含英国（5件）、加拿大（3件）、瑞士（2件）、印度（2件）等申请量较少的国家。中国申请以本国申请人为主，有7139件，占中国申请总量的87.14%。而外国申请人主要以日

本、韩国为主，其中日本申请人的专利申请占据绝对的优势，占外国申请人总申请量的52.01%。丰田、松下、三菱、清美化学、日立、富士等拥有大批专利申请的企业，均是日本知名的跨国企业。由于日本在锂电池研发领域比较活跃，日本与中国的经济贸易关系密切，其企业重视在中国的应用市场，因此在中国申请了大批的专利。

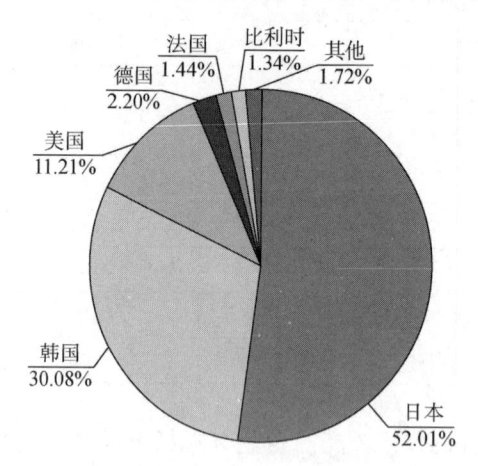

图3-3-2 锂电正极材料领域在华申请的国外申请人国别分布

　　韩国申请人在中国的专利申请占外国申请人总申请量的30.08%。这些专利申请主要来自LG和三星，这两家企业基本垄断了韩国的锂电池市场，也在积极争取中国的锂电池市场，因此比较重视中国的专利权保护，并在中国进行了相应的专利布局。

　　欧美申请人在中国的专利申请量较少，其中美国申请人仅占国外申请人总申请量的11.21%，而欧洲申请人的专利申请量占国外申请人总申请量的6%左右。这表明了欧美企业对中国专利权的重视程度不如日本、韩国，且由于中国锂电正极材料产业起步相对较晚，技术上也处于弱势地位。

3.3.4　申请人类型构成

　　图3-3-3为锂电正极材料领域中国专利申请人类型构成。从图中可以看出，锂电正极材料专利申请主要集中在企业，占专利总申请量的57.98%；其次是高校，占比27.87%；科研院所申请量占比7.45%，位居第三；个人占比为6.35%，排名第四位。

3.3.5　专利申请法律状态分析

　　图3-3-4示出了锂电正极材料在中国专利申请的法律状态图。从图中可以看出，锂电正极材料的有效专利占中国专利申请的1/3左右，为34.3%，审中专利为37.5%，失效专利比例为28.2%；其失效专利中一半为撤回所致，被驳回的专利申请相对比较低，仅为6.8%，说明锂电正极材料在中国专利申请中专利申请质量相对较高。

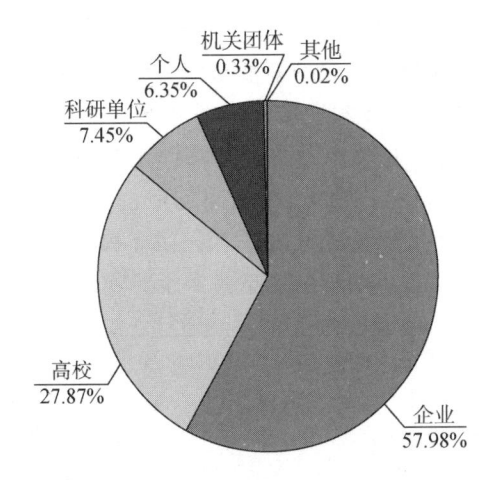

图 3-3-3 锂电正极材料领域中国专利申请人的类型构成

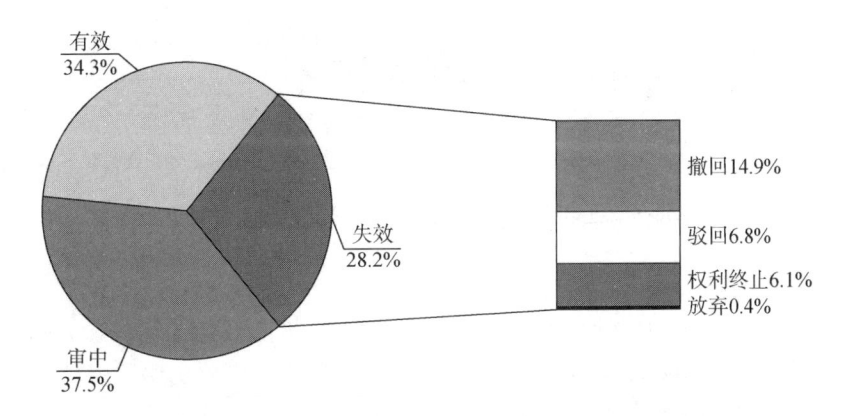

图 3-3-4 锂电正极材料领域中国专利法律状态

3.3.6 主要技术分支分析

3.3.6.1 申请趋势

图 3-3-5 示出了中国锂电正极材料各技术分支的年申请量变化趋势。中国因金属资源丰富及应用市场广阔等特点而成为锂电正极材料领域的专利申请大国。从图中可以看出，中国对于各类锂电正极材料的研究开始于 20 世纪 90 年代后期，其相比于全球研究时间要晚 6~8 年，而对于锂硫正极材料的研究更是落后近 30 年。2000 年之前，中国各类锂电正极材料还处于萌芽阶段，其申请量相对较少，2000 年之后才逐步发展起来。其中，中国申请人对于磷酸铁锂的专利申请较多，从 2005 年开始，这一技术分支的申请量明显增加，并且在 2011 年达到峰值（282 件），之后申请量开始有所下降，但相比于其他各技术分支仍保持较大的年申请量。截止到检索截止日（2017 年 8 月 28 日），其申请总量已经达到了 1737 件。这可能受益于"十一五"期间国家加大了对磷酸锂电池研发与产业化的投入。与之不同的是，"十二五"规划中则出台了推进三元正极材料电池的研发与产业化的相关政策，因此，三元正极材料的蓬勃发展期则主要

集中在2010年之后，在2010~2016年的申请量占总申请量的87%，展现了强劲的发展势头。近10年来，在全球倡导环保型新能源的大背景下，中国其他各类锂电正极材料也发展迅猛。钴酸锂材料作为技术发展较早的分支，自2008年开始基本维持稳定的发展趋势，2013年后增势有所减缓；锰酸锂和富锂正极材料申请的活跃度则稍低于钴酸锂。对比而言，锂硫正极材料在2010年之前的申请量要明显低于其他各技术分支，之后年申请量持续上升，近几年发展速度较快。由于专利申请的公布需要一定时间，图中各技术分支的2015~2017年专利申请量要少于实际申请量，仅供参考。

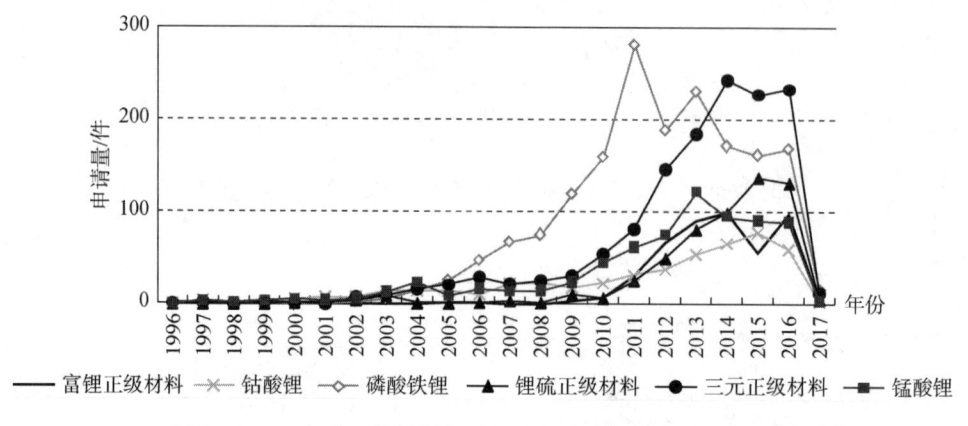

图3-3-5 锂电正极材料领域各技术分支中国专利申请趋势

3.3.6.2 发展态势

图3-3-6示出了中国锂电正极材料专利申请的各技术分支发展态势图。锂电正极材料在中国的专利申请整体呈现增长趋势。在主要的技术分支中，目前国内市场应用较广泛的磷酸铁锂申请量最多（1737件），占比达到了33%；其次是近几年具有强势表现的三元正极材料，主要包括镍钴锰酸锂和镍钴铝酸锂两种，申请量达到1358件，占比25%；接下来是早期技术发展较为成熟的锰酸锂和钴酸锂材料，其占比分别为13%和9%；相反的是，锂硫正极材料在中国出现的时间相对较晚，但发展速度较快，占比也达到了11%；而与全球申请趋势保持一致的富锂正极材料申请量则和钴酸锂相差不大，占比为9%。各类锂电正极材料在中国专利申请的发展趋势大致可以分为三个阶段。

1999年之前的这一阶段，各类锂电正极材料在中国的专利申请呈现缓慢的发展趋势。其间，申请量较少，主要集中在钴酸锂、锰酸锂及三元这三类正极材料，并且它们之间的差距不大。而磷酸铁锂、富锂正极材料、锂硫正极材料在这一阶段还尚未出现。

2000~2007年，锂电正极材料在中国的专利申请进入成长期。上一阶段尚未出现的磷酸铁锂材料在这一阶段一跃成为了占比最大的锂电正极材料，达到了33%的比例，申请量有了快速的增长。发展较为稳定的三元正极材料的申请量占比虽有小幅波动，但仍然保持较好的发展势头。而技术发展较为成熟的锰酸锂和钴酸锂的占比则出现较大幅度的减少，其中锰酸锂由39%降至19%，而钴酸锂由33%降至20%。这主要是因

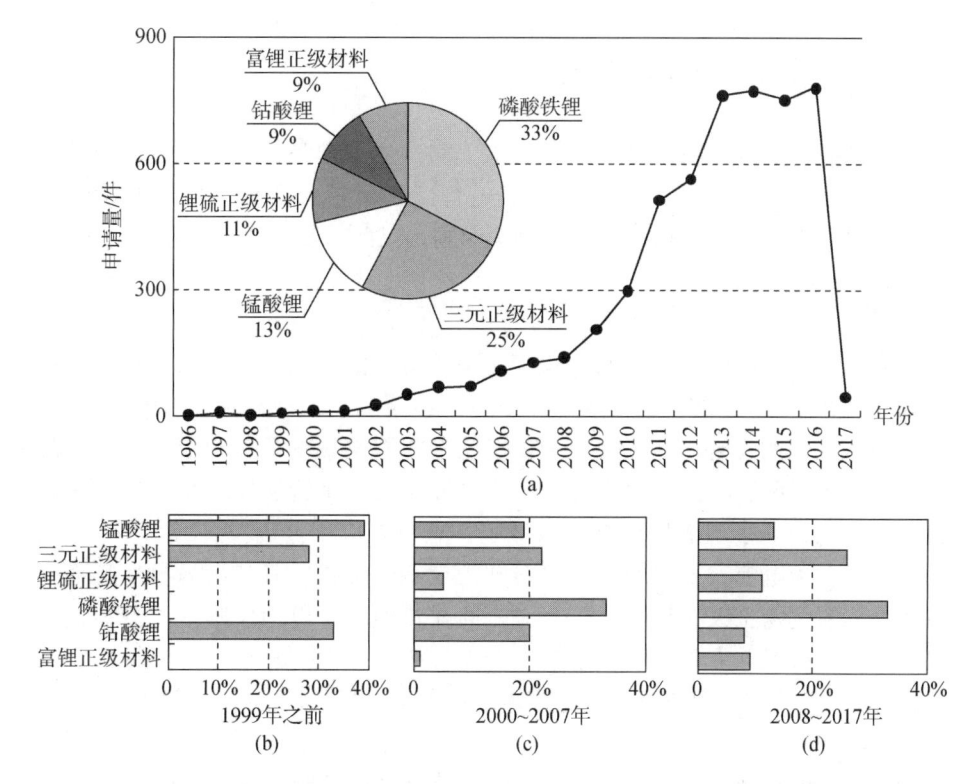

图3-3-6 锂电正极材料领域中国专利申请的技术分支发展态势

为新发展起来的磷酸铁锂材料和持续稳定发展的三元正极材料两者的应用市场在一定程度上影响了过渡金属锂氧化物在锂电池领域的应用前景。除此之外，这一阶段出现的富锂和锂硫正极材料也逐步发展起来，但总的申请量还较少，分别占比1%和5%。

从2008年至今，受全球新能源行业发展利好和国家产业政策的刺激，国内越来越多的企业、高校和科研院所对锂电池行业投入更大的热情。国内申请人申请的专利数量有较大幅度的提升，锂电正极材料各主要技术分支的申请量达到了4845件，超过了国外申请的数量。其中磷酸铁锂的申请量最多，为1576件，其在该阶段的申请占比稳定在33%。同时也可以看出，除了磷酸铁锂材料是锂电正极材料领域持续的热点，三元正极材料也呈现稳固发展的趋势，占比26%。在锂电正极材料整体呈现蓬勃发展的状态下，其他各类锂电正极材料的总申请量也稳步增加。但就占比而言，因传统钴酸锂和锰酸锂正极材料的应用市场受到磷酸铁锂和三元正极材料等其他锂电正极材料的压缩，两者的申请占比则进一步下降，而富锂和锂硫正极材料的申请占比则有小幅增长。与此同时，在这一阶段，国外申请人也更加重视在中国的专利保护，其在中国申请的专利数量也明显增加，主要的国外申请人有LG、三星、日本化学工业株式会社、丰田、旭硝子、博世、清美化学等。这说明中国的锂电正极材料行业发展迅速，其应用市场也越来越受到国际的认可。

3.4 钴酸锂正极材料专利分析

本节从钴酸锂正极材料的全球技术发展态势、主要申请人、技术发展路线、技术功效矩阵等角度出发，对钴酸锂材料领域进行专利分析。截至本报告的检索截止日2017年8月28日，全球共申请1359项相关专利，以此为数据源进行分析。

3.4.1 钴酸锂材料技术简介

1980年，Goodenough课题组首先报道了关于将钴酸锂作为锂离子电池正极材料的研究结果。自此以后，钴酸锂及其类似结构的过渡金属氧化物$LiMO_2$（M=钴、镍、锰等）开始进入人们的视野，并逐渐成为锂电正极材料领域的研究热点。由于钴酸锂材料具有生产工艺简单、电化学性能稳定、放电电压高且平稳、比能量高等优势，在智能手机和平板电脑等小型消费品电池领域中具有重要应用。1990年，SONY公司率先实现商品化锂离子电池，采用的正极材料即为层状钴酸锂。其作为最早实现商业化的层状过渡金属氧化物正极材料，是迄今为止商业化锂离子电池中唯一大规模商品化且应用最广的正极材料。由于钴酸锂在常规正极材料中几乎拥有最高的能量密度（除三元正极材料外），其在小型消费类锂电池领域具有不可替代性的技术优势，因此在目前的锂电池市场中对于钴酸锂的需求仍在持续增长。根据中国台湾"工业技术研究院"统计，2016年全球钴酸锂总量达到6.3万吨，持续每年增长约10%。

钴酸锂因其较高的压实密度而带来的高能量密度，一直是目前消费电子产品市场的主流正极材料之一。其属六方晶系，空间点群为R-3m，具有明显的α-$NaFeO_2$型层状材料结构特征，其中氧为立方密堆积，钴和锂离子交替占据在六方晶系的八面体位置，在[111]晶面方向上呈层状排列，其晶胞参数为a=0.282 nm，c=1.406 nm。钴酸锂材料理论比容量为274 mAh/g，实际充放电过程中，在4.2 V（vs Li/Li$^+$）电压平台放电时比容量为145 mAh/g，4.5 V（vs Li/Li$^+$）放电时比容量可以达到170 mAh/g以上。❶ 理论上，提高钴酸锂容量的最好方法是扩宽电池的工作窗口，即提高充放电电压。而钴酸锂材料的电子电导率在10^{-3} S/cm左右，离子电导率与Li_xCoO_2中的x值存在密切关系，受制于材料结构的特点，Li_xCoO_2只有在0<x<0.5的范围内才具有结构稳定性。当超过0.5个锂离子脱出时（对应充电截止电压为4.20 V），钴酸锂材料在充放电过程中会发生两个相变：锂离子有序/无序转变、六角相转变为单斜相。其锂离子扩散系数变化可以达到几个数量级，一般在10^{-9}～10^{-7} m^2/s，少量过充会造成材料的结构相变、晶格失氧和电解液的氧化分解等，从而影响材料的结构稳定性和循环性能。因此钴酸锂材料研究者一般认为其最多只有约0.55个锂离子能够进行可逆脱嵌，长期以来商业化的钴酸锂电池的充电截止电压均限制在4.2 V以下。

为了充分利用钴酸锂材料中的锂离子，近年来科研工作者对钴酸锂正极材料的容量衰减机理、制备方法的改进、元素掺杂和表面包覆改性等技术进行了广泛、深入的

---

❶ 雷雨. 高电压钴酸锂正极材料包覆改性的研究进展 [J]. 化学工业, 2016, 34（3）: 31-39.

研究。随着智能手机和平板电脑的高速发展对电池的轻薄化要求越来越高,一方面需要保证材料压实密度逼近其理论密度,另一方面也对钴酸锂的克比容量提出了更高的要求。目前,针对钴酸锂正极材料的改性研究主要通过以下几个方面进行:①采用铝、铁、铬、镁等金属元素进行体相掺杂,改善结构稳定性,进而提高其循环寿命曲线;其中铝离子、镁离子等金属阳离子掺杂更是进入了实际应用阶段,目前市场应用的高电压钴酸锂材料充电截止电压可以达到 4.5 V(vs Li/Li$^+$),大约有 0.65 个锂离子能够进行可逆脱嵌。[1]②采用氧化铝、氧化镁、磷酸铝、氟化铝等金属氧化物和磷酸盐进行表面包覆,缓解电解液产生的氢氟酸对材料的侵蚀,同时也可抑制钴的溶解,提高其电化学性能。如韩国的 Cho 等人通过采用磷酸铝包覆钴酸锂材料,将钴酸锂材料放电电压平台提高到 4.6 V,0.1C 充放电下可逆容量达到 210 mAh/g 以上,显示了优异的电化学性能。③采用其他正极材料与钴酸锂进行混合改性,以提高钴酸锂材料的放电比容量和能量密度,同时降低电池的生产成本。随着电子产品的技术更迭,大屏幕 3C 产品快速更新换代,锂离子电池正极材料能量密度急需提高,使得钴酸锂材料在能量密度方面的缺陷空前暴露。目前对钴酸锂材料能量密度提升的研究除采用上述元素掺杂和表面包覆等间接技术手段外,另一个可行的方法即是进行制备方法的改进,直接扩大钴酸锂材料的粉末颗粒,并实现单晶化,以提高材料的压实密度,从而提高钴酸锂材料的能量密度。目前以钴酸锂为正极材料的锂离子电池凭借高充电截止电压和高压实密度双重优势,在二次电池市场中占据了最大的市场份额,其在今后也仍然具有强劲的生命力。

3.4.2 技术发展态势分析

图 3-4-1 示出了钴酸锂正极材料领域的全球专利申请趋势。由图可见,钴酸锂正极材料专利技术的发展可以大致分为两个阶段。

(1) 技术萌芽期(1989~1998 年)

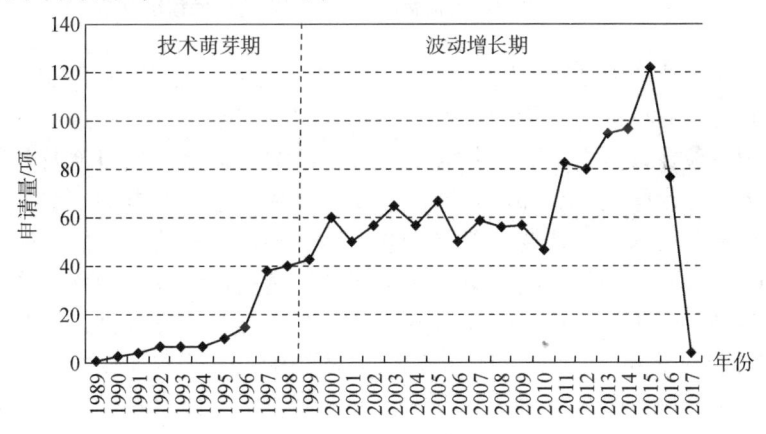

图 3-4-1 钴酸锂正极材料领域全球专利申请趋势

---

[1] 郑长春,宋顺林,刘亚飞,等. 元素掺杂在钴酸锂正极材料中的研究进展 [J]. 化学试剂,2015,37(10):892-896.

在1999年以前，与钴酸锂正极材料相关的专利申请数量较少，年均申请量在40项以下。这个时期由于钴酸锂正极材料的研发刚刚起步，技术上处于试探性的起步阶段，各大企业都只有零星的专利申请，申请总量也较少。

（2）波动增长期（1999年至今）

从1999年开始，钴酸锂正极材料相关的专利申请数量开始稳步增长，2000年突破60项，此后的年申请量出现了一定程度的波动，但基本保持在60项。表明从2000年开始，钴酸锂正极材料在锂离子电池领域开始受到研究人员的重视。全球申请量在2011年达到一个小高峰，申请量达到83项，此后每年的申请量依然以较快的增长速度持续攀升，并于2015年达到了钴酸锂材料专利申请量的顶峰，达到122项。这个趋势表明近几年钴酸锂正极材料由于其具备制备工艺简单、电化学性能稳定、工作电压高、充放电电压平稳、比能量高、循环性能好等技术上的优势，正受到越来越多的重视。

图3-4-2示出了钴酸锂正极材料在不同分类号的分布情况。从图中可以看出，钴酸锂正极材料集中分布在H01M 4、H01M 10以及C01G 51这三个分类号中。

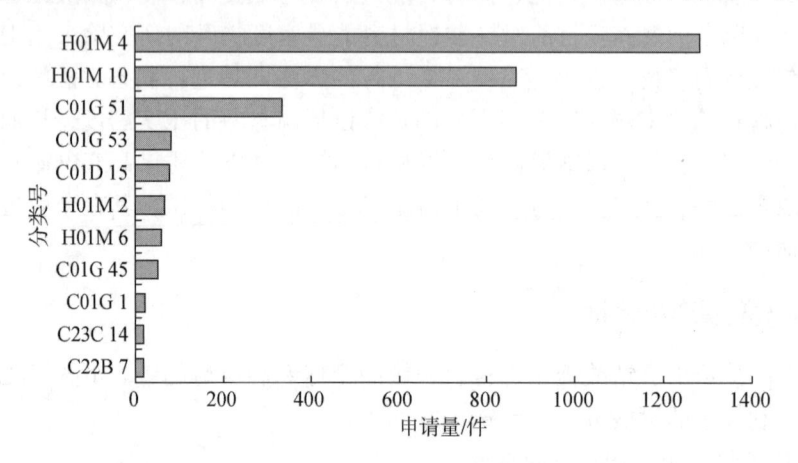

图3-4-2 钴酸锂正极材料领域专利申请技术领域分布

其中排名第一位的H01M 4涉及活性材料制造的电极、电极的一般制造方法等。由于钴酸锂材料可作为正极材料使用，因此大部分的专利申请都涉及这个分类号，其统计数量排名第一位在预料之中。排名第二位的H01M 10涉及二次电池及其制造。其中有多个小组涉及二次电池的零部件、结构的改进以及充电或放电的方法，表明钴酸锂正极材料已经有很大部分专利技术着重于电池结构甚至是充放电性能的改进。排名第三位的C01G 51涉及钴的化合物。钴酸锂正极材料显然都涉及钴的化合物，一般情况下，如果钴酸锂材料相关专利可以分到更具有明确应用方向的H部即电学部，则不会再分配C部即材料部的分类号。可以理解为涉及C01G 51的专利没有明确地涉及排名前两位分类号的领域，其改进点不在电极，也不在二次电池本身，涉及该分类号的专利申请数量则相对较少（其数量为H01M 4下的1/4左右）。

对钴酸锂正极材料相关专利在H01M 4技术领域内进一步统计，分布情况如图3-4-3所示。图中显示了H01M 4分类号中涉及专利数量排名前十位的小组分类号。

其中排名第一位的是H01M 4/525，涉及包括铁、钴或镍作为插入金属或者轻金属

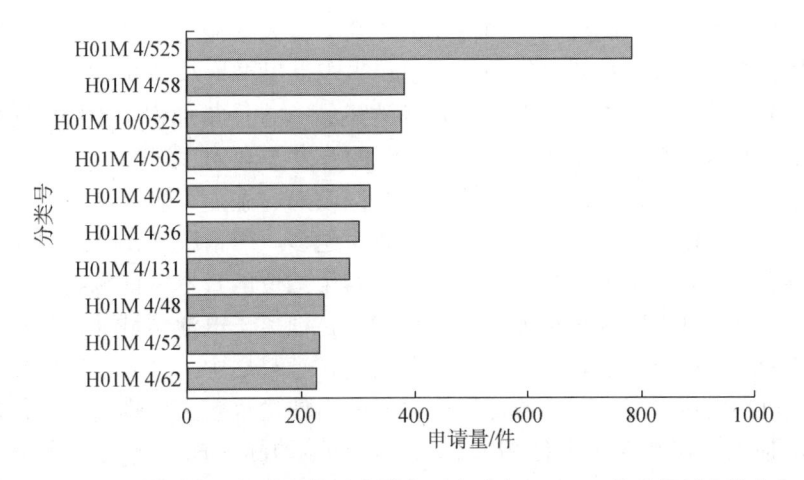

图 3-4-3　钴酸锂正极材料领域全球专利申请在 **H01M 4** 技术领域内的分布

的嵌入金属的混合氧化物或氢氧化物，如 $LiNiO_2$、$LiCoO_2$ 或 $LiCoO_xF_y$。排名第二位的是 H01M 4/58，涉及除氧化物或氢氧化物之外的无机化合物作为活性物质、活性体、活性液体制备电极。排名第三位的 H01M 10/0525 涉及一种锂离子电池，即其两个电极均插入或嵌入有锂的电池，其相关专利申请数量与 H01M 4/58 相差不大，是与钴酸锂正极材料应用于锂离子电池方面的重点方向。此后排名第四位至第十位的分类号涉及电池一般的制造方法、基于（钴）无机氧化物或氢氧化物的材料等。除前几个分类号外，其他的相关专利一般都涉及这些分类号。

图 3-4-4 示出了钴酸锂正极材料专利申请的全球地域分布。由图可知，来自中国的申请人在钴酸锂正极材料方面的相关专利申请最多，占据全球专利申请量的 37%。紧随其后的是日本申请人，为 23%。排名第三位和第四位的分别是美国（14%）和韩国（13%）。

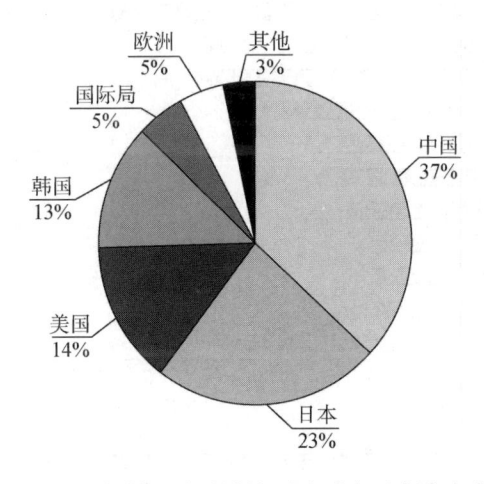

图 3-4-4　钴酸锂正极材料领域全球专利申请地域分布

其中，中国的专利申请量全球排名第一。中国是个资源大国，但改革开放以后随着经济社会的快速发展，能源不足的矛盾越来越凸显出来，同时传统能源的大量使用也给环境带来巨大压力。此外，中国由于人口众多，人均能源更是大大低于世界平均水平，例如，煤炭和水力资源人均拥有量仅相当于世界平均水平的50%，石油、天然气人均资源拥有量仅为世界平均水平的1/15左右。这进一步加剧了中国能源短缺的矛盾。近年来，我国逐渐重视新能源、清洁能源的开发与利用，锂离子电池作为一种应用前景很好的清洁能源，正越来越多地得到我国政府、企业、研究单位的重视，因此其在锂离子电池正极材料方面的专利申请也越来越多。而钴酸锂作为最早实现商业化的正极材料更是研究人员关注的重中之重。排名第二位的日本是能源技术大国，由于其本土资源匮乏，日本特别重视能源技术开发，在锂离子电池领域技术领先世界，因此其在钴酸锂正极材料技术方面处于世界前列也在意料之中。排名第三位的美国是传统的技术先进的发达国家，其钴酸锂正极材料的申请量也较大。排名第四位的韩国也是电子技术强国，在锂离子电池领域较快。此外，国际局和欧洲的专利申请均占比5%。排名前六位的国家/地区的申请总量达到97%，表明钴酸锂正极材料的技术集中非常明显，几乎都掌握在技术大国手中。

3.4.3 主要申请人分析

图3-4-5示出了钴酸锂正极材料全球专利申请量排名前12位的申请人。由图可见，申请人以日本、韩国公司居多，并且包括日本驰名的化学品生产厂商，如清美化学、日本化学，还有日本和韩国的知名电子电器设备生产厂商，如日本的三洋、韩国的LG和三星。其中，钴酸锂正极材料领域排名第一位的为日本的电机生产公司三洋；排名第二位的是韩国的LG，其申请量主要由LG化学株式会社贡献；日本的清美化学和日本化学则分别以微小差距位于第三位和第四位；韩国的著名手机公司三星则位于第五位，三菱则是日本唯一一家上榜的汽车生产公司，位于第六位。

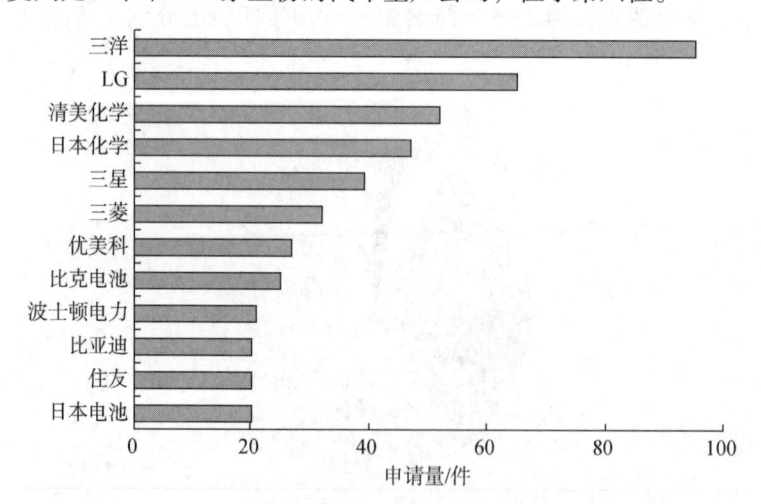

图3-4-5 钴酸锂正极材料领域全球申请人前12位排名

纵观整个申请人排名可以发现，主要申请人中基本以手机、电机、电器生产公司为主，而鲜少见到汽车公司，这可能是与钴酸锂正极材料主要应用于消费型电子产品领域有关。接下来是比利时拥有 200 年发展历史的老牌化学生产公司优美科，其位于第七位。值得注意的是，中国的比克电池以及比亚迪也榜上有名，分别位于排行榜的第八位和第十位；美国的波士顿电力则位于第九位，这是美国唯一一家上榜的公司。日本的住友及日本电池两家企业其申请量与中国的比亚迪申请量一致，三者并列第十位。

图 3-4-6 示出了钴酸锂正极材料领域主要申请人所占的份额。从图中可以看出，位居第一位的是日本的三洋，是一家家用电器生产厂商，申请量为 95 项，占比 21%；其次为韩国的 LG，以申请量 65 项位于第二，占比 14%；接下来是日本的清美化学和日本化学，两者申请量相差不大，分别以 52 项和 47 项的申请量位于第三位和第四位，占比 11% 和 10%；韩国的三星以 39 项的申请量占比 9%，日本的三菱则以 32 项的申请量占比 7%；作为比利时著名的化学公司，优美科以 27 项的申请量占比 6%；而中国的比克电池、美国的波士顿电力公司、中国的比亚迪、日本的住友和日本电池公司则紧随其后，占比分别为 5%、5%、4%、4% 和 4%。

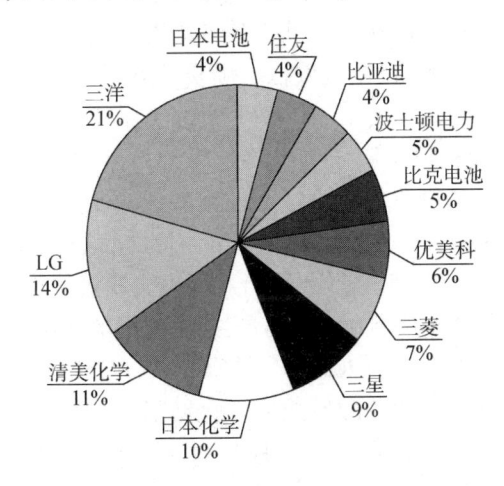

图 3-4-6 钴酸锂正极材料领域全球主要申请人的申请量占比

3.4.4 技术发展路线分析

图 3-4-7（见文前彩色插图第 2 页）示出了钴酸锂正极材料的技术发展路线图，以申请日（优先权日）为时间轴，显示了钴酸锂正极材料在主要制备方法、改性手段方面的技术发展路线。

（1）制备方法

钴酸锂正极材料的合成方法众多，而在这些种类繁多的合成方法中，固相法最为常用，并且产业化的钴酸锂正极材料也基本以固相法为主。最早的固相法制备钴酸锂材料是由日本 SONY 公司于 1991 年申请的专利 JP3067165B2 公开的，该方法通过将碳酸锂和碳酸钴混合后烧结，得到钴酸锂正极材料，其中碳酸锂余量重量百分比不超过10%。1998 年，日立住友金属矿山株式会社申请了专利 JP11273678A，其通过研究正极活性材料的一次粒子尺寸和形状以及一次粒子堆积而形成的二次颗粒的尺寸和形状，发现控制这些因素可得到具有高容量和良好的充放电效率的正极活性材料。之后，中国原信息产业部电子第十八研究所于2000年申请了专利CN1189396C，其将碳酸锂、氢氧化锂以及四氧化三钴、三氧化二钴、碳酸钴中任一一种或其混合物相混合，再将混合料松装堆积，进行压片造粒高温烧结后冷却粉碎即成。该制备方法得到的钴酸锂产品其振实密度明显优于未经造粒的锂钴氧化物材料。紧接着，在2001年，北大先行科技产业有限公司申请了专利CN1328351A，将碳酸锂、氢氧化锂两者的混合物，碳酸钴、四氧化三钴两者的混合物，以及钴酸锂三种物料按比例混合均匀，经过高温烧结，然后将合成物料中的团聚物破碎。由该方法所制备的钴酸锂的中位径和振实密度大，并克服了一次烧成钴酸锂大粒子所造成的粒子内部反应不完全和晶型不完整的可能性，避免了为提高钴酸锂中位径和振实密度而将钴酸锂多次烧结造成的锂金属的过度挥发和对粒子表面的破坏，以及巨大的能耗。2007年，LG申请了专利EP1994587A1，将钴酸锂和锂缓冲材料的均匀混合物进行热处理，以调整锂和钴的化学计量组成至所需范围内，从而使制得的钴酸锂材料的高温储存性能和高电压循环性能得到明显提高。

在制备钴酸锂正极材料的固相法不断发展的同时，其他的研究方法也在不断发展并得以改进，如共沉淀法、溶胶-凝胶法、喷雾干燥法、雾化水解法等。例如1995年，韩国电子通信研究院申请了专利KR0198997B1，采用溶胶凝胶法制备了钴酸锂正极材料；1996年，株式会社村田制作所申请了JP3296203B2，公开了用硝酸锂和硝酸钴为原料，采用喷雾干燥法制备中空、球形的钴酸锂，使得采用该正极材料的电池具有高的容量和优良的充放电循环特性；1998年，日本石原产业株式会社申请的专利JP11292547A采用了共沉淀法，用二价钴化合物与碱金属氢氧化物、铵化合物反应生成氢氧化钴，再和锂化合物烧结得到钴酸锂，该方法制得的正极材料使电池具有较高的初始放电容量和优异的循环特性。2003年，专利CN1137523C采用了雾化水解法，通过雾化水解沉积锂或掺杂的锂和碳酸钴或氢氧化钴复合晶体，在稳定的多段温度下进行梯度热分解成钴酸锂，该方法制备的正极材料具有晶体粒度合理、电化学活性高、晶型稳定等显著特点；紧接着2004年，专利CN1321471C公开了将固相法制备的钴酸锂与共沉淀法制备的钴酸锂混合，得到一种容量高、循环性能好、价格适中的钴酸锂正极材料；2011年，OMG科科拉化学公司申请了专利，采用具有基本八面体形状粒子的通过共沉淀制备的氢氧化钴或四氧化三钴粒子与锂盐进行混合加热，该方法在锂化中所形成钴酸锂粒子的形态可保持为与钴前体粒子的形态基本相同，并且具有良好的电化学性能；随后，在2013年宁波金和锂电材料有限公司对共沉淀法进行改进申请了专利CN104064756B，在制备钴酸锂正极材料的过程中，通过选用草酸铵、碳酸钠与碳酸氢钠为沉淀剂，其不易发生氧化，结晶过程容易控制，制备工艺简单，适合工业生产。

（2）改性手段

在改性手段方面，1998年开始出现钴酸锂正极材料的包覆改性专利申请。如三星申请的KR100300318B1，采用锰酸锂包覆钴酸锂，该方法提供的正极材料有良好的高温稳定性；随后，日本化学工业株式会社于2003年申请了专利CN1328806C，用硫酸盐包覆钴酸锂，以提高钴酸锂正极材料的载荷特性和循环特性；2008年，振华新材料有限公司申请了专利CN101388451B，在钴酸锂基体外包覆有占基体质量比0.5%~5%的锰酸锂包覆层，该正极材料表现出优越的循环性能和倍率放电性能；紧接着，优美科于2012年申请了专利EP2720981B1，采用由核心材料的元素和基于镁、钛、铁等的无机氧化物的混合物组成的材料进行包覆，使二次电池具有高堆积密度、高倍率性能、改进的放电容量和显示高稳定性的阴极材料；2014年，中南大学申请了专利CN104466170B，公开了以含钛的钴酸锂基复合材料为基体，表面包覆钛酸锂，该材料通过引入晶体结构稳定具有电化学活性的物质对钴酸锂进行复合和表面包覆双重改性，显著改善了钴酸锂在高电压下电化学性能；2015年，贵州中伟正源新材料有限公司申请专利CN104577067B，公开了先在钴酸锂中掺杂铁和铝来改性以提高物质活性，然后在其表面包覆有氟化的碳黑，进一步提高其导电性能和循环稳定性，因此该复合材料在用于锂离子电池时，具有较高的首次放电可逆容量和较长的使用寿命。

在钴酸锂正极材料的掺杂改性方面，三星于2000年申请了专利US6555269B2，公开了正极活性材料包括钴酸锂核和金属选自铝、镁、钙、钛等或其混合物，该金属具有从核表面到核中心的浓度梯度，即表面金属的浓度高于中心浓度，改善钴酸锂的高温性能和抗过充性能。之后原子掺杂技术开始迅速发展，成为改性钴酸锂正极材料的重要手段。2007年，北京当升材料科技有限公司申请了CN101284681B，公开了将钴化合物、锂化合物及掺杂元素化合物倒入混料器中进行混合，然后煅烧再破碎得到超大粒径和高密度的钴酸锂，其中掺杂元素选自镍、锰等。由此方法得到的钴酸锂粒径大，中位径为$15 \leq D_{50} \leq 40\mu m$，振实密度高、加工性能好、安全性能好。之后，北大先行泰安科技产业有限公司于2011年申请了专利CN102779976B，公开了将不同粒度的钴酸锂进行级配，有效地提高了材料的空间利用率和压实密度，且通过二次表面掺杂铝、镁等，提高了材料表面结构的稳定性，而后的包覆处理可减小材料中钴在电解液中的溶解，从而提高了锂离子电池的循环性能和安全性能。2014年，中信国安盟固利电源技术有限公司申请了专利CN103779556A，以掺杂型钴酸锂为基体，在其表面包覆磷酸钴、磷酸铝、磷酸锰、磷酸铁、磷酸镍、磷酸镁等磷酸盐，从而改善其导电率、循环性能和耐高温高压性能等。

总体来说，从1991年至今，钴酸锂材料的制备方法不断发展，经历了共沉淀法、溶胶-凝胶法、喷雾干燥法、雾化水解法等，将钴酸锂材料的制备工艺推向一个新的台阶。同时，钴酸锂的改性方式也不断多元化，例如包覆、掺杂及其结合等，对于改善钴酸锂正极材料的容量、倍率及循环性能、安全性起到了举足轻重的作用。

3.4.5 技术功效分析

图3-4-8（见文前彩色插图第3页）为钴酸锂正极材料近10年专利的技术功效矩阵图。图中纵坐标为各技术手段；横坐标为各技术手段能够实现的技术效果，气泡大小表示该相应技术手段实现该功能效果的专利数量。从图中可以看出，目前，主要采用的技术手段有材料包覆、元素掺杂、其他材料混合/复合改性、制备方法的改进以及其他的一些改进技术手段；采用这些手段能达到的效果主要有改善循环性能、提高比容量、改善倍率性能、改善高温放电性能、提高安全性能等。其中，其他方面技

问题主要有改善高电压电化学性能、改善低温下放电性能、改善电池自放电、提高功率密度等。

可以看出,目前研究最多的是运用各种手段如元素掺杂、材料包覆等技术来改善钴酸锂材料的循环性能。相关专利申请量达到了364项,是钴酸锂正极材料研究的热点,也是钴酸锂电池商品化应用必须解决的技术问题。其次是通过与其他类正极材料混合/复合改性、金属阳离子等元素掺杂、制备方法的改进等技术手段提高钴酸锂正极材料的放电比容量,其相应的专利申请量分别为59项、52项和44项。这主要是因为钴酸锂材料虽然具有较高的理论比容量(274 mAh/g),但受限于其结构特点,其实际放电比容量要远低于其理论比容量,从而使得研发人员采用各种技术手段来提高放电比容量成为了这一领域研发的热潮。在采用上述各种技术手段改善材料的循环性能和放电比容量时,也可以在一定程度上改善倍率性能,从而使得改善倍率性能的相关专利申请量也较多。从研发的角度出发,一方面,上述专利密集区作为目前钴酸锂材料领域研究的热点,可以借鉴的文献较多,因此在研发过程中可以避免走很多弯路,能够省去很多重复工作,提高工作效率;另一方面,在专利密集区会遇到的专利壁垒也较多,研发人员可在专利密集区对应的技术问题上持续关注作出改进,或寻找其他新的技术手段替代以进一步扩大开发的空间。

进一步分析发现,研发人员通常选择混合/复合改性这一技术手段来解决钴酸锂材料的高温性能、电池安全性能以及能量密度这些技术问题,其专利申请量分别为40项、65项以及27项;而选择元素掺杂、表面包覆等改性手段的专利申请量则相对较少,因此,通过上述如元素掺杂、材料包覆、制备方法改进等技术手段在改善钴酸锂材料的高温放电性能、提高其安全性能和能量密度等方面仍然还有较大的研发空间,研发人员可持续跟进作出改进。

除上述提及的技术问题外,钴酸锂材料的结构稳定性、材料导电性与优化制备工艺以降低生产成本这三个技术问题也是其应用过程中必须要关注的。因钴酸锂具有可供锂离子快速脱嵌的二维通道层状结构,但这一结构在材料少量过充的情况下会发生从三方晶系到斜方晶系的晶型转变,造成层状结构的塌陷同时比容量也会出现快速衰减。然而通过上述技术手段来提高材料结构稳定性的专利申请量却较少。此外,钴酸锂材料的导电性也有待进一步提高,而关于这一技术问题的专利申请量仅有49项,其作为影响材料应用性能的重要因素,也值得研发人员进一步挖掘开发。同时,因为钴酸锂材料的原料钴金属价格一直居高不下,其与三元正极材料和磷酸铁锂正极材料相比,钴酸锂电池的生产成本相对较高,限制了其应用市场份额。未来如何进一步优化制备工艺、降低生产成本,也是钴酸锂材料研发人员需要考虑的方向。从研发的角度出发,研发人员可以上述三个技术问题为切入点,参考已有专利文献进行研发从而突破钴酸锂材料应用的瓶颈。相对来说,专利申请量较少,遇到的专利壁垒也较少,可开发的空间也很大。当然,如果历年的专利文献涉及某些技术问题较少或没有,可能与进行该方面研发的难度相对较大存在一定的关系。

3.4.6 重点专利技术分析

钴酸锂正极材料的重点专利是综合考虑了其被引证频次、同族情况以及技术专家的意见筛选确定的。其中,中国专利的国外申请人主要集中在日本和韩国,因此,选取日本在华申请重点介绍相关专利情况,如表3-4-1所示。

表3-4-1 钴酸锂正极材料领域日本申请人在华申请情况

公开号/被引频次	申请日	优先权	发明人	申请人	简单同族个数
CN106252590A	2016-05-20	日本 2015-06-08	寺冈努、横山知史、山本均	精工爱普生	4
CN106207250A	2016-05-31	日本 2015-06-01	关谷智仁、阿部浩史、稻叶章、吉川进、桥本裕志、石泽政嗣、阿部敏浩	日立	4
CN105679998A	2012-04-13	日本 2011-04-15	栗城和贵	半导体能源	8
CN102770391B	2010-12-24	日本 2010-01-15	金豊、邹弘纲、桥口正一、三岛隆则、荻沢隆俊、井手上涉	爱发科	12
CN102738516B	2012-04-13	日本 2011-04-15	栗城和贵	半导体能源	8
CN103119772B	2011-09-27	日本 2010-09-28	南田善隆、矢田千宏、小浜惠一	丰田自动车	9
CN103259011B	2009-03-26	日本 2008-03-28	小尾野雅史、藤田胜弘、冈崎精二、本田知广、西尾尊久等	户田工业	9
CN103189316B	2011-08-30	日本 2011-08-25	大石义英	日本化学	7
CN103972474A	2014-01-29	日本 2013-02-05	市川祐永、横山知史	精工爱普生	3
CN103253715A (1次)	2013-02-20	日本 2012-02-21	大石义英	日本化学	3

续表

公开号/被引频次	申请日	优先权	发明人	申请人	简单同族个数
CN101855772B	2008-10-29	日本 2007-11-13	神田良子、太田进启、上村卓、吉田健太郎、小川光靖	住友	11
CN102770392A (1次)	2010-12-24	日本 2012-02-21	金豊、邹弘纲、桥口正一、三岛隆则、上园凉太	爱发科	10
CN102117934A (4次)	2011-01-05	日本 2012-02-21	地藤大造、小笠原毅、福井厚史	三洋电机	7
CN101436684A (2次)	2008-11-12	日本 2012-02-21	安东信雄、小岛健治	富士重工业	7
CN1328806C	2003-01-10	中国 2003-01-10	米川文广、山崎信幸	日本化学	2
CN1310357C	2001-05-21	日本 2000-05-24	木津贤一、御书至、厨子敏博、镰内正治、森内健	三菱	6
CN1848491A (8次)	2006-04-04	日本 2005-04-04	粟野英明、大石义英、根岸克幸	日本化学	3
CN1238917C	2002-02-25	日本 2001-02-23	砂川拓也、宫本吉久三、高桥昌利	三洋	10
CN1172401C	2000-11-30	日本 1999-12-01	中西真二、岩本和也、村井祐之、加藤清美、稻叶幸重、渡边庄一郎、越名秀	松下	6
CN1152443C	1997-04-01	日本 1996-04-01	安田秀雄	日本电池	9
CN1130784C (1次)	1997-04-10	日本 1996-04-16	井上薰、尾浦孝文、村井祐之、越名秀	松下	10

日本的在华申请共计21件，松下最早在1997年申请的中国专利CN1130784C，被引频次为1次，同族专利为10件，分别为WO9739489A1、HK1009210A1、ID16571A、JP09283144A、EP838096A1、EP838096B1、DE69706263D1、DE69706263T2、CN1130784C

等，从同族可以看出，技术输出国/地区集中在欧洲、德国、中国等。其专利主要涉及一种具有由氧、钴和锂组成的钴酸锂正极活性材料及其使用该材料的锂二次电池。其中，钴酸锂是具有从 $5\sim25\mu m$ 的平均粒径的粉末，钴酸锂活性材料通过碳酸锂与四氧化三钴的反应制得，并且四氧化三钴中钴与碳酸锂中锂的摩尔比介于 $0.96\sim1.04$ 之间，充电状态下正极的电势相对锂的氧化还原电势而言介于 $4.2\sim4.5V$ 范围。依据此比例所制造得到的二次电池具有极大的储电量、极佳的放电效率、高电压以及高温环境下优异的安全性能。并且研究进一步发现，钴酸锂化学成分中的钴与锂之比，随着钴与锂摩尔比变小，正极活性材料的平均颗粒尺寸变大并且热量产生速度变慢。但是当比较平均颗粒尺寸相近的样品时，其热量产生速度几乎相同，对于此类电池的放电特性而言，随着钴与锂摩尔比的变小，电池的放电效率会显著提高。这种具有体积小、重量轻、能量密度高、放电效率优异的钴酸锂二次电池可广泛应用于 AV 设备，个人电脑和其他便携、无绳化的电子设备等领域，因此松下在此技术上布局广泛。

优先权在 2005 年的专利申请 CN1848491A，其由日本化学工业株式会社申请，被引频次达到 8 次，同族专利有 JP2006286511A、JP4968872B2、CN1848491A，共计 3 件。其专利涉及一种锂二次电池正极活性物质及其制造方法，其中正极活性物质即使使用廉价的钴原料，也能提高锂二次电池的循环特性，并能提高低温下的电池容量。正极活性物质主要是由两种钴酸锂粉末（A）和（B）的混合制备得到，具体制备步骤如下：①（A）将羟基氧化钴和锂化合物的混合物进行烧结生成的平均粒径为 $5\sim30\mu m$ 的钴酸锂颗粒粉末，且 $3\mu m$ 以下的颗粒的含量在 20 体积% 以下的颗粒粉末；②（B）将四氧化三钴和锂化合物的混合物进行烧结生成的平均粒径为 $0.1\sim10\mu m$，且平均粒径小于（A）的平均粒径的钴酸锂颗粒粉末；③使大颗粒钴酸锂粉末（A）和小颗粒钴酸锂粉末（B）的配合比例以重量比计为（A）:（B）= 95:5～60:40 混合，得到振实密度为 $1.8\sim3.0\ g/cm^3$ 的钴酸锂混合粉末。

同样由日本化学工业株式会社申请的专利 CN1328806C，同族专利均为中国专利，共计 2 件。该专利提供一种锂钴系复合氧化物，作为锂蓄电池的正极活性物质使用时，可使锂蓄电池的电池性能，特别是载荷特性和循环特性优异。该专利申请的发明点在于用硫酸盐包覆以通式 Li_xCoO_{2-a}（x 值为 $0.9\leq x\leq1.1$，a 值为 $-0.1\leq a\leq0.1$）表示的钴酸锂的粒子表面。具体制造方法步骤为：①将锂化合物及钴化合物混合并进行烧制，得到以通式 Li_xCoO_{2-a} 表示的钴酸锂材料，x 值为 $0.9\leq x\leq1.1$，a 值为 $-0.1\leq a\leq0.1$；②将由上述制得的钴酸锂与硫酸盐水溶液接触，并进行干燥，使硫酸盐在钴酸锂的粒子表面析出，进而得到包覆了硫酸盐的锂钴系复合氧化物；③将包覆了硫酸盐的锂钴系复合氧化物在 $100\sim900$℃ 的温度下进行加热处理。其中，硫酸盐为选自硫酸镁或硫酸铝中的至少一种或一种以上；并且硫酸盐的包覆量以硫酸盐相对于钴酸锂中的钴原子的摩尔百分率（硫酸盐的摩尔数/Co 原子的摩尔数）表示，为 $0.01\sim1.0$ 摩尔%，优选为 $0.05\sim0.2$ 摩尔%。这样做的理由是：如果包覆量不足 0.01 摩尔%，则不能充分发挥通过包覆提高电池性能的效果；而如果包覆量超过 1.0 摩尔%，包覆的硫酸盐会成为表面阻抗，最终降低了电池的性能。这种具有合适比例包覆式的钴酸锂正极活性材料可明显改善电池的载荷特性和循环特性。

2011年，日本在华申请CN103189316B，同族专利7件，分别为WO2012029730A1、TW201222955A、KR1020130101000A、JP2012074366A、JP5732351B2、CN103189316A、CN103189316B，技术输出国/地区主要有韩国、日本、中国等。该专利提供一种锂二次电池用钴酸锂正极材料及其制造方法。该钴酸锂正极材料的平均粒径为15～35μm，锂/钴摩尔比为0.900～1.040，并且残留的碱量为0.05质量%以下。具体制造方法步骤为：①原料混合：将二次颗粒的平均粒径为15～40μm且压缩强度为5～50MPa的氢氧化钴或氧化钴与锂化合物混合成按原子换算的锂/钴摩尔比为0.900～1.040，得到氢氧化钴或氧化钴与锂化合物的原料混合物；②在800～1150℃下对该原料混合物进行加热，使氢氧化钴或氧化钴与锂化合物反应，从而得到钴酸锂；原料混合过程中，还混合具有镁原子的化合物——氟化镁，具有钛原子的化合物——氧化钛（TiO_2），由此可以提高钴酸锂材料的放电比容量和容量保持率。

3.5 三元正极材料专利分析

本节从三元正极材料的全球技术发展态势、主要申请人、技术发展路线、技术功效矩阵等角度出发，对三元正极材料领域进行专利分析，截止到本报告的检索日2017年8月28日，全球共申请2429项相关专利，以此为数据源进行分析。

3.5.1 三元正极材料技术简介

锂离子电池三元系层状正极材料即镍钴锰酸锂（$LiNi_{1-x-y}Co_xMn_yO_2$），广义上还包括镍钴铝酸锂（$LiNi_{1-x-y}Co_xAl_yO_2$）和多元层状材料等。相对于单一组分层状材料如钴酸锂、镍酸锂和锰酸锂等，三元正极材料较好地兼备了上述材料的优点，并在一定程度上弥补其不足，具有放电容量大、循环性能好、高电压下结构稳定，安全性能高等优点，在全球新能源产业持续发展的环境下具有良好的应用前景。特别是其显示的高能量密度可以更好地提升续航里程，如美国特斯拉纯电动汽车成功使用日本松下制造的镍钴铝酸锂电池体系。

三元系正极材料的研究最早出现于20世纪90年代，由于镍、钴、锰（或铝）3种过渡金属比例的不确定性，一些基本性能如比容量、能量密度、安全性和结构稳定性等都随着三者含量的变化而变化，研究者可根据性能需求而设计不同组分比的三元正极材料。1999年，Liu等人首先提出镍：钴：锰比例分别为7:2:1、6:2:2和5:2:3不同组分比的镍钴锰三元层状正极材料。但这仅限于钴酸锂和镍酸锂的掺杂研究中，其作为独立体系材料的研发开始于2001年。T. Ohzuku和Y. Makimura等人首次提出Ni:Co:Mn=1:1:1的三元材料（$LiNi_{1/3}Co_{1/3}Mn_{1/3}O_2$）材料，因其与钴酸锂具有相似的α-铁酸钠单相层状晶体结构，具有较好的研究基础，一经提出即被认为是最有可能代替钴酸锂的一类锂电正极材料，获得各国政府大力支持，美国能源部更是将动力材料的研发重点由低成本的磷酸锂铁逐步转向Li（$Ni_{1/3}Co_{1/3}Mn_{1/3}$）O_2。近年来随着全球新能源汽车的迅猛发展，三元正极材料的市场份额也正逐渐增加。[1]

在镍钴锰三元正极材料化合物中，过渡金属元素镍、钴、锰分别以+2、+3、+4价态存在，其在材料中的价态对材料的机理和性能有重要的影响。其中，镍呈现+2，是主要的电化学活性元素，在相同充电电压下，三元正极材料中镍含量越高，其可逆比容量也越高。但镍含量的提高会在很大程度上降低材料的结构稳定性和安全性，并且使之对水分更加敏感，电极加工性能也会进一步变差。锰呈现+4，不参与电化学反应。锰含量越高，材料的结构稳定性和安全性也越高，同时可降低成本。因此，开发高电压的三元正极材料一般倾向于锰含量高而镍含量相对较低的镍钴锰酸锂化学组成，但锰金属含量的提高将会增大材料的极化，使其倍率性能变差，并且降低其放电比容量。钴呈+3，也是材料的主要活性物质之一。其部分参与电化学反应，主要作用是保证材料层状结构的规整度、降低材料电化学极化、提高其倍率性能。[2] 因此，层状结构的三元正极材料综合了单一组分材料的优点，其性能优于任一单一组分，具有明显的三元协同效应，在电化学性能优异的同时还具有成本适中和环境友好等优势，具有广阔的市场前景。

三元正极材料中各元素的化学计量比及分布均匀程度是影响材料性能的关键因素，不同制备方法对材料的性能影响也较大。目前，高温固相法和共沉淀法是传统制备三元正极材料的主要方法。此外，还有喷雾干燥法、水热法、溶胶凝胶法、模板法、流变相法、静电纺丝法、微波辅助等诸多方法。其中，高温固相法一般先将金属盐和锂盐按化学计量比以各种方式混合均匀，然后高温煅烧直接得到三元产物。常用金属盐主要有金属氧化物、金属氢氧化物等。传统固相法对设备要求不高、操作工艺简单、易于控制，但由于其仅简单采用机械混合，易导致原料混合不均和材料粒径分布不均，从而影响材料电化学性能的稳定性。共沉淀法是基于固相法而诞生的方法。它可以解决传统固相法混料不均和粒径分布过宽等问题，通过控制原料浓度、滴加速度、搅拌速度、pH以及反应温度可制备核壳结构、球形、纳米花等各种形貌且粒径分布较为均一的三元正极材料。[3] 其中，沉淀温度、溶液浓度、酸碱度、搅拌强度和烧结温度等条件的控制非常关键，决定了合成材料的最终形貌和电化学性能。合成工艺的改进对三元正极材料的发展起到了决定性的作用。另外，喷雾干燥法因自动化程度高、制备周期短、得到的颗粒细微且粒径分布窄、无工业废水产生等优势，也被视为是应用前景较为广阔的一种生产三元正极材料的方法。而水热法和溶胶凝胶法由于受制备方法的限制，并不适合于大规模工业化生产。

尽管三元正极材料因其具有高比容量、高能量密度等诸多优点而作为一类应用前景广阔的锂电正极材料，但其应用的过程中仍然存在一些急需解决的问题，如电子电导率低、高倍率稳定性较差、高电压循环性能不稳定、阳离子混排、高低温性能差等。为了获得电化学性能更为优异的三元正极材料，目前主要通过改进制备方法、与不同

---

[1] 蔡少伟. 锂离子电池正极三元材料的研究进展及应用 [J]. 电源技术, 2013, 37 (6): 1065-1068.
[2] 孙玉城. 镍钴锰酸锂三元正极材料的研究与应用 [J]. 无机盐工业, 2014, 46 (1): 1-3.
[3] 蔡少伟. 锂离子电池正极三元材料的研究进展及应用 [J]. 电源技术, 2013, 37 (6): 1065-1068.

材料混合改性、元素掺杂以及表面包覆等技术手段来改善。其中，掺杂主要是通过引入某些元素以增加离子或电子的导电性，从而稳定材料结构，扩展离子通道，提高材料的离子电导率。目前主要的掺杂元素有锂、钠、镁、钼、铬、铁、铝、钛等元素。同时，因为不同的掺杂元素在结构改性中可能起着协同作用，所以多种元素的复合掺杂方式在三元正极材料的研究中也逐渐受到重视。此外，包覆也被认为是改善材料性能的重要技术手段，通过在三元正极材料表面包覆一层稳定的薄膜物质，减少了正极活性物质与电解液的接触，防止其在充放电过程中的溶解，提高其循环稳定性及高倍率下的充放电性能。

3.5.2 技术发展态势分析

图3-5-1示出了锂离子电池三元正极材料领域的全球专利申请趋势。由图可见，三元正极材料专利技术的发展可以大致分为两个阶段。

图3-5-1 三元正极材料领域全球专利申请趋势

（1）技术萌芽期（1990~1999年）

这一时期，三元正极材料专利的申请数量较少。1990年出现了第一项三元正极材料的专利申请，随后的几年，年均专利申请量一直维持在较低的水平，专利申请量最多的是1997年的11项，其余年份专利申请量均未超过个位数。

（2）快速发展期（2000年至今）

从2000年开始，三元正极材料相关的专利申请数量开始稳步增长，在2008年达到71项。表明从2000年开始，应用于锂离子电池的三元正极材料逐渐引起研究人员的重视。随后三元正极材料相关的专利申请量出现快速增长，以年均近50项的速度递增，这标志着三元正极材料技术进入快速发展期，于2014年达到峰值354项。考虑到2016~2017年部分申请的专利还未公开，可以预期2016~2017年的申请了依然可以维持在一个较高的水平。

自2000年以来，随着三元正极材料研究的不断深入，且由于三元正极材料综合了钴酸锂正极材料良好的循环性能、镍酸锂正极材料的高比容量和锰酸锂正极材料的高安全性及低成本等特点，被认为是最有前途的可替代钴酸锂正极材料的材料。三元正极材料在结构、成本、性能方面的优势，使得其成为最受关注的锂离子电池正极材料。

图3-5-2示出了三元正极材料在不同分类号领域的分布情况。从图中可以看出，三元正极材料集中分布在H01M 4、H01M 10这两个分类号中。其中排名第一位的H01M 4涉及电极，占比52%。由于三元正极材料就是作为锂电正极材料使用的，因此大部分的专利申请都涉及这个分类号。排名第二位的H01M 10涉及二次电池及其制造，占比27%。其中有小组涉及二次电池的零部件、结构的改进制造以及充电或放电的方法，表明三元正极材料应用于二次电池中，已经有很大部分专利技术着重于电池结构甚至更高一层的充放电性能的改进了。随后是分类号C01G 53（涉及镍的化合物）、C01G 51（涉及钴的化合物）、C01G 45（涉及锰的化合物）。这三个分类号均是与常见的三元正极材料镍钴锰酸锂、镍钴铝酸锂相关的化合物的分类号。

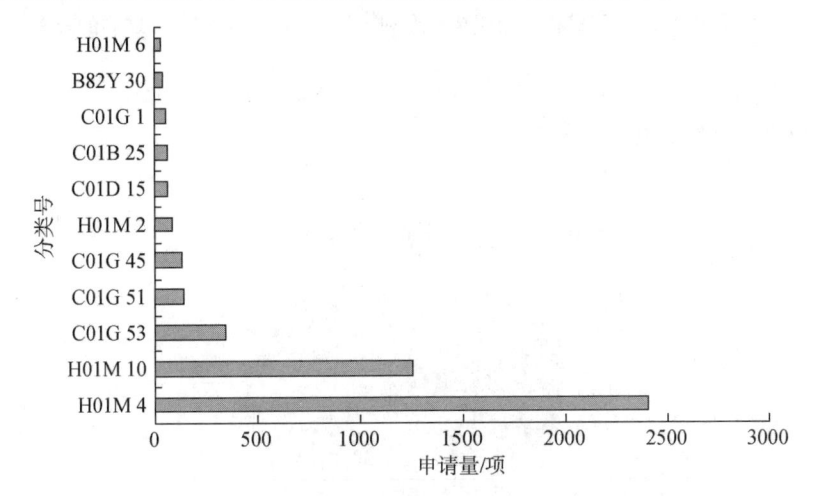

图3-5-2 三元正极材料领域全球专利申请的技术领域分布

对三元正极材料相关专利在H01M 4技术领域内分布情况如图3-5-3所示。图中显示了H01M 4分类号中涉及专利数量排名前十位的分类号小组。其中，排名第一位的是H01M 4/525，涉及插入或嵌入轻金属且含镍、钴或铁的混合氧化物或氢氧化物，如$LiNiO_2$、$LiCoO_2$或$LiCoO_xF_y$。排名第二位的是H01M 4/505，涉及插入或嵌入轻金属且含锰的混合氧化物或氢氧化物，如$LiMn_2O_4$或$LiMn_2O_xF_y$。这个两个分类号下的专利均涉及三元正极材料如镍钴锰酸锂、镍钴铝酸锂的成分，其相关专利申请量在H01M 4的前十位分类号小组的总申请量中占比51%。排名第三位的是H01M 4/36，涉及活性电极中活性物质的材料的选择，其为H01M 4/525、H01M 4/505的上一级，而三元正极材料往往同时涉及镍、钴、锰或铝元素，因此分在H01M 4/36的专利数量较多。此后排名第四位至第十位的分类号涉及基于混合氧化物、氢氧化物和氧化物混合物或氢氧化物的混合物的电极，基于无机氧化物或氢氧化物的材料等。

图3-5-4示出了三元正极材料全球专利申请的地域分布。由图可知，中国申请人在三元正极材料方面的相关专利申请最多，占据全球专利申请量一半以上，为56%。并列排名第二位的是日本、韩国申请人，占比均为12%。排名第四位的是美国，其申

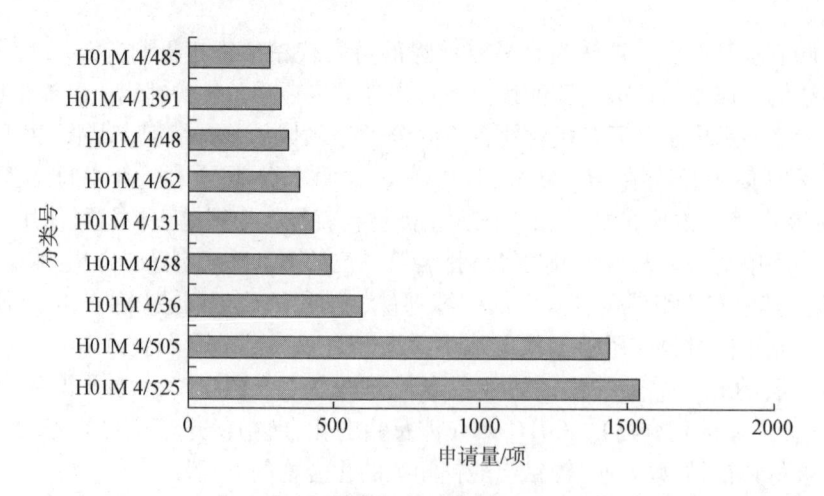

图 3-5-3 三元正极材料领域全球专利申请在 H01M 4 技术领域内的分布

请量占比 8%。以上这四个国家的专利申请量占比的总和达到了 88%。此外，国际局和欧洲的专利申请分别占比 5% 和 4%。

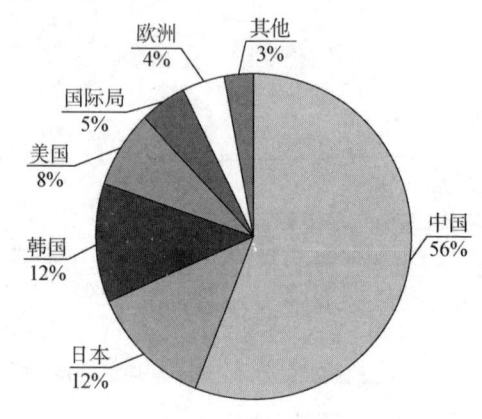

图 3-5-4 三元正极材料领域全球专利申请国家/地区分布

3.5.3 主要申请人分析

图 3-5-5 示出了三元正极材料领域全球专利申请量排名前 10 位的申请人。由图可见，排名前 10 位的申请人基本由韩国和日本垄断，总共占据 8 个席位；中国则仅占据 1 个席位，结合三元正极材料专利申请全球地域分布，中国专利申请较为分散。值得注意的是，排名前 2 位的申请人 LG 和三星均来自韩国。考虑到韩国申请量排名仅为全球第三名，韩国的技术集中情况非常明显，钴酸锂正极材料专利技术都掌握在少数几个大公司手中。除前两位以外，排名前 10 位的其他申请人中有 6 位来自日本，主要有日立、旭硝子、清美化学、丰田、汤浅株式会社（以下简称"汤浅"）、日本化学等日本知名企业。这与日本申请量排名第二位的状况是对应的，这些申请人的申请量都相差不大，均在 30~60 项，表明日本技术雄厚的公司较多，技术分布在大公司之间也比较均衡。来自中国的青岛乾运高科以 36 项的专利申请排名第八位。青岛乾运高科是

一家集研发和生产于一体的高技术新材料科技密集型企业，主要运营锂电正极材料、锂电池及动力电池等产品，较为重视知识产权方面。此外，比利时的优美科也以35项的专利申请排名三元材料技术领域的第九位。优美科是一家全球材料科技集团，最初涉及锂电正极材料的钴酸锂材料，之后进一步进军三元材料领域，其三元材料的研究方向主要有多种比例的镍钴锰三元正极材料及镍钴铝三元正极材料。

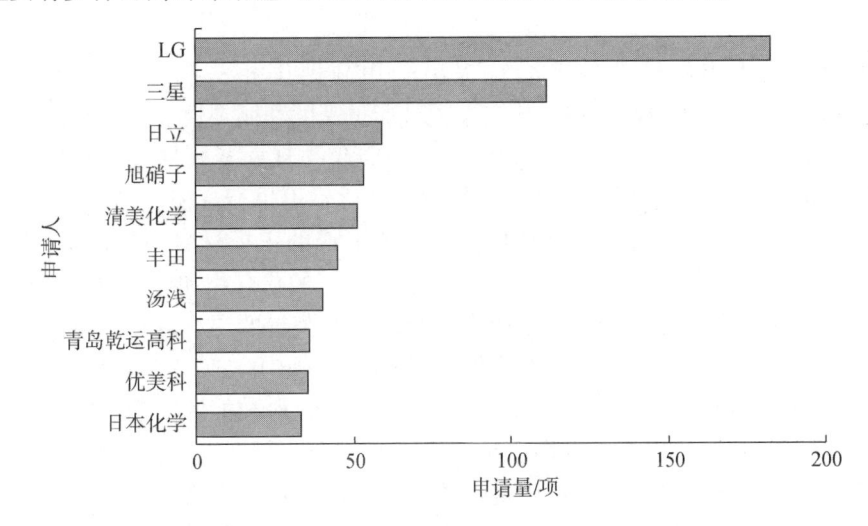

图3-5-5 三元正极材料领域全球专利申请人排名

图3-5-6为三元正极材料全球专利申请人前10位中各申请人所占的份额。从图中可以看出，居第一位的是韩国的LG，其申请量主要来自LG化学，为182项，占比28%；其次为韩国的三星，申请量为111项，占比17%；接下来是日本的三家公司日立、旭硝子、清美化学，分别以申请量59项、53项、51项的微小差距位于第三位、第四位、第五位，各占比为9%、8%、8%；紧随其后的是日本的丰田和汤浅、中国的青岛乾运高科以及比利时的优美科。排名前10位的申请人均为全球手机、汽车和化学产品生产厂商，这也从侧面反映了锂离子电池主要的应用领域。

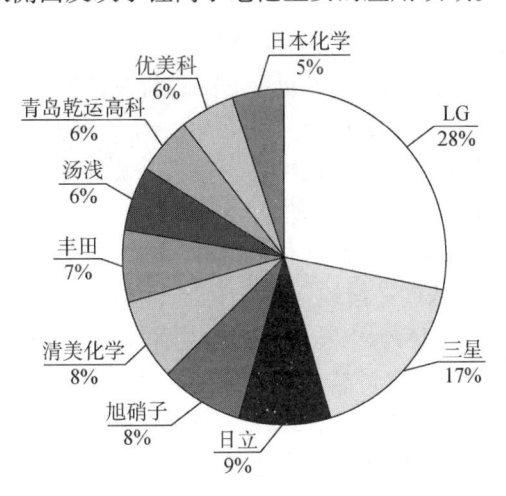

图3-5-6 三元正极材料领域全球专利主要申请人的申请量占比

3.5.4 技术发展路线分析

图3-5-7（见文前彩色插图第4页）示出了三元正极材料的全球专利申请技术发展路线图，以申请日（优先权日）为时间轴，显示了三元正极材料在主要制备方法、改性手段方面的技术发展路线。

（1）制备方法

1996年，松下电器产业株式会社提出采用高温固相法制备正极材料的专利JP3667468B2，该专利可以降低电池成本，提升能量密度和循环性能。2000年之后，出现了对高温固相法进行改进的技术方案，如2003年，日立金属株式会社申请了专利JP2004165156A，将混合浆料通过磁场去除金属杂质，再进行高温烧得到正极材料。该方法有效去除了原料金属中的杂质以减少最终形成的正极材料中的杂质。2009年，中南大学于申请了专利CN101582501B，将镍、钴、锰的化合物和锂源化合物在一定溶剂介质中通过机械化学活化进行高能球磨均匀混合，获得的混合物低温烘干后，再高温焙烧，然后冷却至室温制得该锂离子电池正极材料。该方法使得制备成本大大降低，工艺操作和控制简单，易于工业化。2012年，贵州安达科技能源股份有限公司申请了专利CN103066269B，将锂源、镍源、钴源、锰源混合，得到混合物，将混合物干燥，然后在200~800℃下于氧化性气氛中进行预烧，得到前驱体，将前驱体与粘接剂混合，然后进行等静压处理得到压实物料，将压实物料在高温下氧化性气氛中进行烧结，经破碎、筛分，得到三元正极活性材料。该制备方法可极大地提高三元正极活性材料的压实密度，并且工艺简单易行。

在采用高温固相法制备三元正极材料的同时，也出现了共沉淀法并对其进行了改进。最早的三元正极材料共沉淀方法是日本电池株式会社于1996年申请的专利JP09237631A，采用共沉淀法将锂镍钴铝复合氧化物中的镍、钴、铝的量限定在某个数值范围内，得到循环特性优良的锂二次电池；2001年，美国3M申请了EP1390994B1，采用共沉淀法制备的镍钴锰三元正极材料具有O_3晶体结构的单相形式，特征是层按锂-氧-金属-氧-锂的顺序排列；之后，中国科学院上海微系统与信息技术研究所于2003年申请了专利CN1614801A，在共沉淀过程中加入了添加剂，使得生成的沉淀更为均一。2005年，比亚迪在原有的共沉淀法上进行改进申请了CN100452488C，采用喷雾法加入过渡金属溶液，避免了局部过浓现象。同时，在前驱体的制备过程中采用气体搅拌，增加了氧气与过渡金属氢氧化物沉淀的接触，利于沉淀在碱性条件下的氧化，并且在体搅拌时气体从反应器底部进入，对沉淀物产生上浮力，延长了沉降时间，有利于形成满足粒度要求的前驱体。2010年，北京化工大学申请了专利CN102214819B，采用Co^{2+}浓度递增的金属离子混合溶液分多次、多个液相体系共沉淀方法制备$Ni_xCo_yMn_{1-x-y}(OH)_2$，以其为前驱体，通过烧结得到具有钴含量梯度的三元正极材料。该方法提高了正极材料晶格构架的稳定性。随后，湖北万润新能源科技发展有限公司于2012年申请了CN102627332B，采用草酸或草酸盐作为沉淀剂，起到了络合剂和沉淀剂的双重作用。草酸根有利于镍、钴、锰三种离子的均匀共沉淀，可在宽广的范围内灵活调整前驱体中镍、钴、锰的配比。

除了上述较为常用的高温固相法、共沉淀法，从 1997~2014 年，三元正极材料及多元材料的研究方法也是不断推陈出新，如溶胶－凝胶法、喷雾干燥法、微波法、水热法、模板法、静电纺丝法等，将三元正极材料及多元正极材料的制备工艺推向一个新的台阶。例如 1997 年，日本电池株式会社申请的专利 US6024934A 采用了水热法，将镍和除镍之外的任何过渡金属的复合氢氧化物与锂化合物在高压釜中，在低温和高压下通过水热法互相发生反应来合成正极材料。该合成方法大大节约了常规高温烧结中由电炉所消耗掉的电能，并且生产的材料在充/放电循环期间没有相变发生。1998年，日本同和电子科技有限公司申请的专利 JP11219706A 采用喷雾干燥法，在 500~800℃烧结，将烧结好的材料制备成浆料后通过喷雾干燥，再在比一次高温烧结高出至少 30℃但低于 900℃的温度下烧结制得的正极材料。该材料有利于提高电池容量和安全性能。2004 年，韩国 JES 化学公司申请的 KR1020060029048A 采用了溶胶－凝胶法，首先制备混合物溶液，在混合物溶液中加入一种螯合剂以制备凝胶，粉碎凝胶后进行热处理，得到正极材料前驱体。该方法制得正极材料有助于提高电池的循环性能和高温使用寿命，并且节约了制造成本。2007 年，中国电子科技集团公司第十八研究所申请的专利 CN101459239A 使用了微波法，首先将前驱体材料与锂盐混合压实，再将微波吸收材料放在压实体的上下两侧，放入微波装置中，进行高温微波加热，然后相对低温微波加热，最后冷却后粉碎，得到锂电正极活性材料。该方法采用目标产品作为微波吸收材料或引发剂，使得制备的材料不含杂相。采用压片法时，引发剂可以反复使用，并且具有合成速度快、成分易于控制、成本低、制备的材料纯度高、节能环保等优点。2011 年，由复旦大学教师李溪申请的 CN102496696A 使用模板法，以锰、钴、镍的硝酸盐为原料，采用模板法制备蜂窝状多孔有序排列的正极材料，并在表面沉积掺杂少量硅制备出新型的锂离子电池正极材料，由此得到的掺杂微量硅的锰基多元正极材料具有良好的晶体结构，有序的形貌，并且在锂电池中表现出良好的电化学性能。2012 年，日本独立行政法人产业技术综合研究所申请的 JP5939623B2 采用静电纺织法制备中空管状三元正极材料，以提升电池的容量。

（2）改性手段

在改性手段方面，1998 年开始出现三元正极材料的包覆改性专利申请，如三星申请的 KR100277796B1，制备 $LiNi_{1-x-y}Co_xMn_yO_2$ 的晶态粉末和半晶态粉末，并在用金属醇盐溶胶包覆晶态粉末或半晶态粉末之后，加热涂覆过的粉末，从而得到在其表面包覆有金属氧化物的活性材料；随后，三星于 2001 年申请了专利 US6984469B2，该正电极活性材料包含具有锂氧化合物的核和该核的至少两层表面处理层，而且这两层表面处理层中每一层都包含至少一种包覆元素，包覆元素可以是镁、铝、钴、钾、钠等；2008 年，索尼株式会社申请了专利 US8877377B2，采用至少一种选自周期表第二主族至第六主族、第一副族至第七副族、第Ⅷ族的元素和卤素元素进行包覆，可获得具有优异充电/放电循环特性并且可抑制内阻增加的正极活性物质；紧接着，海洋王照明于 2010 年申请了专利 CN103109399B，采用纳米碳粒和石墨烯进行包覆，使得锂盐－石墨烯复合材料具有优良的稳定性和导电性能，石墨烯与锂盐复合的更加均匀与紧密，不会产生脱落，以赋予复合材料较高的比容量、能量密度和导电率；2012 年，上海空间电源研究所申请了专利CN102832388B，采用磷酸金属盐进行包覆，可以显著改善活性物质本身的循环稳定性和倍率性能，制备工艺简单，易于规模化生产；2015年，中国东方电气集团申请专利CN104835955B，采用钛酸镧锂进行包覆，抑制镍钴锰酸锂材料的溶解，同时提高导电性能，因而大大提高材料的倍率性能和循环性能。

2000年申请的专利JP2002184402A，采用氟原子掺杂改性，之后原子掺杂技术也发展迅速，成为改性三元正极材料的重要手段。2002年，日矿马铁利亚股份有限公司（以下简称"日矿"）申请了JP4292761B2，不是采用混合掺杂元素化合物的粉末进行烧结的方法，而是采用过渡金属、碱金属、碱土类金属、硼、铝等滴入锰、钴、镍的化合物的碱溶液、碳酸盐溶液，或碳酸氢盐溶液中进行掺杂；之后，中国科学院成都有机化学有限公司于2004年申请了CN1763996A，通过采用流变相反应法，掺杂少量的铬、铝或镁元素，克服了制备方法不易工业化和导电率不理想的问题，同时由于掺杂金属较便宜，降低了产品的成本；2008年，美国3M申请了专利US20080280205A1，在三元正极材料中掺杂第二主族和第三主族元素的不同金属，提供具有高能量密度以及热稳定性和循环特性优异的正极材料；2014年，天津巴莫科技股份有限公司申请了CN104051725B，采用掺杂的方式在氧化镍钴锰锂结构中引入金属元素以稳定其结构，并利用尿素缓释氢氧根的特点和诱导剂对金属离子的引导作用，创造出一种速率可控的均相包覆体系，这种包覆方法使得金属化合物缓慢生成，有序地附着在氧化镍钴锰锂表面。

总体来说，从1996年开始，三元正极材料的制备方法不断推陈出新，如溶胶-凝胶法、喷雾干燥法、水热法、微波法、静电纺丝法等。同时，三元正极材料的改性方式也不断多元化，对于改善三元正极材料的容量、倍率性、循环性能、安全性能起到了至关重要的作用。此外，三元正极材料的结构稳定性和安全性能在一定时期内都是限制其大规模生产的主要因素，如何解决上述技术问题将是未来的研发重点。

3.5.5 技术功效分析

图3-5-8（见文前彩色插图第5页）为三元正极材料近5年专利的技术功效矩阵图。图中纵坐标为各技术手段，横坐标为各技术手段能够实现的技术效果，气泡大小表示该相应技术手段实现该功能效果的专利数量。从图中可以看出，目前三元正极材料的专利技术主要集中在采用表面包覆、制备方法的改进、混合/复合改性以及元素掺杂这四种技术手段来解决改善循环性能、提高比容量、优化制备工艺以及改善倍率性能这四个方面的技术问题。其中，其他方面技术问题主要包括改善高电压电化学性能、改善低温性能、改善自放电、提高功率密度及快速充电特性等。整体分析各类技术功效可以发现，改善循环性能、提高比容量、改善倍率性能等提高三元正极材料电化学性能的专利申请量占据绝对优势。这说明现阶段在三元正极材料这一技术分支的研发中，主要着眼点为提高其电化学性能。

具体分析各技术手段可以发现，涉及制备方法改进的专利主要解决的技术问题是改善充电放电循环性能，其专利申请量达到228项；其次是通过改变反应条件从而优化材料的制备工艺以降低电池生产成本，其专利申请量也达到了191项。此外，提高放电比容量、改善倍率性能以及提高电池能量密度也是通过改进制备方法可解决的主要技术问题，其涉及的专利申请量分别为150项、82项以及50项。因其通过制备工艺的改进解决上述技术问题所达到的效果较为优异，且通常可同时解决上述问题，因此得到了科研人员的广泛采用。从研发角度出发，通过制备方法的改进以解决上述方面的技术问题作为研发的切入点是很容易想到的，企业科研人员也可借助之前的专利文献开发一些外围专利或改进专利，从而进行包绕式或规避式的专利挖掘与布局。

在改性技术手段方面，元素掺杂和表面包覆的改性方法在三元正极材料的专利申请中占据一定地位，且因其各自具有突出的技术优势，通常也可同时使用以解决某些技术问题如改善充放电循环性能。其中，采用导电聚合物、金属氧化物等材料包覆改性这一技术手段，能够解决的问题较为全面，包括改善循环性能（211项）、提高放电比容量（102项）、改善倍率性能（96项）、提高安全性能（52项）、提高结构稳定性（44项）、改善电池高温下放电性能（43项）、提高材料导电性（36项）等。虽然包覆改性某些方面的专利申请数量较前述来说较少，但是其解决的技术问题却较为广泛，涉及动力锂离子电池生产、应用以及安全方面的问题，有可能作为未来三元材料发展的突破口，并且具有进一步的研发空间，企业研发人员可在该方面持续关注。此外，元素掺杂这一技术手段除改善循环性能、放电比容量、倍率性能外，还主要用于提高电池能量密度、提高充放电效率、提高结构稳定性以及改善高温下放电性能，解决其他技术问题涉及的专利则相对较少。由于掺杂元素的种类以及含量等对材料的性能影响较大，其中涉及的诸多方面还有待科研人员进一步研究，因此，通过元素掺杂这一技术手段来提高材料导电性、结构稳定性以及改善高温性能等时至今日仍然可以大有作为。

将不同种类正极材料复合或混用以实现功能互补这一技术手段在三元正极材料的性能改进方面也有一定的申请量。三元正极材料以其高比容量、高能量密度见长，各企业和研究机构致力于将其应用于动力电池的正极材料中。但三元正极材料的生产成本要高于率先产业化的磷酸铁锂和锰酸锂正极材料，且其安全性还有待改进。而橄榄石型的磷酸铁锂正极材料和尖晶石结构的锰酸锂在成本以及安全性方面均具有突出的优势。选择两种或多种材料混合改性三元正极材料，在保证三元正极材料循环性能稳定（153项）、放电比容量高（131项）等自身优势的同时，进一步提高材料的能量密度（61项）、安全性能（110项）、优化制备工艺（28项），使得混合/复合改性这一技术手段在三元正极材料改性过程中有其独特的技术优势，研发人员可借鉴已有的众多相关专利文献如无效专利等，在此基础上作出进一步的改进和深入挖掘，以进行有效的专利战略布局，占据三元正极材料发展的有利地位。

综合分析可知，目前围绕三元正极材料的改性主要目的是提高其电化学性能，但安全性和成本问题依然没有得到有效突破。特别是动力电池的安全性对未来电动汽车走向人们生活有至关重要的影响，而针对三元正极材料的安全性相关专利申请量却较低，且近几年频发的特斯拉电动汽车自燃，三星、苹果手机爆炸等电池安全事故，更是将电池的安全性问题推至风口浪尖。更进一步地，三元正极材料在降低成本方面的专利申请量也较低，一方面由于收益问题，在回收领域目前还只有较少企业积极的投入，另一方面，涉及回收等方面的关键技术还有待进一步突破；三元正极材料简化工艺方面的申请量也不多。随着各种技术的发展变化，未来如何通过上述技术手段进一步完善解决这些技术问题，或者针对上述技术问题开发出新的技术手段，均值得广大研发人员进行更深入的挖掘和发展。

3.5.6 重点专利技术分析

三元正极材料的重点专利是综合考虑了被引证频次、同族情况以及技术专家的意见筛选确定的。由于三元正极材料专利主要申请集中在韩国和日本，因此，按照技术来源国分类介绍重点专利的分布，如表3-5-1所示。

表3-5-1 三元正极材料领域韩国在华申请情况

公开号/被引频次	申请日	优先权	发明人	申请人
CN1771618A（4次）	2004-04-06	韩国 2003-04-09	李在宪、张民哲、柳德铉、郑俊溶、李汉浩、安谆昊	LG
CN1938883B	2005-03-29	韩国 2004-03-29	朴慧雄、刘智相、金星佑、金旻修	LG
CN102136574B	2006-08-07	韩国 2005-08-16	柳志宪、金旻修、玄晶银、李在弼、李恩周、申荣埈	LG
CN102522539B	2006-08-07	韩国 2005-08-16	柳志宪、金旻修、玄晶银、李在弼、李恩周、申荣埈	LG
CN103762351A	2006-08-07	韩国 2005-08-16	柳志宪、金旻修、玄晶银、李在弼、李恩周、申荣埈	LG
CN101228654A（2次）	2006-08-07	韩国 2005-08-16	柳志宪、金旻修、玄晶银、李在弼、李恩周、申荣埈	LG
CN101223658A（6次）	2006-08-07	韩国 2005-08-16	柳志宪、金旻修、玄晶银、李在弼、李恩周、申荣埈	LG
CN101405899B	2007-03-16	韩国 2006-03-20	J.M.保尔森、朴洪奎、申善植、朴信荣、车慧伦	LG
CN101496200B	2007-05-29	韩国 2006-05-29	柳志宪、玄晶银、申荣埈	LG
CN101821879B	2008-10-08	韩国 2007-10-13	张诚均、申昊锡、朴洪奎	LG
CN102150305B	2009-09-10	韩国 2008-09-10	张诚均、朴洪奎、申昊锡、洪承泰、崔英善	LG
CN102265433B	2010-01-06	韩国 2009-01-06	张诚均、朴洪奎、朴信英	LG

续表

公开号/被引频次	申请日	优先权	发明人	申请人
CN104409710A	2010-01-06	韩国 2009-01-06	张诚均、朴洪奎、朴信英	LG
CN102272986B	2010-01-06	韩国 2009-01-06	张诚均、朴洪奎、朴信英	LG
CN102272984A（1次）	2010-01-06	韩国 2009-01-06	张诚均、朴洪奎、朴信英	LG
CN103155237A	2012-02-09	韩国 2011-02-09	朴正桓、吴松泽、郑根昌、金寿焕、新井寿一	LG
CN103210526B	2012-04-04	韩国 2011-04-04	吴松泽、张诚均、朴信英、黄善贞、林振馨、郑根昌、金信奎、崔正锡、安根完	LG
CN103460457B	2012-04-17	韩国 2011-04-18	崔上圭、李承炳	LG
CN103891016B	2012-12-17	韩国 2011-12-22	丘昌完、赵问圭、裴峻晟、郑在彬	LG
CN104025346A	2013-01-16	韩国 2012-01-17	李大珍、姜盛中、陈周洪、朴洪奎	LG
CN104205435A	2013-04-18	韩国 2012-04-23	吴松泽、朴正桓、郑根昌、金寿焕、新井寿一	LG
CN104364944B	2013-07-04	韩国 2012-07-09	朴炳天、姜成勋、姜玟锡、郑王谟、申昊锡、朴商珉、闵根基	LG
CN104969400A	2014-06-05	韩国 2013-06-05	郑元喜、赵敏善、金信奎、李民熙、崔承烈、李在宪、郑根昌	LG
CN104781964A	2014-06-18	韩国 2013-06-18	孔友妍、李明基、姜玟锡、申先植、全惠林、赵治皓、闵根基、郑王谟	LG
CN105264695A	2014-07-31	韩国 2013-07-31	金元贞、河会珍、金帝映	LG
CN105453313A	2014-08-06	韩国 2013-08-22	阵周洪、李大珍、申先植、孔友妍、郑王谟	LG
CN105474440A	2014-09-02	韩国 2013-09-02	郑元喜、金寿焕、金信奎、李敬九、李在宪、郑根昌、黄善贞	LG
CN106233513A	2015-03-12	韩国 2014-03-12	河会珍、申先植、金京昊、金镒弘、金帝映、姜基锡、洪志贤	LG、首尔大学
CN106463715A	2015-03-13	韩国 2014-03-18	河会珍、金京昊、金镒弘、金帝映、姜基锡、洪志贤	LG、首尔大学

韩国的在华申请共计49件。其中韩国LG的专利申请共有29件（参见表3-5-1），申请量居于首位，其专利申请全部来自LG化学株式会社，主要发明人为朴洪奎、张诚均、柳志宪、玄晶银、申荣埈、金旻修等。韩国最早在中国的的专利申请是1999年三星电管株式会社的申请（CN20040414A）。该专利申请提供了一种镍钴锰三元正极材料表面涂覆有金属氧化物的锂电活性物质及其制造方法，其中正极活性材料由聚集状态的细颗粒组成，颗粒尺寸在$0.1 \sim 100 \mu m$，在活性材料表面上形成包含镁和铝的复合金属氧化物的双层结构。该方法包括步骤：①将A金属盐、B金属盐和C金属盐与溶剂混合形成$A_{1-x-y}B_xC_y(OH)_2$母体材料，然后加入混合的锂盐和溶剂到母体材料形成混合物；②在400~900℃的温度下完成热处理过程，制备该结构式的晶态粉末或半晶态粉末；③用镁-醇盐溶胶涂覆晶态粉末或半晶态粉末，热处理涂覆有金属醇盐溶胶的粉末。

如表3-5-1所示，优先权在2003年的专利申请CN1771618A，其被引频次为4次。该申请除了在韩国本国保护，还将该技术输出到日本、美国、中国、加拿大、巴西等国家进行了保护，其同族专利个数共计16件。其活性物质为包括能够嵌入/释放锂离子的锂-过渡金属氧化物，其特征在于进一步包括层状结构的锂锰氧化物作为添加剂。这种结构的正极材料具有优良的热稳定性，而且在充/放电过程中避免了相变，从而提高了电池寿命。

其中被引频次最多的专利申请是CN101223658A，申请日为2006年8月7日，其被引频次为6次，同族专利个数为17件，以美国居多，如US9263738B2、US20150004492A1、US8895187B2、US7670722B2、US20070048597A1等。该专利申请主要涉及一种锂二次电池用的正极活性材料，其包含如下式I $Li_{1+x}Mn_2O_4$表示的锂/锰尖晶石氧化物与式II $Li_{1+z}Ni_{1/3}Co_{1/3}Mn_{1/3}O_2$或$Li_{1+z}Ni_{0.4}Mn_{0.4}Co_{0.2}O_2$表示的锂/镍/钴/锰复合氧化物的混合物，其中，该混合比在10:90至70:30的范围内。此外，尖晶石结构锰酸锂中的一部分锰可被其他金属元素所取代：$Li_{1+x}Mn_{2-z}M_zO_4$，M是氧化值为2或3的金属；$0 \leq x \leq 0.2$；且$0 < z \leq 0.2$，如铝、镁、或此二者。由此制备的活性物质可组装成基于非水性电解质的高功率锂二次电池，在室温或高温下，即使反复以高电流充电及放电，该电池都具有长的使用寿命和优越的安全性。

此外，LG在中国的专利申请CN1938883B是LG在华申请中同族专利个数最多的专利申请。该专利申请提供一种于在室温和高温下即使在反复进行高电流充电和放电后都具有长期使用寿命和优异安全性的非水电解质基高功率锂二次电池。其中，该电池将具有尖晶石结构的特定的锂锰-金属复合氧化物（A）和具有层状结构的特定的锂镍-锰-钴复合氧化物（B）的混合物作为正极活性材料。（A）通式为$Li_{1+x}Mn_{2-x-y}M_yO_4$，（B）通式为$Li_{1-a}Ni_bMn_cCo_{1-b-c}O_2$，其中：$0 < x < 0.2$；$0 < y < 0.1$；M为选自铝、镁、镍、钴、铁、钛、钒、锆和锌中的至少一种元素；$-0.1 \leq a \leq 0.1$；$0.3 < b < 0.5$；和$0.3 < c < 0.5$；活性材料的pH在8.9~10.4的范围内。与上一件专利申请相比，其特点主要是扩大了金属M的选择范围，且金属氧化物比例均有所不同。在该专利的正极活性材料中，与金属元素未取代的锂锰氧化物相比，用其他金属（M=铝、镁、镍、钴、铁、钛、钒、锆或锌）取代锰进一步提高了高温循环特性。这是因为用

其他金属取代+3价的锰离子降低了与高温下锰的溶出直接相关的+3价的锰离子的浓度，导致Jahn-Teller效应，从而形成结构稳定的氧化物。该专利申请虽然被引频次较低，但同族专利达到26件，且遍布全球多个国家，足以显现其技术含量。

同样，专利申请CN102150305B的同族专利个数达到22件，也是同族专利个数较高的专利申请，其中进入美国的同族专利就达到12件，如US7935444B2、US20100148115A1、US20120012780A1、US8497039B2、US8481213B2等。此外，在中国、加拿大、欧洲等也均有专利保护申请。该中国专利申请涉及一种锂二次电池用正极活性材料，包含具有层状晶体结构的锂过渡金属氧化物，其中所述过渡金属包含镍、锰和钴的过渡金属混合物，且除锂之外的所有过渡金属的平均氧化数大于3至不大于3.5，平均氧化数为3.1~3.3，且满足由下式（1）和（2）表示的特定条件：$1.1 < m(Ni)/m(Mn) < 1.5$ 和 $0.4 < m(Ni^{2+})/m(Mn^{4+}) < 1$。与常规物质相比，通过控制过渡金属氧化物层中包含的过渡金属氧化数来形成层状结构，该专利申请的正极活性材料具有更均匀且更稳定的层状结构。因此，该活性材料具有改进的包括高电池容量在内的所有电化学特性，而且高倍率充放电特性特别优异。第一循环的放电容量为至少148 mAh/g，且第一循环的效率为至少82%，2C放电容量对0.1C放电容量之比至少为72%。

日本在华申请共计90件。如图3-5-9所示为排名前十位的在华日本申请人，主要申请人有清美化学、旭硝子、日立、丰田、日本化学、汤浅、住友等23家公司/研究院。申请量相对较为分散，其中清美化学申请量最多，为17件；旭硝子次之，有12件；日立排名第三，为11件；丰田9件；日本化学和汤浅分别为7件。日本在华的第一件三元正极材料专利申请来自汤浅株式会社（CN100353596C），其被引频次为2次，同族专利为12件，专利/技术输出国/地区主要集中在美国、欧洲、中国、德国、澳大利亚等。该专利申请提供了一种高能量密度和优异充/放电循环性能的锂蓄电池用正极活性材料和一种高能量密度和优异充/放电循环性能的锂蓄电池。该正极活性材料的组成是$Li_xMn_aNi_bCo_cO_2$，具有α-铁酸钠结构，其中a、b和c的值在如下范围内，在表示这些金属之间关系的三元相图中，(a, b, c)出现在四边形ABCD的周边上或其内部，其四边形是由点A (0.5, 0.5, 0)、点B (0.55, 0.45, 0)、点C (0.55, 0.15, 0.30)和点D (0.15, 0.15, 0.7)为顶点而确定的，并且$0.95 < x/(a+b+c) < 1.35$。值得注意的是，所述复合锂氧化物中含有Li_2MnO_3，即为目前锂电正极材料领域新一代的研究焦点——富锂锰基三元正极材料，不仅能够提高传统三元正极材料的放电比容量，还可提高其热稳定性，改善电池的充/放电循环性能。

表3-5-2示出了三元正极材料领域日本在华申请的重点专利列表。由日立株式会社和新神户电机于2004年共同申请的专利CN100565984C，其同族专利最多，高达29件，如US20040253516A1、US7910246B2、EP1487038A3、US20070259266A1、TWI287889B、JP2005005105A、JP4740409B2、EP1487038B1、KR101129333B1、KR1020110122809A等，专利/技术主要输出国/地区有美国、欧洲、日本、韩国、中国等多个国家/地区。该专利涉及一种正极材料及其制造方法以及使用该正极材料的锂二次电池。该正极材料是一种由多个一次粒子凝聚而形成复合氧化物的二次粒子，一次粒子具有包含锂、镍、锰

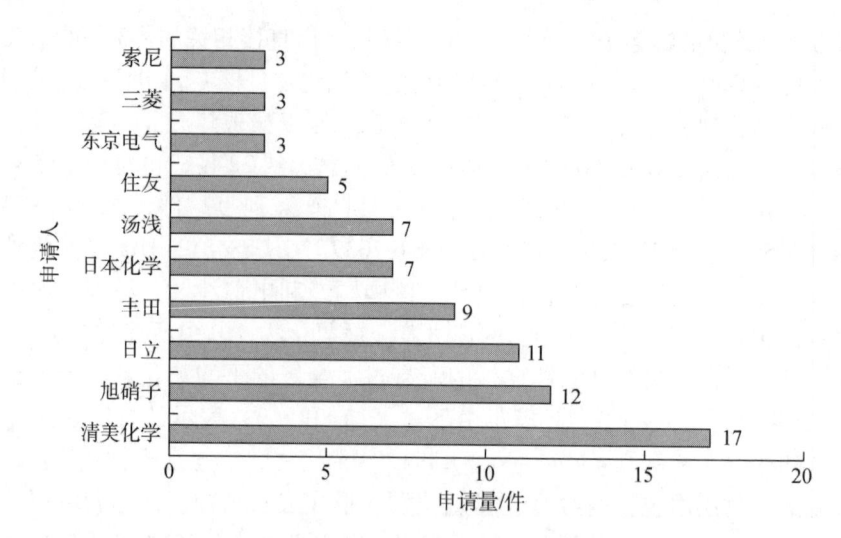

图3-5-9 三元正极材料领域日本申请人在华申请的申请量排名

和钴的层状结构，平均粒径为0.2~10μm；二次粒子可表示为$Li_aMn_xNi_yCo_zO_2$且由具有的层状结构的晶体构成，其中$1<a≤1.2$，$0≤x≤0.65$，$0.35≤y<0.5$，$0≤z≤0.65$且$x+y+z=1$，二次粒子内60%以上的上述一次粒子的c轴方向晶向在20度以内，平均粒径为5~30μm；其在-30℃的低温环境下的放电率特性和电池容量降低得少。该发明着眼于多个一次粒子相互结合凝聚而成的二次粒子的粒子结构发现。原粒子聚集成二次粒子，再由二次粒子构成正极材料。在低温条件下电解液的粒子传导性低，上述正极材料的粒子间断开，此时通电会使原粒子间导电网络局部下降，导致电阻增大，电压减小。在低温环境下，由于经由电解液的锂离子传导，一次粒子间的锂离子扩散也是支配因子，所以一次粒子间的接触面积很重要。因此，考虑到电解液低温下的离子传导性降低，通过增加一次粒子相互的接触面积，可制备出具有在低温环境下也能维持导电网络结构的二次粒子的正极材料。

表3-5-2 三元正极材料领域日本专利在华申请情况

公开号/被引频次	优先权	申请日	发明人	申请人	简单同族个数
CN100353596C（2次）	日本 2001-11-22	2002-11-21	盐崎龙二、藤井明博、冈部一弥、温田敏之	汤浅	12
CN100340014C	日本 2002-07-23	2003-02-25	梶谷芳男、田崎博	日矿	10
CN100565984C	日本 2003-06-11	2004-02-27	汤浅丰隆、葛西昌弘、中嶋源卫	日立、新神户电机	29
CN100381365C	日本 2003-04-17	2004-03-22	数原学、三原卓也、上田幸一郎、若杉幸满	清美化学	19

续表

公开号/被引频次	优先权	申请日	发明人	申请人	简单同族个数
CN100334758C（2次）	日本 2003-08-21	2004-08-20	数原学、三原卓也、上田幸一郎、若杉幸满	清美化学	7
CN100440594C	2004-04-27	2005-04-27	志塚贤治、冈原贤二	三菱	11
CN101320804A	日本 2004-04-30	2005-04-28	河里健、斋藤尚、内田惠、堀地和茂、巽功司、寺濑邦彦、数原学	清美化学	12
CN101320803A	日本 2004-04-30	2005-04-28	河里健、斋藤尚、内田惠、堀地和茂、巽功司、寺濑邦彦、数原学	清美化学	12
CN100438154C	日本 2004-04-30	2005-04-28	河里健、斋藤尚、内田惠、堀地和茂、巽功司、寺濑邦彦、数原学	清美化学	12
CN100508254C（1次）	日本 2005-02-14	2006-02-09	河里健、加藤德光、内田惠、齐藤尚、数原学	清美化学	7
CN101360685B	日本 2006-01-20	2006-12-08	长濑隆一、梶谷芳男、田崎博	日矿	10
CN102044673B	日本 2006-04-07	2007-04-06	志塚贤治、冈原贤二、伊村宏之、寺田薰	三菱	10
CN102007626B	日本 2008-04-17	2009-02-20	长濑隆一、梶谷芳男	日矿	14
CN101714630A（7次）	日本 2008-09-30	2009-09-29	小西宏明、汤浅丰隆、小林满	日立	9
CN102067362B	日本 2008-12-05	2009-10-26	长濑隆一	日矿	12
CN102356489A（1次）	日本 2009-03-17	2010-03-17	粟野英和、多贺一矢	日本化学	6
CN101997138A（6次）	日本 2009-08-25	2010-08-18	福井厚史、砂野泰三、神野丸男	三洋电机	0
CN102549818A（1次）	日本 2009-10-19	2010-10-18	永金知浩、结城健、坂本明彦、境哲男、邹美靓	日本电气；产业技术综合研究所	4

续表

公开号/被引频次	优先权	申请日	发明人	申请人	简单同族个数
CN103181006A（4次）	日本 2010-10-29	2011-10-27	角崎健太郎、曾海生	旭硝子	8
CN102651471A（4次）	日本 2011-02-22	2012-2-22	柳田英雄、泷本一树	富士重工	6
CN103403930B	日本 2011-03-09	2012-02-28	伊藤淳史、押原建三、大泽康彦	日产	17
CN102683673A（1次）	日本 2011-03-16	2012-03-16	福知稔、菊池政博、荒濑龙也、进藤雅史、石田亘	日本化学	1
CN103718369A（1次）	日本 2011-08-02	2012-08-01	儿玉昌士	丰田	8
CN103403947A	日本 2012-02-29	2012-08-13	伊藤真吾、奥村壮文、木村隆之、西山洋生	新神户电机	10
CN103403945B	日本 2012-02-29	2012-08-20	木村隆之、奥村壮文、西山洋生	新神户电机	12
CN103403944B	日本 2012-02-29	2012-08-20	奥村壮文、木村隆之、西山洋生	日立	11
CN103515585A	日本 2012-06-20	2013-06-13	远藤大辅、村松弘将	汤浅	10

同样由日立子公司日立车辆能源株式会社申请的专利 CN101714630A，其被引频次最高，达到7次，同族专利有 US20100081055A1、US8900753B2、KR1020100036929A、KR101109068B1、JP4972624B2、CN101714630A、JP2010086693A、EP2169745B1、EP2169745B1、EP2169745A1，技术输出国/地区涉及美国、韩国、日本、中国、欧洲五个国家/地区。该专利提供一种容量特性、输出特性及安全性优异的正极材料及使用该正极材料的锂二次电池。该发明的正极材料是将容量特性优异的正极活性物质和输出特性优异的正极活性物质进行混合制成的混合正极材料。其中，容量特性优异的正极活性物质具有大粒径的一次粒径［用化学式 $Li_{x1}Ni_{a1}Mn_{b1}Co_{c1}O_2$（$0.2 \leq x1 \leq 1.2$，$0.6 \leq a1$，$0.05 \leq b1 \leq 0.3$，$0.05 \leq c1 \leq 0.3$）表示，平均一次粒径为 $1\mu m$ 以上 $3\mu m$ 以下］的第一正极活性物质；输出特性优异的正极活性物质具有小粒径的一次粒径［用化学式 $Li_{x2}Ni_{a2}Mn_{b2}Co_{c2}O_2$（$0.2 \leq x2 \leq 1.2$，$a2 \geq 0.5$，$0.05 \leq b2 \leq 0.5$，$0.05 \leq c2 \leq 0.5$）表示，平均一次粒径为 $0.05\mu m$ 以上 $0.5\mu m$ 以下］的第二正极活性物质。为了使容量特性提高，该正极材料增加过渡金属位置的镍含量。为了提高输出特性，需要使活性物质的一次粒子小粒径化，使活性物质和电解液的接触面积增大，增加产生电化学反应

的反应面积。该专利申请将特性不同的两种正极活性物质进行混合，以同时实现高容量、高输出及高安全性，从而满足在混合动力汽车用电池中的使用要求。

2011年旭硝子株式会社的专利CN103181006A，其被引频次为4次，同族专利有EP2634846A4、EP2634846A1 JP5831457B2 JPWO2012057289A1、KR1020130139941A、US20130236788A1、WO2012057289A1、CN103181006A，共8件。输出国/地区涉及欧洲、韩国、美国、日本、中国等多个国家/地区。该专利申请提供一种锂离子二次电池用正极活性物质、正极、锂离子二次电池及其正极活性物质的制造方法。其中正极活性物质为含锂复合氧化物，可用通式Li（Li$_x$Mn$_y$Me$_z$）O$_p$F$_q$表示，锂元素的摩尔量超过该过渡金属元素的总摩尔量的1.2倍，Me是选自钴和镍的至少一种元素，$0.1 < x < 0.25$，$0.5 \leq y/(y+z) \leq 0.8$，$x+y+z=1$，$1.9 < p < 2.1$，$0 \leq q \leq 0.1$。该专利申请的发明点在于，含锂复合氧化物表面包覆有选自锆、钛和铝的至少一种金属元素的氧化物，如氧化锆、氧化钛和氧化铝的至少一种，锆、钛和铝的至少一种金属元素的摩尔量为所述含锂复合氧化物的过渡金属元素的总摩尔量的0.0001~0.05倍。正极活性物质的制造方法如下步骤：①制备含有锂元素以及选自镍、钴和锰的至少一种过渡金属元素的含锂复合氧化物混合溶液；②在搅拌中添加含有选自锆、钛和铝的至少一种金属元素的化合物溶解于溶剂而得的组合物，组合物的溶剂是水，pH是3~12；③在200~600℃下进行所述加热。步骤②中也可通过喷涂法将组合物喷雾于所述含锂复合氧化物。制备得到的正极活性物质组装成锂离子二次电池，即使在高电压下进行充放电，其循环特性和倍率特性也十分优异。

2012年，富士重工业株式会社在华申请了一件关于正极活性物质及含有该正极活性物质的锂离子蓄电设备的相关专利CN102651471A，其被引频次为4次，同族专利6件，分别为US20120213920A1、TW201236248A、KR1020120096425A、JP2012174485A、EP2492996A2、CN102651471A，技术输出国/地区分别涉及美国、中国、韩国、日本、欧洲等主流国家/地区。该专利申请提供的正极活性物质能够用于构成可抑制短路或过度充电时的起火或发热、安全性高的蓄电设备。该专利申请的发明点主要有：①锂镍钴锰氧化物；②从锂钒复合氧化物、钒氧化物、锂钒磷酸盐，及氟化磷酸锂钒化合物以及Nb$_2$O$_5$、TiO$_2$、Li$_{4/3}$Ti$_{5/3}$O$_4$、WO$_2$、MoO$_2$及Fe$_2$O$_3$中选择的至少1种锂离子接受量调整化合物，其中锂离子接受量调整化合物相对于正极活性物质的总质量，含有量为总质量的5%~20%。这种混合了锂离子量调整化合物的锂离子电池三元正极材料在充分发挥锂镍钴锰三元材料的优异能量密度和循环特性的同时，还可有效解决在充放电过程中电池易短路的问题，从而使蓄电设备维持在安全的状态下，避免发热或起火的情况，相比现有技术极大地提高了蓄电设备的安全性能。

3.6 结 论

目前，全球锂电正极材料领域各技术分支研究的热点主要是钴酸锂、锰酸锂、磷酸铁锂、锂硫正极材料、富锂正极材料、三元正极材料。受益于全球积极倡导使用绿色、环保的新能源器件以及各国相继出台的多种激励政策，锂电正极材料各技术分支的专利申请量均有明显提升。而出于对锂电池各项性能指标需求的不同，各个国家/地区对于锂电正极材料各技术分支的研究侧重点也有所不同，其中韩国和欧洲三元正极材料的申请量分别占其总申请量的30%和28%，美国则是对于锂硫正极材料这一技术分支的研究则相对集中，日本侧重于对钴酸锂材料的研发生产。而中国的锂电正极材料领域各技术分支中，稳定性好，安全性能高的磷酸铁锂材料其申请量占比最大，达到了33%；其次为高容量、高能量密度的三元正极材料，其申请量占比25%。通过全球锂电正极材料分析可以看出，锂电正极材料各技术分支的发展也与其应用市场的反馈相符。

第4章 燃料电池专利分析

4.1 燃料电池材料技术概况

4.1.1 技术概况

1839年，英国的威廉·葛洛夫（William Grove）在一个水解过程的逆反应实验中，首次发现并报道了这个逆反应过程的发电现象。其用以铂黑为电极催化剂的简单氢氧燃料电池点亮了伦敦讲演厅的照明灯，燃料电池的概念由此开始进入人们的视线。基于这一原理，人们可以轻易地从氢气和氧气中获取电能。但由于氢气在自然界中无法自由地得到，在随后的几年中，人们一直试图用煤气作为燃料，但均未获得成功。120年后，另一英国人弗朗西斯·T. 培根（Francis T. Bacon）研制出5 kW的碱性燃料电池组，用作小型机械的动力，这一举动使得燃料电池走出实验室，应用于人们的生产活动。然而由于材料、资金、市场等问题，燃料电池的研究和开发多年来几经反复。直到20世纪60年代末，宇宙飞行的发展对于动力来源的高要求，才使得燃料电池技术重新被提到议事日程上来，因其具有较为理想的能量转换率和较轻的整机质量而被用作航天飞行器的能源，并逐渐发展地面应用。1990年，规模为11 MW的燃料电池发电站在日本运行。近二三十年来，由于一次能源的匮乏和环境污染问题的突出，全球对于环境保护的意识日渐增强，大大激发了人们开发燃料电池技术的兴趣。至此，燃料电池由于具有能量转换效率高、对环境污染小等诸多优点而受到世界各国的普遍重视。

燃料电池本质是一种电化学发电装置，其可按电化学原理，即原电池工作原理，将燃料固有的化学能直接转变为电能。其结构组成与一般电池相同，单体燃料电池是由正负两个电极（负极即燃料电极，正极即氧化剂电极）以及电解质等组件构成。[1] 具体反应过程为：燃料气通过管道或导气板到达电池阳极，在催化剂作用下分解为质子和电子，带正电荷的质子穿过隔膜到达阴极，带负电荷的电子则在外部电路运行，从而产生电能。在电池的另一端，氧化气（或空气）通过管道或导气板到达阴极，在阴极催化剂的作用下，氧分子和氢离子与通过外电路到达阴极的电子发生反应生成水，电子在外电路的运行过程中构成回路从而产生电流。因此，只要源源不断地向燃料电池阳极和阴极供给氢气和氧气，就可以向外部电路的负载连续地输出电能。但是，由于本身的电化学反应以及电池的内阻，燃料电池还会产生一定的热量。电池的阴、阳两极除传导电子外，也作为氧化还原反应的催化剂。当燃料为碳氢化合物时，则阳极

---

[1] 侯明，衣宝廉. 燃料电池技术发展现状与展望［J］. 电化学，2012，8（1）：1-12.

对于催化剂的催化活性要求更高。阴、阳两极通常为多孔结构，以便于反应物气体的通入和反应产物排出。燃料电池的电解质起传递离子和分离燃料气、氧化气的作用。为阻挡两种气体混合导致电池内短路，电解质通常为致密结构。

燃料电池与其他电池的不同点在于：一般电池的活性物质贮存在电池内部，因此限制了电池的放电容量；而燃料电池的正极、负极本身不包含活性物质，只是纯粹的催化转换元件，因此燃料电池是名副其实地把化学能转化为电能的能量转换装置。燃料电池工作时，燃料和氧化剂均由外部供给，通过电池催化元件催化进行氧还原反应。原则上只要不断输入反应物，同时不断排出反应产物，燃料电池就能够持续地发电，因此其理论能量转换率为100%。作为唯一同时兼备无污染、高效率、适用广、无噪声和具有连续工作的动力装置，预期燃料电池会在国防和民用的电力、电动汽车电源、移动电源、微型电源及大型发电厂、通信等多领域都显示出广阔的应用前景和商业价值。

近年来，由于各种类型的燃料电池技术发展逐渐成熟且燃料来源丰富、储存安全，其在能源系统市场和车辆市场的应用研发力度逐渐加大。但真正实现大规模的商业化还面临诸多的挑战，催化剂技术即其核心问题之一。氧化还原反应是燃料电池中的重要反应，反应动力学缓慢，需要贵金属作为催化剂，从而使燃料电池的成本居高不下，严重阻碍了燃料电池商业化的脚步。目前，在催化剂活性物质方面的研究报道较多，如制备特殊形貌的纳米晶体及其合金、高长径比的纳米线及其合金、核壳结构的纳米球合金等。各类材料在燃料电池催化剂中都有其独特的优势和作用，通常可采用贵金属如铂、钯、金等元素，而合金则采用贵金属配合铁、钴、镍等过渡金属形成。其中贵金属铂及其合金是目前催化活性较高的一类，但由于铂的成本较高并且储量有限，如何在优化催化活性的同时降低催化剂的成本、提高电池稳定性是目前的主要研究方向之一。同时对催化剂载体的研究以及针对金属晶体结构缺陷进行的掺杂改性等改进手段也逐渐受到人们的关注。可以预期，未来燃料电池技术的发展将逐渐走进人们的生活，成为传统化学电源的有力竞争者。❶

4.1.2 产业概况

从全球来看，日本、美国、中国是燃料电池发展的主要国家，其主要用于氢能源车推广。日本作为汽车工业生产大国，大力推动了氢燃料电池动力技术的发展，因此在氢燃料电池方面具有一定的垄断趋势，在这一领域的专利数目前领先于其他国家。并且，以经产省为代表的日本政府高度重视并持续开展燃料电池汽车和氢能开发，在过去30年时间内先后投入上千亿日元用于燃料电池汽车和氢能的基础科学研究、技术攻关和示范推广，从而极大地促进了该国在燃料电池领域的长足发展。

美国一直是领导世界燃料电池发展的主要国家，其对燃料电池技术的重视也由来已久，虽然目前仍处于示范阶段，但其氢能的技术条件已经相对成熟。目前，美国燃料电池汽车、氢能生产和加氢基础设施的商业化进程正稳步推进。美国在2006年专门

---

❶ 原鲜霞，夏小芸，曾鑫，等. 低温燃料电池氧电极催化剂［J］. 化学进展，2010，22（1）：19-31.

启动了国家燃料电池公共汽车计划（National Fuel Cell City Bus Program，NFCBP），进行了广泛的车辆研发和示范工作，2011 年美国燃料电池混合动力公共汽车实际道路示范运行单车寿命超过 1.1 万小时。此外，美国在燃料电池混合动力叉车方面也进行了大规模示范，截至 2011 年，全美大约有 3000 台燃料电池叉车，寿命达到了 1.25 万小时的水平。按照美国氢能技术路线图，到 2040 年美国将走进"氢能经济"时代。[1] 2014 年，美国能源部发布的《燃料电池技术市场报告》中表示，美国燃料电池产业总体上正在逐步进入正轨，并开始实现盈利。

在德国，2012 年 6 月，主要的汽车和能源公司与政府一起参与建立广泛的全国氢燃料加注网络，支持发展燃料电池激励计划，到 2015 年，全国建成 50 个加氢站，为全国 5000 辆燃料电池汽车提供加氢服务。其中，戴姆勒集团参与的"Hy FLEET：CUTE（2003－2009）"项目，36 辆梅赛德斯－奔驰 Citaro 燃料电池客车已由 20 个交通运营商进行运营使用，运营时间超过 14 万小时，行驶里程超过 220 万公里。[2]

我国在燃料电池方面也取得了较大进展。现已研制出新一代燃料电池客车系统技术平台，城市工况每百公里氢燃料消耗量 7.42 千克，续驶里程超过 250 公里。完成车用燃料电池系统方案到燃料电池关键材料、部件的技术发展，成为全球少数几个掌握车用百千瓦级燃料电池发动机研发、制造和测试技术的国家之一。同时，从新能源车补贴、充电设施奖励以及重大项目申报等方面，燃料电池汽车均是政策重点扶持对象。在技术进步和消费环境逐步成熟的情况下，燃料电池汽车发展也将步入加速期。

目前，我国燃料电池技术发展分布区域主要集中在沿海地区，如以上海神力科技有限公司（以下简称"上海神力"）为代表的长江三角洲产业园区、以广东为核心的华南地区产业示范基地；以中国科学院为依托，新源动力股份有限公司（以下简称"新源动力"）高新技术企业为代表的京津地区。此外，以湖北为中心的中部地区也有一定数量的燃料电池企业和科研院所。

4.2 全球专利分析

本节从燃料电池全球专利申请量的变化趋势、申请国家/地区分布和主要申请人等角度出发，对燃料电池的技术生命周期及其区域分布、主要市场竞争者进行分析。

截至本报告的检索截止日（2017 年 8 月 28 日），全球共申请燃料电池专利（涉及电极、催化剂、集电器、质子交换膜）39485 项。本报告以 1977 年为时间节点，选取近 40 年的相关专利共 37954 项，以此为数据源对燃料电池这一领域进行详细的专利分析。

4.2.1 申请趋势分析

以申请日为横坐标、申请量为纵坐标绘制了近 40 年燃料电池相关全球专利的年申

---

[1] 李建秋，方川，徐梁飞. 燃料电池汽车研究现状及发展 [J]. 汽车安全与节能学报，2014，5（1）：17－29.
[2] 夏丰杰，周琰. 德国氢能及燃料电池技术发展现状及趋势 [J]. 船电技术，2015，35（2）：49－52.

请量变化趋势,如图 4-2-1 所示。从图中可以看出,燃料电池这一技术的专利申请共经历了早期的萌芽期、成长期、蓬勃发展期、稳定发展期四个阶段。由于专利申请的公布需要一定时间,图中 2015~2017 年的专利申请量少于实际申请量,仅供参考。

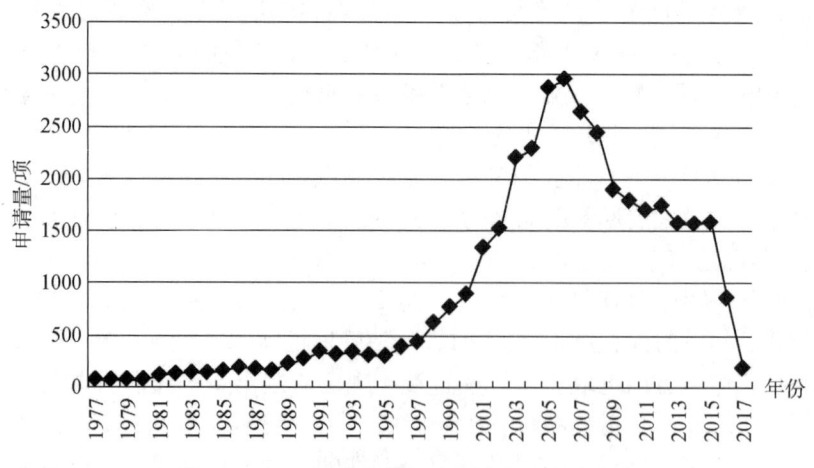

图 4-2-1 燃料电池领域全球专利申请趋势

(1) 萌芽期(1977~1988 年)

从图中可以看出,关于燃料电池的相关专利申请量从 1977 年开始至 1988 年均处于发展较为缓慢的萌芽期。在此阶段,燃料电池这一领域还处于技术的摸索阶段,平均每年的申请量徘徊在 100 项左右。这些专利大部分来自日本,且进入该领域的申请人数量也较少。其间,燃料电池技术主要被应用于航天、潜艇等领域,这些领域的发展促进了燃料电池技术的发展。

(2) 成长期(1989~1997 年)

1989~1997 年的近 10 年间,燃料电池技术的全球专利申请量较之前有了较高的增长,年均申请量为 310 项。这一阶段申请量的平稳增长依然主要来自于日本的申请,其技术水平也得到了初步的提升;而美国、韩国等其他国家的申请量较之萌芽期没有明显的变化。其间,进入燃料电池领域的申请人也随之增加,日本一些综合性的株式会社也开始加入这一竞争行列,如富士、三菱、藤仓等。

(3) 蓬勃发展期(1998~2008 年)

1998 年之后,燃料电池领域的申请量开始快速增长,特别是进入 21 世纪后,燃料电池技术进入了蓬勃发展期。2001 年,该领域的全球年专利申请量突破了 1000 项,2 年后即 2003 年,该领域的全球年专利申请量达到 2200 项,年复合增长率为 48%。表明燃料电池技术进入了技术成熟期,年申请量保持在相对稳定的水平,且在该阶段进入燃料电池领域的申请人也空前增加。其间,在交通运输领域,新能源汽车的发展促进了燃料电池技术的进步。此外,移动通信、新型发电站、便携电子设备等的发展,致使对燃料电池的需求大幅增加,也促进了燃料电池技术进一步的发展。

但值得注意的是,自 2007 年开始,燃料电池技术的全球专利申请量连续 3 年下降。

一方面，燃料电池作为一种新型的绿色能源，技术发展受限于时代科学技术的发达程度，在目前这一阶段，燃料电池技术的发展可能处在瓶颈阶段。另一方面，世界经济受到2008年金融危机的影响，整体经济大环境不景气，各国在燃料电池技术领域所投入的研发资金较之前大幅下降。

(4) 稳定发展期（2009年至今）

2009年开始，燃料电池技术的发展进入了稳定发展期，年专利申请量的增长开始趋于平缓。2009~2015年的7年间，该领域的全球年均专利申请量为1660项。可以看出，这一阶段燃料电池技术处于技术发展的稳定期，其市场需求稳定，各国参与研发的力度也基本保持不变。并且由于科技进步，市场对于燃料电池技术的性能要求也越来越高，一些不具备竞争力的申请人开始逐渐退出在该领域内的研发与生产。

图4-2-2示出了燃料电池主要申请国家/地区的年申请量变化趋势。中国的燃料电池年申请量变化趋势将在后文进行详细分析。从图中可以看出，日本起步较早，从1977年开始有较多的申请；自1980年以来，年申请量逐年递增；从1991年开始，年申请量突破了200项；且于2001~2006年迎来了该领域的快速增长期，其在2006年的年申请量突破了800项，显示出了明显的技术优势；从2007开始，其年申请量逐渐下降。这可能是由于全球对于燃料电池的研发与生产进入了一个技术瓶颈期。处于第二阵营的美国，经历了近20年的技术萌芽期，其年申请量于1997年才开始逐渐上升，并于2005年达到顶峰，年申请量为413项；之后申请趋势出现了一定程度的回落，但其申请量仍然维持在200项以上，保持相对平稳的发展趋势。同处于第三阵营的国家/地区为韩国、国际局、欧洲，其起步相对较晚，前期仅有少量的申请，2000年开始保持了较高的增长速度。其中，韩国2006年的年申请量达到了313项，几乎为同属第三阵营的国际局和欧洲的申请量总和，接近当年美国的申请量，之后各国家/地区进入了稳定的发展，其专利申请趋势较为平稳。

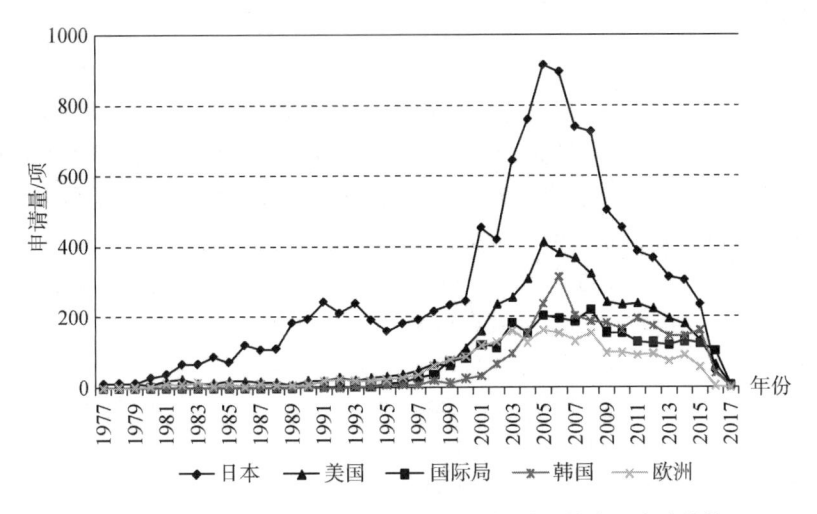

图4-2-2　燃料电池领域主要申请国家/地区的专利申请趋势

4.2.2 申请国家/地区分析

图4-2-3显示了燃料电池全球专利申请的目标国家/地区分布情况，表4-2-1列出了燃料电池全球主要申请国家/地区的专利申请流向。

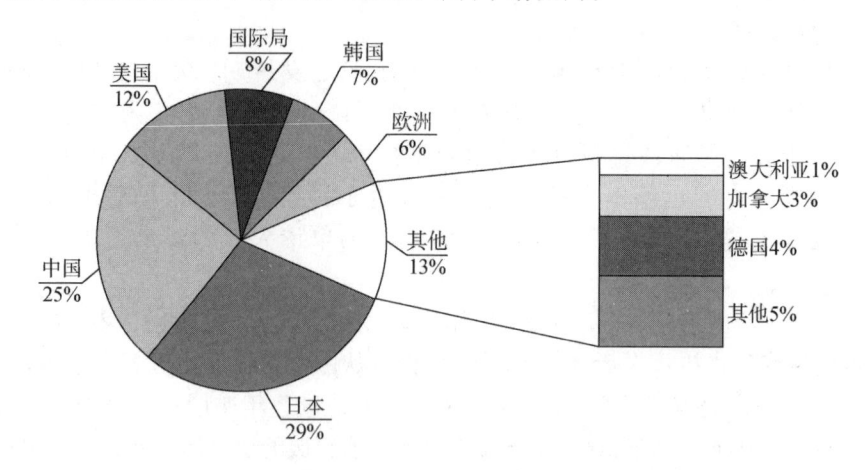

图4-2-3 燃料电池领域全球专利申请的目标国家/地区分布

表4-2-1 燃料电池领域全球主要申请国家专利申请流向表 单位：件

来源国	目标国			
	日本	中国	美国	韩国
日本	6439	2394	1676	565
中国	541	4839	50	5
美国	147	911	1427	119
韩国	340	543	572	1426

从图4-2-3中可以看出，日本作为目标国在燃料电池领域中的申请量最大，占据了全球总申请量29%的份额，为11437件。其中多为发明专利申请，价值度较高。结合各国家/地区的专利流向情况来看，在日本的申请中约50%是由日本本国申请人提出，其次为中国申请人在日本的申请，申请量占比4.7%。此外，韩国和美国申请人在日本也有一定的申请量。专利申请量在很大程度上可以反映该技术的发展情况和当地的市场情况，日本在燃料电池方面较高的专利申请量奠定了其在这一行业的领先地位。这可归因于日本燃料电池汽车的发展在很大程度上受到了当地政府相关政策与直接经济支持，其次也与日本电子技术、电力技术的发展及能源的短缺有很大关系。

燃料电池在中国的专利申请量位于第二位，为9406件，占比25%。中国作为21世纪初新兴的燃料电池专利布局目的国，与日本申请量情况类似，约50%的申请来自本国申请人。值得注意的是，日本申请人在中国关于燃料电池这一技术的申请量达到了2394件，约为其在本国的专利申请量的1/3，足以说明日本众多企业十分重视中国燃料电池的应用市场。一方面，这可能与我国逐年上升的对于纯电动、混合动力等新型动力来源的需求有关；另一方面，日本众多集团企业的专利布局意识均较强，善于运用知识产权措施对自身的高技术成果进行及时、有效的保护。此外，美国和韩国申请人在中国的专利申请量也占据了一定比例，分别占比9.6%和5.8%，且其均超过了在日本国家的申请量，说明韩国、美国这两国更为重视中国燃料电池的应用市场。

燃料电池在美国的申请量占全球总申请量的12%，为4720件，其中美国本土申请人的申请量为1427件，大约占本国总申请量的1/3。此外，日本申请人在美国的申请量达到了1676件，明显超过了美国本国申请人的申请量。可以发现，除中国市场外，美国市场是日本最为重视的海外市场，日本对于燃料电池这一技术正积极寻求其在全球范围内众多国家的专利保护。相反，中国申请人在美国的专利申请量则较少，仅有50件。这可能与中国燃料电池的技术实力还较为薄弱有关，还无法与日本、美国等许多技术实力雄厚的集团企业相抗衡。

韩国与国际局关于燃料电池技术的专利总申请量相近，分别为2618件和2724件，占全球总申请量的7%和8%。此外，欧洲、德国、加拿大等国家/地区在燃料电池这一领域也有一定的申请量。

如图4-2-4所示，就燃料电池技术的专利申请来源国家/地区而言，日本申请人的申请量最大，占全球总申请量的36%，为13336项，遥遥领先于其他国家/地区的申请人；其次为中国申请人，占比14%，为5465项，排名全球第二位；美国申请人的申请量则占比11%，稍低于中国申请人；而韩国申请人、德国申请人及巴哈马申请人的申请量则分别占领该领域专利申请总量的8%、5%、5%。从数据分析结果可以看出，日本、中国及美国三国申请人的专利申请量总和占据全球申请总量的59%，说明日本、美国及中国是该领域的主要技术力量。日本在燃料电池领域技术领先，与其拥有众多实力强大的企业密切相关。

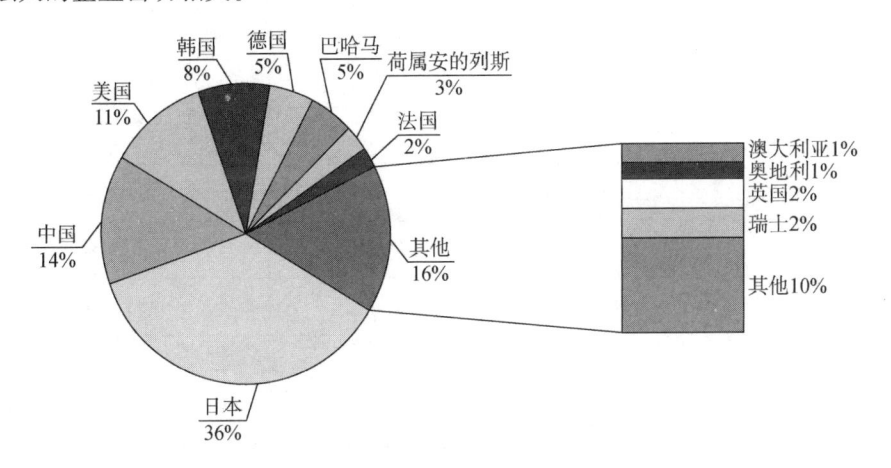

图4-2-4 燃料电池领域全球专利申请的来源国家/地区分布

4.2.3 申请人分析

表 4-2-2 示出了燃料电池领域全球专利申请量排名前 20 位的专利申请人。专利申请量排名前 20 位的申请人分别来自日本、韩国、中国、美国、德国以及加拿大六个国家。可见燃料电池这一技术在全球的认可度较高，其研发及市场分布区域较广。

表 4-2-2 燃料电池领域全球专利申请主要申请人排名

序号	申请人	申请量/项
1	丰田（日）	2313
2	三星（韩）	1616
3	松下（日）	1462
4	三菱（日）	871
5	日产（日）	841
6	本田（日）	814
7	日立（日）	627
8	中国科学院（中）	579
9	通用汽车（美）	553
10	旭硝子（日）	540
11	东芝（日）	477
12	富士（日）	434
13	LG（韩）	398
14	东丽（日）	369
15	现代（韩）	329
16	凸版（日）	328
17	巴拉德（加）	278
18	3M（美）	268
19	上海神力（中）	206
20	戴姆勒（德）	183

日本企业在燃料电池技术中具有较明显的集体优势，其在排名前 20 位的申请人中占据了 11 个席位，其中包括丰田、日产、本田等整车厂，也涵盖了松下、三菱、日立

等电子电器公司。排名第一位的丰田是全球领先的汽车生产制造集团，也是第一个达到年产量千万台以上的车厂。其于 1996 年成功研发出第一辆质子交换膜燃料电池（PEMFC）汽车，之后逐渐加大对燃料电池汽车的研发与生产。2011 年，丰田在东京车展上展出了 FCV–R 氢燃料电池的概念车，并于 2015 年正式推出了燃料电池新车 FCV，这一车型使用了 70 MPa 的氢燃料箱，属于纯电动驱动，续航里程达到了 700 km，使得燃料电池应用于汽车领域实现大规模商业化又向前迈进了一大步。为了进一步普及燃料电池技术、开拓应用市场，丰田在 2015 年 1 月 6 日的美国消费电子展上宣布开放多项汽车氢燃料电池的专利使用权。整体而言，丰田在燃料电池汽车方面分布有较多技术重点和专利申请热点，在整个燃料电池汽车领域里的布局也比较全面，对于各个重点分支均有技术研究重点。丰田当前正在大力开发氢燃料电池，将其作为未来新能源车的重点发展方向之一。

美国在燃料电池这一技术领域前 20 位的申请人排名中仅占据 2 个席位，分别是排名第九位的通用汽车和排名第 18 位的 3M。其中通用汽车是美国数一数二的汽车公司，历史悠久、技术实力雄厚，其开始燃料电池汽车的研究较早，1990 年即开始研发质子交换膜燃料电池在汽车方面的应用。美国通用汽车确立了要成为全球第一家年产百万辆燃料电池汽车公司的目标。其于 2005 年研发了 Chevrolet Sequel 燃料电池汽车，一次加氢后行驶里程可达到 480 km，其中燃料电池组能在 -20℃ 的低温环境下启动，15s 内即可达到满功率运行。2007 年 11 月，公司建立了全球最大、超过 100 辆的雪佛兰 Chevrolet Equinox 型的消费型燃料电池汽车示范车队，在美国加利福尼亚州、纽约市区和华盛顿特区运行，以取得不同的环境和驾驶条件下的实际运行经验。此次车队运行向全世界的参观者展示了最清洁的未来汽车。

韩国申请人则在燃料电池领域全球专利申请前 20 位的排名中占据了 3 席，分别为三星、LG 及现代。三星在燃料电池方面的业务主要由子公司三星 SDI 负责，其作为一家综合性的消费型电子产品集团，对于燃料电池的研究主要是将燃料电池应用于手机、电脑、家用电器等电子产品中。2005 年，三星 SDI 启动了丁烷燃料电池项目，该电池使用丁烷气体罐作为能量源，应用于彩电或者笔记本电脑。2006 年，三星 SDI 研发出了世界上第一个可供便携式媒体播放器（PMP）和手机使用的燃料电池。而现代则是韩国唯一一家上榜的汽车整车制造厂，致力于在 2020~2025 年时能够将燃料电池轿车的价格降低至电池驱动的水平。现代于 2010 年推出了第三代燃料电池电动汽车，即"Tucson ix" FCEV，并且于 2013 年在全球率先实现了量产氢燃料电池车，成就了现代在该领域内的专业性。2017 年 8 月 17 日，即在 2018 年初正式发布之前，现代向世人提前揭开了其最新一代燃料电池车的面纱。这一新款燃料电池车型进一步巩固了现代在燃料电池动力总成零配件领域的领导地位。

此外，中国申请人在燃料电池领域全球专利申请前 20 位的排名中共占据 2 席，分别为中国科学院和上海神力；德国和加拿大则分别有一家公司入围，但排名均靠后。总体而言，日本、韩国与美国在燃料电池技术的投入较大，其相应的专利申请量也高于其他国家/地区（除中国以外）。这说明这三国对于燃料电池领域相关技术的专利申请与布局十分的注重，且是燃料电池汽车发展的主要市场。

4.3 中国专利分析

4.3.1 申请趋势分析

图4-3-1示出了燃料电池领域的中国专利申请趋势。从该图中可以看出，燃料电池领域中国专利申请主要经历了萌芽期、蓬勃发展期和稳定发展期三个阶段。其中，前两个阶段与全球专利申请趋势基本保持一致，整体呈现增长趋势，而2012年燃料电池领域全球专利申请趋于平稳时，中国专利申请却出现了小幅度的回暖。由于专利申请的公布需要一定时间，图中2015~2017年的专利申请量少于实际申请量，仅供参考。

（1）萌芽期（1985~1995年）

中国《专利法》于1985年正式颁布，在此之后的专利申请才有所记录。1985年，中国在燃料电池领域开始了专利申请，但直到1995年的这10年间，燃料电池产业在我国还未形成规模，只有零星的企业进行了专利申请。且在此期间，国外申请人的专利申请占据总申请量的绝大部分，本国申请人的申请量仅占10%，因而处于燃料电池技术的萌芽期。

（2）蓬勃发展期（1996~2009年）

中国燃料电池在经历前期较长的萌芽期之后，专利申请量于1996年开始逐渐增长。在此期间我国的燃料电池产业如火如荼地发展起来，2000年之后，申请量有了飞跃式的上升。这与国内对燃料电池这一新型储能器件的较高期待和市场需求有密切的关系。国内高校、企业及科研院所等对燃料电池技术的研究不断加大，知识产权意识也不断提高，使得申请量大幅增长。同时，国外的企业为了占领中国市场，逐步加大了对专利申请的投入，从而形成了中国专利申请的快速增长期。2006年，专利申请量达到了发展的顶峰，为792件。

但从图4-3-1中可以看出，2007~2009年，该领域的专利申请量出现了明显的回落。这一下降趋势与全球燃料电池的专利申请趋势相吻合，主要是因为燃料电池的发展进入了一个技术攻坚时期。如何克服燃料电池的系统关键技术和汽车开发中的关键技术，包括燃料电池氢气制取、车载存储、氢气供给、驱动电机技术、电子控制技术等，成为了众多研究者将燃料电池推向产业化必须面临的难题。此外，2008年爆发的全球性金融危机，也对专利申请量造成了一定影响。

（3）稳定发展期（2010年至今）

从2010年开始，国内燃料电池的年专利申请量开始趋于平稳，徘徊在600件左右，处于技术的稳定发展期。2015年，燃料电池的专利申请量出现了明显的回暖，为750件，接近2006年的顶峰时期。如果扣除2016年和2017年专利申请未公开的因素，国内申请量仍然保持增长趋势，表明这一时期国内对于燃料电池的研发依然保持较高的热情和投入力度。

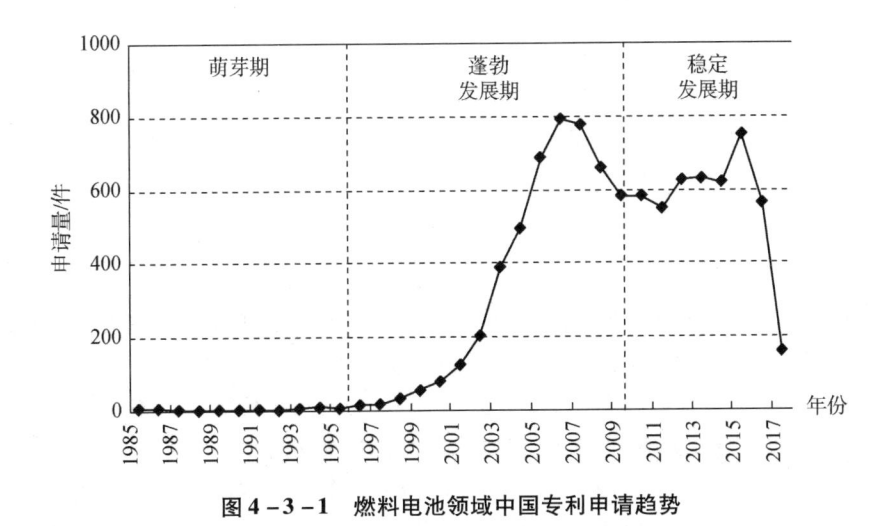

图 4-3-1 燃料电池领域中国专利申请趋势

4.3.2 主要申请人分析

表 4-3-1 示出了燃料电池领域中国专利申请量排名前 20 位的专利申请人，其中包括国内和国外申请人。丰田位居首位，中国科学院紧随其后，位居第二，三星位居第三。中国申请人包括中国科学院、上海神力、新源动力、哈尔滨工业大学、华南理工大学、上海交通大学、清华大学、武汉理工大学以及胜光科技这 9 位申请人。在国外的主要申请人中，日本的申请人有：丰田、松下、日产、东芝、本田、索尼以及三洋，7 个申请人的总量（1493 件）占据前 20 位申请人的专利申请总量（4002 件）的 37.3%，足以证明日本对专利战略的重视程度。另外，韩国的三星、LG、现代分别位于第三位、第 15 位、第 16 位。同时，美国通用汽车也非常重视中国的市场，在中国的专利申请排名第四位。

表 4-3-1 燃料电池领域中国专利申请主要申请人排名

序号	申请人	申请量/件
1	丰田（日）	623
2	中国科学院（中）	574
3	三星（韩）	330
4	通用汽车（美）	315
5	松下（日）	312
6	上海神力（中）	206
7	新源动力（中）	177
8	日产（日）	160
9	哈尔滨工业大学（中）	151
10	华南理工大学（中）	128
11	东芝（日）	120
12	上海交通大学（中）	119
13	清华大学（中）	117
14	本田（日）	112
15	LG（韩）	110

续表

序号	申请人	申请量/件
16	现代（韩）	103
17	武汉理工大学（中）	102
18	索尼（日）	89
19	胜光科技（中）	79
20	三洋（日）	77

在排名前20位的中国申请人中，科研院所占据了6位，企业仅占据了3位。由此可见我国在该领域的创新力量很大一部分来自科研院所，中国企业创新主体地位有待提高。其中，排名第二位的中国科学院，自20世纪60年代进入燃料电池技术领域开展研发工作，承担了多项目燃料电池相关国家重大课题，有了很好的技术积累和人才储备，是国内一流的燃料电池研发单位。在长期的研发过程中，中国科学院形成了较完整的燃料电池知识产权体系。排名第六位的上海神力成立于1998年6月，以氢燃料电池技术及燃料电池车用发动机产业化作为自己的发展目标。在科技部、上海市政府重点培育与支持下，上海神力通过承担与完成国家"九五"重点攻关计划、"十五"863及"十一五"863重大攻关计划燃料电池发动机课题，拥有完全自主知识产权的燃料电池技术并达到国际先进水平。排名第七位的新源动力成立于2001年4月，由中国科学院大连化学物理研究所、兰州长城电工股份有限公司等单位发起设立，是中国第一家致力于燃料电池产业化的股份制企业。至2007年5月，先后有宜兴四通家电配套厂、武汉理工大学产业集团有限公司、上海汽车工业（集团）总公司等大型企业及科研院校入股新源动力，公司注册资本达到1.17亿元。并于2006年成立"燃料电池及氢源技术国家工程研究中心"，获得国家发展和改革委员会正式授牌。目前，新源动力已发展成为中国燃料电池领域规模最大，集科研开发、工程转化、产品生产、人才培养于一体的专业化燃料电池公司。排名第19位的胜光科技申请主要集中在2003~2008年，致力于应用于电子产品上的小型燃料电池研发，但近几年都没有燃料电池相关专利申请。

4.3.3 申请人国别分析

图4-3-2示出了燃料电池领域中国申请的国外申请人国家/地区分布。中国共申请燃料电池专利9406件，其中国外申请人的申请约占总申请量的50%，共计20个国家/地区。从图中可以看出，日本的专利申请量位居第一，占国外申请人总专利申请量的52%，在中国市场中处于绝对的优势地位。如丰田、松下、日产、东芝、本田以及三洋等日本知名企业均在中国进行了燃料电池技术的专利布局。美国申请人的申请量紧随其后，位于第二，占比20%，主要来自通用汽车、3M、UTC电力公司等。韩国申请人的申请量则位于第三，占比12%，主要由三星、LG和现代提出。第四位和第五位分别为德国和英国。据统计，上述5个国家的申请总量超过全部国外申请人申请量的92%。并且，值得注意的是，中国本国申请人的申请量虽然超过一半，但其中包括了约1/5的实用新型专利申请；而外国的申请中几乎很少有实用新型专利申请，其专利申请基本都是技术含量较高的发明专利申请。对比可以看出，中国燃料电池的总申请

量在全球范围内虽然名列前茅，但技术实力却还处于弱势地位。日本和美国作为世界燃料电池技术的先导和引领者，掌握着多项核心技术，加上其专利保护意识甚强，使得它们的专利申请相继进入了全球诸多国家，其进行了更为全面的燃料电池专利布局，从而使得本国企业的综合竞争实力显著提升。我国在燃料电池技术水平和对专利的重视程度等方面与日本和美国的差距还比较大，导致在该领域的中国专利申请量尤其是发明专利申请量上落后于日本。此外，法国和加拿大的申请量也不容小觑，对其相关研发举动应予以密切关注。

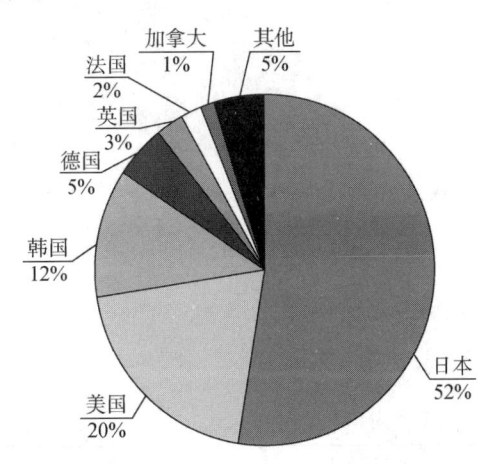

图 4-3-2 燃料电池领域中国专利申请的国外申请人国家/地区分布

4.3.4 申请人类型构成

图 4-3-3 对燃料电池技术领域专利申请人类型进行了分析。从图中可以看出，在燃料电池领域中企业作为申请人的比重较大，占总申请量的 62.12%，具有重要地位。这是因为燃料电池在世界范围内的市场前景非常广泛，各企业对此项技术较为关注。申请人类型排名第二位的是各个高校，占比为 26.08%，这些高校可作为燃料电池技术发展的储备力量。再者是科研院所，申请量占比 8.37%。这一部分专利申请的技术含量均较高，很多技术还未完全实现商业化，未来还具有较大的发展前景。而个人和机关团体的申请量分别占燃料电池技术总申请量的 2.62% 和 0.73%。

4.3.5 专利申请法律状态分析

图 4-3-4 示出了燃料电池领域中国专利申请的法律状态。由图可知，中国专利申请有 44% 的处于失效状态，39% 的为有效状态，17% 处于审查中；其中 20% 的专利失效是因为权利终止造成的，17% 的专利失效是因为撤回或视为撤回造成的，5% 的专利失效时因为被驳回，2% 的专利失效时因为专利权人的放弃。

从上述统计可得知，燃料电池中审中状态的专利申请占比较低，且失效的专利申请占比多于有效的专利申请，失效的原因多为权利终止，其次是撤回或视为撤回。审中状态的专利申请占比较低的可能的原因在于，中国的燃料电池领域近年来申请量的

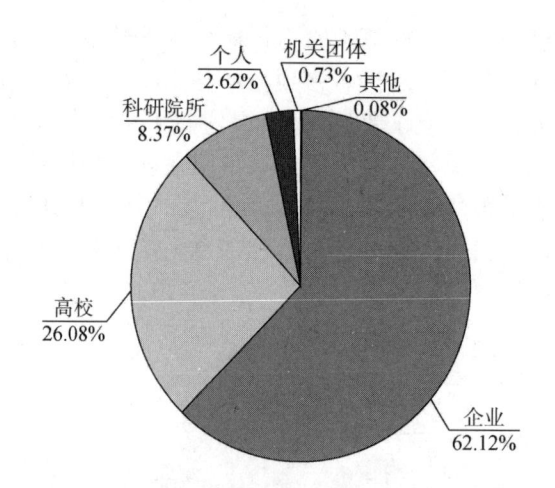

图4-3-3 燃料电池领域中国专利申请人类型构成

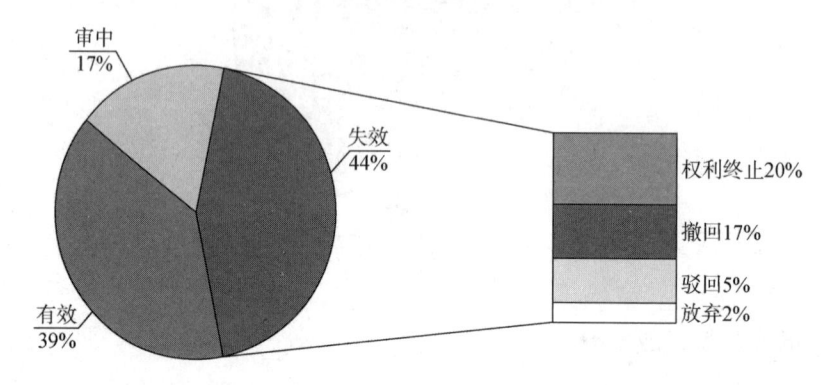

图4-3-4 燃料电池领域中国专利申请法律状态

增长率不高。权利终止造成的专利申请失效较多的可能原因在于：燃料电池领域专利申请开始的时间较早，权利时限陆续届满；燃料电池的专利技术更迭，专利权人在研发新一代技术时陆续放弃了所拥有的前期专利技术。

4.4 电极专利分析

燃料电池的电极是燃料发生氧化反应与氧化剂发生还原反应的电化学反应场所。其作为燃料电池的核心部件，性能优劣决定着整个燃料电池的性质和实际应用。因此，电极材料的选择、设计及制备等对优化提升燃料电池的性能并将其推向市场有至关重要的作用。

本节选取1977年为时间节点，以近40年的全球燃料电池电极相关专利申请为数据源，从全球专利申请趋势、申请区域分布、主要申请人排名以及中国专利申请趋势、申请区域分布等角度出发，对燃料电池的电极技术领域进行详细的专利分析。截至本报告的检索截止日2017年8月28日，全球共申请燃料电池电极相关专利10476项。

4.4.1 电极技术简介

燃料电池电极是燃料发生氧化反应与氧化剂发生还原反应的电化学反应场所。其性能的好坏关键在于触媒的性能、电极的材料与电极的制程等。电极主要可分为两部分，其一为阳极（Anode），另一为阴极（Cathode），厚度一般为200~500mm。其结构与一般电池之平板电极不同之处在于燃料电池的电极为多孔结构。而设计成多孔结构的主要原因是燃料电池所使用的燃料及氧化剂大多为气体（例如氧气、氢气等），而气体在电解质中的溶解度并不高，为了提高燃料电池的实际工作电流密度并且降低极化作用，故发展出多孔结构的电极，以增加参与反应的电极表面积，而这也是燃料电池当初能从理论研究阶段步入实用化阶段的重要关键原因之一。

目前，高温燃料电池之电极主要是以触媒材料制成，例如固态氧化物燃料电池（SOFC）的 Y_2O_3 - stabilized - ZrO_2（YSZ）及熔融碳酸盐燃料电池（MCFC）的氧化镍电极等；而低温燃料电池则主要是由气体扩散层支撑一薄层触媒材料而构成，例如磷酸燃料电池（PAFC）与质子交换膜燃料电池（PEMFC）的铂电极等。[1]

电极材料作为燃料及氧化剂的催化反应界面，其比表面积、导电性及化学稳定性等直接影响燃料在阳极材料上的氧化反应及传递电子能力、电极阻抗及阴极氧还原反应（Oxygen Reduction Reaction，ORR）的速率。而且，作为燃料电池的重要组成部件，电极材料的选择也决定了整个电池的成本。因此，电极材料的设计、制备和选择对优化提升燃料电池的性能至关重要。

根据燃料电池的能量转换机制，阳极材料应具备低电阻、抗腐性、高化学稳定性、大比表面积以及适当的机械强度和韧性等特点。目前，传统的阳极材料如碳纸、碳布、石墨棒、石墨纤维刷及活性碳等碳材料阳极已经被广泛应用。这类碳材料价格低廉、导电性优异且耐蚀性能佳，其中，石墨导电性较好，无定形碳的活性碳有较大的比表面积，两者均可以作为燃料电池阳极的电池材料。传统的碳材料还可通过进一步修饰改善其自身的缺陷，如用高温氨气处理、酸化处理、掺入少量金属离子或金属化合物充当电子传递中间体等方法，以改善碳材料表面的物理化学性质从而提高其电化学性能。碳纳米管（Carbon Nanotubes，CNTs）有特定孔隙结构、高机械强度、大比表面积、好的热稳定性和化学惰性以及高导电性。CNTs 可增大电极表面积，其一维纳米尺度可促进电子传递，增强电极传输电子的能力，作为燃料电池催化剂载体有较好的应用前景。功能独特的二维纳米石墨烯材料，因其比表面积大、导电性优异、机械强度好及电催化活性高，在锂离子电池、太阳能电池及电化学超级电容器等领域也已广泛应用。[2]

---

[1] 刘锋，王诚，张剑波，等. 质子交换膜燃料电池有序化膜电极［J］. 化学进展，2014，26（11）：1763 - 1771.

[2] 次素琴，吴娜，温珍海，等. 微生物燃料电池电极材料研究进展［J］. 电化学，2012，18（3）：240 - 250.

4.4.2 全球专利申请趋势

图 4-4-1 显示了燃料电池电极领域的全球专利申请量发展趋势。从图中可以看出，1977 年，电极技术年专利申请量在 30 项左右，之后开始保持稳步的增长趋势，年申请量于 1983 年达到 100 项，但此后的 10 余年其申请量没有明显的变化趋势。可以发现，在 1977~1995 年全球对于燃料电池电极的研究还处于萌芽阶段，大部分国家对于这一技术还只是进行了初步的探索和积累。1995 年之后，年申请量开始明显上升，燃料电池电极的发展进入了高速增长期，其中在 2005 年达到了年申请量的最高点，为 786 项。这一阶段，全球对于燃料电池电极的研究热情高涨，人们急于寻找一种新的可再生能源来解决当前的能源危机和环境问题，使得高效无污染的燃料电池技术得到了迅猛发展，申请量急剧上升。但在之后的几年中，申请量明显回落，这可能因为全球对于燃料电池技术的研究在成本控制和相关配套设施等方面已经进入了技术研发的瓶颈期。2009 年，电极技术年专利申请量下降到 440 项，之后逐渐趋于稳定，徘徊在 420 项左右。这一期间，一些申请人对于燃料电池电极技术的研究逐渐成熟并开始进入运行示范和市场推广阶段。2016~2017 年由于部分申请未公开，不完全统计的申请量较低。

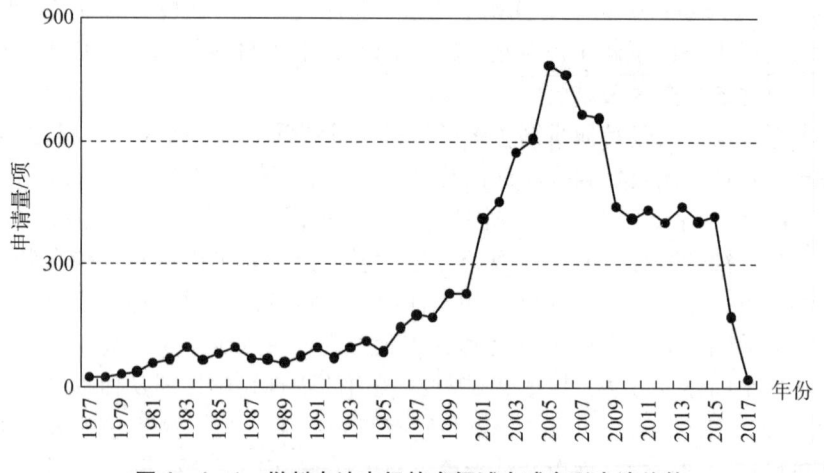

图 4-4-1 燃料电池电极技术领域全球专利申请趋势

4.4.3 全球专利申请区域分布

图 4-4-2 显示了燃料电池中电极技术领域的全球专利申请区域分布。如图所示，就燃料电池电极技术专利申请目标国而言，日本的申请量最大，为 3632 项，占据全球总申请量 35% 的份额。日本作为一个汽车工业生产大国，对能源方面的需求较大，因此众多汽车企业开始加大对于新能源领域（如燃料电池）的研发投入，其专利申请量远超于全球其他国家/地区，奠定了日本在燃料电池电极技术领域的领导地位。燃料电池电极技术申请量排名第二位的是美国，共 1405 项，占全球申请量的 13%。中国的申请量则与之非常接近，为 1397 项，占全球申请量的 13%。韩国、国际局、欧洲处于同

一阵营，申请量分别占比9%、7%、7%。此外，德国、加拿大也有一定的申请量。从整体上看，各国家/地区申请人相对比较关注日本和美国的专利布局。美国、日本、欧洲等主要国家/地区已将燃料电池汽车纳入战略发展体系进行规划并制定各种政策以抢占先机。如日本计划到2020年普及约4万辆燃料电池汽车，建设160座加氢站；德国计划在2023年左右普及10万辆，建设400座加氢站。而中国作为燃料电池市场的后加入者，也逐渐受到各国家/地区的重视，其近几年的申请量一直保持在较高的水平。

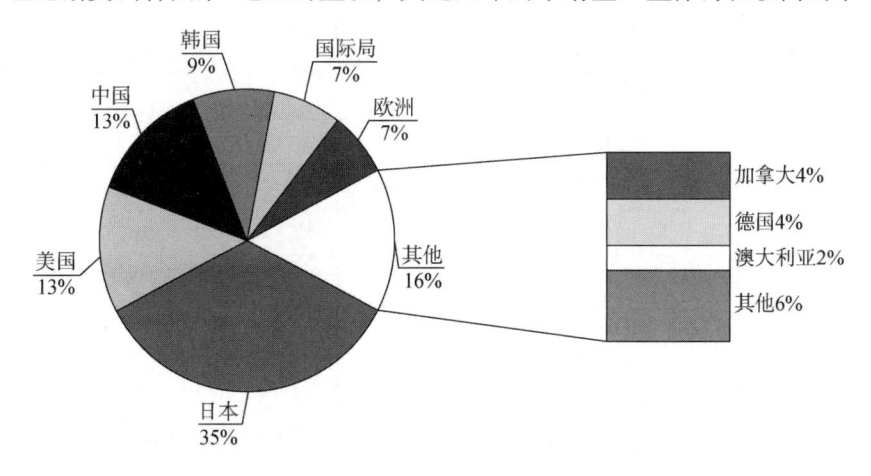

图4-4-2 燃料电池电极技术领域全球专利申请的国家/地区分布

4.4.4 全球主要申请人排名

表4-4-1示出了燃料电池电极技术领域的全球专利申请量排名前20位的专利申请人。从表中可以看出，电极专利申请量占据首位的为韩国三星，其拥有燃料电池电极相关专利的时间较早，但直到2005年才开始真正进军燃料电池应用市场。三星SDI曾是韩国燃料电池领域拥有相关专利最多、经营效益最好的企业，然而遗憾的是，因为对燃料电池未来应用前景的悲观看法，三星SDI于2016年宣布全面退出燃料电池这一领域，并将业务出售给韩国化学纤维制造商科隆（Kolon Industries）。科隆是一家韩国制造公司，主要生产化学品、其他材料和时尚产品，其对于收购的三星燃料电池专利非常看好，并计划以此为突破口开始进军新能源市场。此外，韩国的LG和现代也榜上有名，分别位于第12位和第15位。

表4-4-1 燃料电池电极技术领域主要申请人排名

序号	申请人	申请量/项
1	三星（韩）	554
2	丰田（日）	498
3	松下（日）	361
4	本田（日）	302
5	三菱（日）	300

续表

序号	申请人	申请量/项
6	旭硝子（日）	229
7	日产（日）	199
8	日立（日）	198
9	东芝（日）	160
10	东丽（日）	145
11	中国科学院（中）	141
12	LG（韩）	129
13	凸版（日）	122
14	索尼（日）	102
15	现代（韩）	96
16	富士（日）	93
17	吴羽化学（日）	82
18	巴拉德（加）	82
19	于利希研究中心（德）	81
20	庄信万丰（英）	80

日本作为燃料电池行业的领导者，在电极技术领域排名前20位的专利申请人中占据了13个席位，且申请人类型均为企业，分别为汽车公司丰田、本田、三菱、日产、日立，电子电器公司松下、东芝、索尼、富士，材料公司旭硝子、东丽、吴羽化学以及印刷公司凸版。其中，丰田是全球领先的燃料电池技术研发公司，电极专利申请量排名全球第二位。除此之外，其在包括燃料电池储氢罐、电池控制系统，以及氢燃料电池车等诸多方面也拥有较多的关键技术专利，在全球具有较明显的技术优势。电极专利申请量排名第三位的是日本松下，作为一家主营电子电器和家用设备的综合性公司，其主要研发生产各种移动设备用燃料电池、多功能移动式燃料电池和高效家用燃料电池。松下表示其今后在燃料电池技术方面的发展方向将会是在降低电池尺寸的同时进一步控制成本。从日本申请人自身的情况来看，与汽车相关的申请人占据日本总申请量的半壁江山，说明汽车行业是日本燃料电池的重要应用领域之一。这也可在一定程度上代表了燃料电池在全球范围内未来的主要应用领域。

在电极专利申请量排名前20位的申请人中，中国仅占据1席，为中国科学院，排名全球第11位。中国科学院在电极技术领域的研发由来已久，最初主要研究固体氧化物的多孔陶瓷材料阳极膜，之后逐渐转向膜电极材料孔隙的有序化。中国在燃料电池电极领域的理论基础雄厚，但大规模实现商业化还需要解决一系列的问题，如燃料电池汽车加氢站等配套设施和电池控制系统等。此外，加拿大的巴拉德动力系统公司（以下简称"巴拉德"）、德国的于利希研究中心以及英国的庄信万丰在燃料电池电极技术领域中申请量排名前20位的申请人中也榜上有名，分别位于第18位、第19位和第 20 位。巴拉德成立于 1979 年，从 1983 年开始研发燃料电池，完成了从长期、高成本的汽车燃料电池研发转向清洁能源燃料电池产品的市场化。目前其主要业务是质子交换膜燃料电池产品（包括燃料电池堆、模块和系统）的设计、开发、制造和服务，专注于商用市场和开发阶段市场（公车、分布式发电和连续电源等）。其中，值得注意的是，电极技术领域排名前 20 位的申请人中，美国没有一家企业或科研院所上榜。这主要是因为美国在这一领域的申请人数量较多，专利申请并未大量集中在某一申请人手中，且其对燃料电池各技术分支的研发也相对分散。

4.4.5 中国专利申请趋势

图 4-4-3 示出了燃料电池电极技术领域在中国的专利申请趋势。中国《专利法》于 1985 年颁布，因此燃料电池电极技术相关专利的记录最早出现于 1985 年。从图中可以看出，1985~2000 年，燃料电池电极技术处于发展较为缓慢的萌芽期，年均申请量仅有零星的几件，这一起步要稍晚于全球燃料电池电极专利申请的发展。

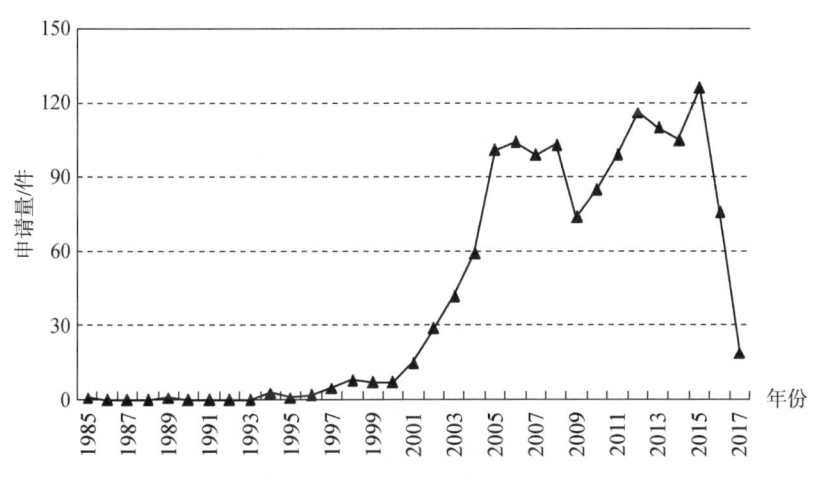

图 4-4-3 燃料电池电极技术领域中国专利申请趋势

从 2001 年开始，该项技术的申请量进入较为快速的发展期，并于 2005 年突破 100 件。这表明中国申请人开始重视该项技术的研发以及专利权的保护，同时国外申请人也开始注意在中国进行该项技术的专利布局。此后的几年，燃料电池电极技术的年申请量趋于平稳，一直徘徊在 100 件左右，但 2009 年出现了明显的下降。这可能因为全球在燃料电池领域的成本控制和加氢站等配套设施研发的技术瓶颈。令人鼓舞的是，现在国内越来越多的企业开始关注燃料电池，一些科技公司如上海神力等加大投入集中发展氢燃料电池产业，燃料电池整体产业动态较为活跃，从而使得电极技术的年申请量持续攀升，于 2015 年达到了 126 件。同时，新出台的《"十三五"国家战略性新兴产业发展规划》对氢燃料电池汽车再次寄予厚望，对部分燃料电池车型的补贴额度进一步增大，并且提出，到 2020 年要实现燃料电池车批量生产和规模化示范应用。这使得中国企业加快能源模式转型发展、提升能源产业竞争力显得尤为迫切和重要。因此，在这样一个利好的大背景下，中国燃料电池电极技术的发展有望再创新高。

2016~2017年因部分专利申请未公开，其申请量统计的结果要少于实际申请量。

4.4.6 中国专利申请区域分布

表4-4-2示出了燃料电池电极技术领域的中国专利申请区域分布。目前，申请量位于前十位的省份分别是：江苏、辽宁、上海、北京、黑龙江、广东、天津、湖北、浙江和安徽。中国的专利申请整体上以发明专利为主，占比约为93%。从表中可以看出，电极技术领域专利申请量排名第一位的是江苏。这可归功于江苏优越的地理位置，其依托江苏大学、东南大学、南京大学、南通大学等一大批高校科研院所的雄厚技术实力，大力发展了昆山桑莱特新能源科技有限公司、南通百应能源有限公司、南京博能燃料电池有限责任公司等燃料电池领域的代表企业，从而使得江苏燃料电池电极技术的发展领先全国。辽宁、广东和上海的申请情况与江苏类似，专利申请量较多的不仅有中国科学院大连化学物理研究所（77件）、上海交通大学（27件）、华南理工大学（25件）等大学研究机构，也有上海神力科技、大连新源动力股份有限公司、比亚迪等企业申请人。

表4-4-2 燃料电池电极技术领域中国专利申请省份分布

序号	申请人省份	申请量/件
1	江苏	130
2	辽宁	121
3	上海	120
4	北京	105
5	广东	105
6	黑龙江	97
7	天津	45
8	湖北	34
9	浙江	33
10	安徽	23

北京的申请量排名第四位，其申请量主要来源于大学和科研院所的研发力量，如，清华大学、北京科技大学、中国科学院化学研究所、中国科学院过程工程研究所、北京工业大学等。天津和浙江的电极技术专利申请情况与北京相似，其高校及科研院所的申请量占比80%以上，燃料电池理论基础发展较好，但高校及科研院所的市场化能力不强，未来实现燃料电池的商业化运行还需要进一步提高其市场化能力。黑龙江的申请比较集中，第一主要申请人是哈尔滨工业大学，申请总量为61件，占该地区申请总量的63%。相反，湖北的申请人较多，且主要以高校结合企业的类型为主，每一申请人的申请量不大，研发力量相对分散。安徽燃料电池电极技术申请总量不高，仅有23件，申请人类型也主要是以高校结合企业为主。

4.4.7 中国重点申请人分析

表4-4-3示出了燃料电池电极技术领域中国专利申请人前20位的排名。从表中可以看出，排在第一位的是技术实力雄厚的中国科学院，其以141件的专利申请量遥遥领先国内其他申请人；排在第二位的韩国手机生产公司三星，其专利申请量为65件；而中国的哈尔滨工业大学则以61件的专利申请量紧随其后，位于中国专利申请量排行榜第三位。从前三位的排名来看，仅有一家国外的企业，而另外两位则为研究院或高校。说明燃料电池在国内的产业化并不普遍，更多的还停留在实验研究阶段。

表4-4-3 燃料电池电极技术领域中国专利申请人排名

序号	申请人	申请量/件
1	中国科学院	141
2	三星	65
3	哈尔滨工业大学	61
4	上海神力	35
5	松下	33
6	丰田	33
7	通用汽车	32
8	上海交通大学	27
9	清华大学	27
10	华南理工大学	25
11	新源动力	25
12	北京科技大学	23
13	天津大学	19
14	旭硝子	17
15	黑龙江大学	17
16	比亚迪	16
17	南通大学	15
18	武汉理工大学	15
19	哈尔滨工程大学	14
20	重庆大学	14

值得注意的是，上海神力以35件的专利申请量排名第四位。其作为科技部重点培育、上海市各级政府重点支持的民营新能源高科技企业，是一家以氢质子交换膜燃料电池技术、全钒液流储能电池技术研发和产业化为发展目标的新能源企业，同时也是目前中国燃料电池技术研发和产业化的领先者。接下来，日本的松下和丰田则以33件的专利申请量并列第五位。这两家企业作为全球知名的电器生产公司和汽车制造公司，

在中国燃料电池电极领域也进行了一定的专利布局,说明日本大企业等对于中国市场还比较重视。美国的通用汽车则以1件只差位列排行榜第七位。通用汽车在全球范围内生产和销售了一系列大型品牌汽车,此次涉足燃料电池电极技术领域,也是为了进一步开阔其在燃料电池电力汽车的应用市场。之后,上海交通大学和清华大学的专利申请量为27件,并列第八位;而华南理工大学和新源动力则均以25件的专利申请量并列第十位。新源动力依托中国科学院大连化学物理研究所,承建了中国"燃料电池及氢源技术国家工程研究中心"。目前,新源动力已发展成为中国燃料电池领域集科研开发、工程转化、产品生产、人才培养于一体的规模最大的专业化燃料电池公司。在接下的9位申请人中,公司、企业仅占两席,分别为日本的旭硝子(17件)和中国的比亚迪(16件),排名第13位和第15位。比亚迪作为中国唯一一家上榜的汽车制造公司,未来在燃料电池电极技术领域的表现值得关注。其余申请人均为高校,共7位,分别为北京科技大学(23件)、天津大学(19件)、黑龙江大学(17件)、南通大学及武汉理工大学(均为15件)、哈尔滨工程大学及重庆大学(均为14件)。

为更好地了解国内申请人在燃料电池电极技术领域的申请情况,课题组选取了上海交通大学、比亚迪为代表,从专利申请的角度进一步分析其各自申请的总体情况、研发方向以及具有代表性的专利技术,找出共性和差异。

(1)上海交通大学

上海交通大学是我国历史最悠久、享誉海内外的高等学府之一,是教育部直属并与上海市共建的全国重点大学。经过121年的不懈努力,上海交通大学已经成为一所"综合性、研究型、国际化"的国内一流、国际知名大学。最初于1896年在上海创办了交通大学的前身——南洋公学。学校坚持"求实学,务实业"的宗旨,以培养"第一等人才"为教育目标,精勤进取,笃行不倦,在20世纪二三十年代已成为国内著名的高等学府,被誉为"东方MIT"。

上海交通大学燃料电池研究所成立于1998年,是国内首个在高校成立的专业燃料电池研究机构,曹广益教授担任首任所长。2001年,在上海交通大学、上海市科学技术委员会、上海电气集团公司的支持下,燃料电池研究所在国内率先完成了1000瓦熔融碳酸盐燃料电池(MCFC)发电系统试验。之后,陆续开展了质子交换膜燃料电池(PEMFC)、固体氧化物燃料电池(SOFC)、再生燃料电池(RFC)、储能电池相关电催化机理、关键材料、电池部件和系统等方面的基础和应用研究。为适应国家能源发展战略与需求,加强学校能源学科平台建设,2008年燃料电池研究所从上海交通大学电子信息与电气工程学院整体划归到机械与动力工程学院。以此为契机,研究领域也由单一燃料电池,扩展到燃料电池、储能电池、二次电池、二氧化碳资源化利用等先进能量转化技术开发和机理研究。燃料电池研究所的研究项目主要来自科技部("863"计划、科技部国际合作计划)、国家自然科学基金委员会、上海市科学技术委员会(浦江人才计划、国际合作项目)、欧盟框架计划、集团企业等。燃料电池研究所十分重视学术交流和合作,国际交流广泛、活跃,与德国、日本、美国、加拿大等的一些大学和研究机构保持合作密切关系。

图4-4-4示出了上海交通大学在燃料电池电极技术领域的中国专利申请法律状

态分布。上海交通大学作为一所学术型的高等院校,一直较为重视在诸多领域的知识产权保护。上海交通大学共申请电极相关专利27件,从图中可以看出,其专利有效性占比22%,在实质审查阶段的专利申请则占比19%。值得注意的是,上海交通大学专利失效率占据59%的比例,且其主要由权利终止所导致,占比30%,由撤回所导致的专利失效占比22%,驳回则占比7%。由此可见,上海交通大学虽较为重视自身知识产权保护,但在专利稳定性方面还有待进一步加强。

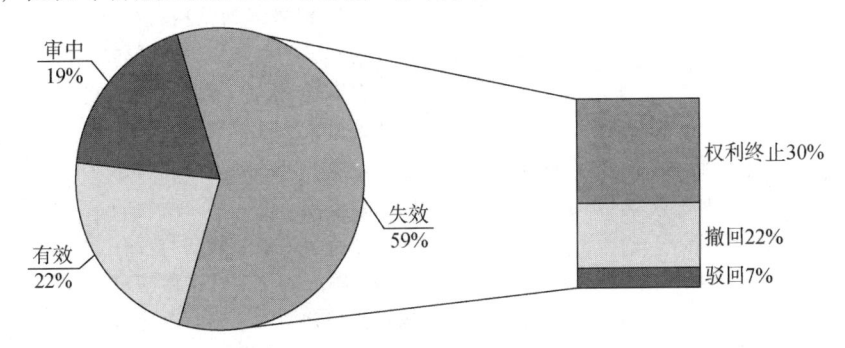

图4-4-4 燃料电池电极领域上海交通大学中国专利申请法律状态

表4-4-4示出了上海交通大学燃料电池电极领域的部分专利申请。可以看出,上海交通大学对于燃料电池电极的研究主要集中在膜电极材料的制备及改进方面,其制备方法各异,包括静电纺丝技术、干法、丝网印刷法结合浸渍法、热转移法等;且不同燃料电池种类的电极材料也多有不同,如熔融碳酸盐燃料电池用的原位纳米氧化铝粒子增强的多孔镍阳极材料的制备、碳纤维质子交换膜电极的制备、固体氧化物燃料电池多孔氧化钇稳定氧化锆(YSZ)阳极/电解质双层膜及其制备方法、直接乙醇燃料电池电极的氧化铜针锥微纳双级阵列结构材料及其制备方法等。可见,上海交通大学在燃料电池电极技术领域的研究方向较为分散。这可能是由于上海交通大学作为一所学术型的高等院校,在燃料电池领域的发展并没有统一的规划,研发力量相对分散。

表4-4-4 燃料电池电极领域上海交通大学的部分专利

申请号	发明名称	发明概要	技术方向
CN201410011118.4	一种用于制备燃料电池膜电极的方法	本发明公开了一种用于制备燃料电池膜电极的方法,其特征是在转移介质上制备一层碳粉基体,沉积上铂纳米线后,在其上喷涂一层电解质树脂溶液以形成催化层,采用热转移法将催化层转移到质子交换膜上,获得铂纳米线催化层膜电极。本发明较好地解决了制备基体以及铂纳米线沉积过程中由于膜发生溶胀产生的一系列问题。本发明不仅具有铂纳米线催化层的有益效果,还具有工艺简单、生产成本低、催化层均匀性好、有利于工业化生产等优点	热转移法制备铂纳米线催化层膜电极

续表

申请号	发明名称	发明概要	技术方向
CN201310054783.7	氧化铜针锥微纳双级阵列结构材料和制备方法、电极装置	本发明涉及直接乙醇燃料电池领域，特别涉及一种氧化铜针锥微纳双级阵列结构材料和制备方法、电极装置。本发明的氧化铜针锥微纳双级阵列结构材料，包括微米级针锥和纳米级针锥，所述微米级针锥生长在铜片表面，所述纳米级针锥生长在所述微米级针锥表面，所述铜片表面、所述微米级针锥表面和所述纳米级针锥表面覆盖有氧化铜，所述氧化铜的表面覆盖有全氟磺酸膜。与现有技术相比，本发明的氧化铜针锥微纳双级阵列结构材料具有类似于铂的乙醇电催化氧化性能，该材料作为乙醇燃料电池阳极催化剂时，不仅具有很高催化活性，而且成功避免了催化剂中毒现象，同时极大地降低了成本	氧化铜针锥微纳双级阵列结构材料阳极
CN201410476214.6	一种金属支撑固体氧化物燃料电池阴极阻挡层的制备方法	本发明公开了一种金属支撑固体氧化物燃料电池阴极阻挡层的制备方法；将阴极阻挡层材料粉体按比例加入乙基纤维素松油醇溶液中，研磨得浆料；浆料丝网印刷沉积在多孔金属支撑层厚膜/多孔金属陶瓷梯度过渡层薄膜/多孔阳极层薄膜/致密电解质层薄膜的半电池上；在真空气氛中1000~1200℃烧结2~4小时，控制升、降温速率为0.5~5℃/min，冷却到室温，即得。本发明在高温下低真空气氛中进行阴极阻挡层的烧结可避免支撑体的过度氧化，以及因在还原气氛中氧化铈基电解质阻挡层中铈价态还原引起的薄膜脱落，还避免$LaGaO_3$基电解质阻挡层中Ga的挥发性损失，从而有效阻断高性能阴极材料在制备条件下与氧化锆基固体电解质的反应	金属支撑固体氧化物燃料电池阴极阻挡层制备方法

续表

申请号	发明名称	发明概要	技术方向
CN201310300792.X	一种抗铬污染固体氧化物燃料电池的复合阴极及其制备方法	本发明公开了一种抗铬污染固体氧化物燃料电池的复合阴极及其制备方法。所述复合阴极包括活性层和集电层。所述活性层位于电解质层上,其制备材料为LNF-掺杂CeO_2;所述集电层位于所述活性层上,其制备材料为LNF。所述制备方法为:步骤一、将活性层的制备材料制成的浆料附着于所述电解质层上并干燥,制成活性层坯体;步骤二、将集电层的制备材料制成的浆料附着于所述活性层坯体上并干燥,即完成集电层坯体制备;得到具备活性层和集电层的复合阴极坯体;步骤三、将所述复合阴极坯体烧结。本发明制备的复合阴极具有优异的电化学催化性能和抗铬污染性能,且其制备方法具有工艺简单、制备周期短、成本低廉等优点,适于产业化应用	LNF-掺杂CeO_2抗铬污染固体氧化物燃料电池复合阴极的制备方法
CN201010165950.1	基于碳载过渡金属螯合物的膜电极制备方法	一种涉及燃料电池技术领域的基于碳载过渡金属螯合物的膜电极制备方法,通过在质子交换膜的表面分别加载含碳载铂催化剂和碳载过渡金属胺螯合物氧还原催化剂得以实现,本发明克服现有直接涂膜法制备的含有碳载过渡金属螯合物氧还原催化剂的膜电极时,阴极催化剂层与质子交换膜之间接触不好容易剥离、电阻较大的缺点。本发明通过对质子交换膜的特殊处理以及对催化剂浆料的改进有效解决了质子交换膜卷曲变形、与过渡金属螯合物不能很好粘合的问题,同时降低了催化层厚度,提高了膜电极的性能	碳载过渡金属螯合物的膜电极制备方法

续表

申请号	发明名称	发明概要	技术方向
CN201010181022.4	一种燃料电池用磷酸掺杂聚苯并咪唑膜电极的制备方法	本发明公开了一种燃料电池用磷酸掺杂聚苯并咪唑膜电极的制备方法。一方面以4,4′-二羧基二苯醚和3,3′,4,4′-四氨基联苯为单体通过缩聚反应制备成膜性好的聚[2,2′-(对氧二亚苯基)-5,5′-二苯并咪唑],将其浇铸成膜后进行磷酸掺杂,制得具有良好力学强度的电解质膜;另一方面在制备磷酸掺杂气体扩散电极中,将聚[2,2′-(间亚苯基)-5,5′-二苯并咪唑]和铂碳催化剂制得气体扩散电极后进行磷酸掺杂,各组分分布均匀,过程中不使用强挥发性酸,无固态物料混合过程。本发明所制备的膜电极可以在高于100℃无增湿条件下用于氢氧燃料电池发电。燃料电池温度150℃,无加湿条件下,开路电压为0.845V,最大功率密度191mW/cm^2(560mA/cm^2,0.34V)。本发明的制备方法工艺过程条件可控,过程重复性好	磷酸掺杂聚苯并咪唑膜电极的制备方法
CN201110201345.X	固体氧化物燃料电池阳极/电解质双层膜及其制备方法	本发明涉及一种固体氧化物燃料电池阳极/电解质双层膜及其制备方法,采用流延法制备多孔氧化钇稳定氧化锆(YSZ)阳极结构骨架厚膜生坯,采用丝网印刷法在此厚膜沉积电解质层,在一定温度下共烧结得到多孔YSZ结构骨架/致密电解质双层膜,采用浸渍法在阳极结构骨架内、外表面沉积纳米电催化剂,在较低温度下进行煅烧而制得阳极/电解质双层膜。本发明的优点在于所形成的多孔阳极支撑体在还原气氛中长期结构稳定,具有高的电子电导率,可经受多次氧化-还原循环,抗积碳,并具有耐硫性能,形成简单、低成本和可规模化的制备工艺,可制得各种不同尺寸的多层膜,具有很好的产业化前景	丝网印刷法+浸渍法制备固体氧化物燃料电池阳极/电解质双层膜

续表

申请号	发明名称	发明概要	技术方向
CN200910056321.2	一种燃料电池膜电极的制备方法	本发明公开了一种燃料电池膜电极的制备方法,其中阴极催化剂层由直接制备非贵金属催化剂得到。该膜电极的制备方法包括:(1)预处理质子交换膜;(2)将贵金属催化剂配成浆料后涂覆到预处理过的质子交换膜的一侧得到阳极催化剂层;(3)将负载型过渡金属螯合物涂覆在阴极扩散层上,在气体保护下热处理直接得到阴极催化剂层;(4)按照阴极扩散层-阴极催化剂层-质子交换膜-阳极催化剂层-阳极扩散层的顺序塑封得到一种燃料电池膜电极。所制的燃料电池膜电极的开路电压为0.78~0.85V,最大功率达到96~110mW/cm^2。本发明的优点是可以同时实现阴极催化剂的制备和阴极催化剂层的制备,突破了传统的由先制备得到催化剂再到制备催化剂层的思路,大大简化了燃料电池膜电极的制备工艺,缩短了制备路线,操作简单,便于大规模生产	负载型过渡金属螯合物膜电极的制备方法
CN200510029487.7	干法制备熔融碳酸盐燃料电池电极的方法	一种干法制备熔融碳酸盐燃料电池电极的方法,具体步骤如下:(1)以羰基镍粉为原料,首先对羰基镍粉和黏结剂进行干燥处理,然后,将两种粉料混合;(2)把上述混合料分别放在滚压机的两个料斗中,选用冲孔镍基板,插在两个滚轴之间,调整好两个滚轴之间的距离,随着滚轴的转动,将粉料滚压在冲孔镍基板上,得到生基板;(3)将生基板放在带有还原性气氛的走带式程序升温炉内进行排粘和还原烧结,烧结后得到阴极或者阳极。本发明使电池的结构更为紧凑,使用的工艺过程简单,加工成本低廉,非常适用于工业化的批量生产	干法制备熔融碳酸盐燃料电池电极

续表

申请号	发明名称	发明概要	技术方向
CN200710039379.7	一种质子交换膜燃料电池用膜电极及其制备方法	本发明公开了一种质子交换膜燃料电池用膜电极及其制备方法,由三层构成,中间层为质子交换膜,两侧分别为多孔阴极催化扩散层和多孔阳极催化扩散层。多孔阴极催化扩散层和多孔阳极催化扩散层均是由催化剂、黏结剂和碳纤维组成,其层外表面是由以0~180度相互交织的碳纤维构成。本发明结构的膜电极是利用静电植绒技术,将碳纤维直接植入到涂刷催化剂和黏结剂的质子交换膜上,进而将传统膜电极的催化层和扩散层成为统一整体,从而简化了膜电极的制备工艺,提高了膜电极催化层和扩散层的结合能力,改善了膜电极的电化学性能,在电流密度为300mA/cm²的条件下,电池的放电功率增加13%~22%	静电植绒技术碳纤维质子交换膜电极
CN200510110439.0	一种质子交换膜燃料电池用的膜电极及其制备方法	一种质子交换膜燃料电池用的膜电极及其制备方法,由五层组成,中间层为全氟质子交换膜,外面是两层催化层,再外面两层为扩散层,其结构特征在于催化层中镶嵌纳米纤维质子导体网络;采用静电纺丝技术在全氟质子交换膜表面上首先制备一层纳米纤维质子导体多孔薄膜,然后将含有催化剂的墨汁涂覆在质子导体纤维中,再经过干燥、热碾压等处理,得到催化层中具有纳米纤维质子导体网络的膜电极。由此膜电极组成的质子交换膜燃料电池中,催化层/全氟质子交换膜界面黏接性和导电性良好,提高电池长时间工作的稳定性,并增强电池的耐振动性能,再者,纳米纤维质子导体网络增强界面上质子导电性,改善电池的大电流特性	静电纺丝技术制备催化层/全氟质子交换膜电极

续表

申请号	发明名称	发明概要	技术方向
CN02111798.5	原位纳米 Al_2O_3 粒子增强的多孔镍阳极的制作方法	原位纳米 Al_2O_3 粒子增强的多孔镍阳极的制作方法，属于燃料电池领域。具体方法如下：以可分解的铝盐和羰基镍粉为原料，以甲基纤维素水溶性高分子化合物为黏结剂，以蒸馏水为分散介质，辅以增塑剂、分散剂、除泡剂，采用球磨方式制成混合浆料；将混合浆料采用流延工艺成型为片状素坯，待素坯干燥后，将其在 400～600℃下于空气中烧除有机物，同时铝盐发生分解，原位生成 Al_2O_3 纳米颗粒，分散在 Ni 颗粒表面；然后将排粘后的素坯在 700～1000℃下于还原气氛中烧结，得到多孔的纳米 Al_2O_3 颗粒弥散强化的 Ni 阳极。本发明不仅方法简单，成本低廉，而且所制得的阳极具有良好的抗高温蠕变性能，非常适于作为熔融碳酸盐燃料电池的阳极	原位纳米 Al_2O_3 粒子增强的多孔镍阳极

醇类燃料电池一般以铂作为催化剂，在醇类的电催化氧化过程中，产生的一氧化碳类不完全氧化产物会大量吸附在铂这些贵重金属的表面，从而大大降低了铂的催化活性的技术性问题。而且，铂作为贵重金属，在催化剂中的高载量意味着高成本，对燃料电池商业化的进一步推广造成了阻碍。上海交通大学专利申请 CN201310054783.7，其提供了一种用于直接乙醇燃料电池电极的氧化铜针锥微纳双级阵列结构材料及其制备方法、由氧化铜针锥微纳双级阵列结构材料做成的电极装置。这种氧化铜针锥微纳双级阵列结构材料包括微米级针锥和纳米级针锥，微米级针锥生长在铜片表面，而纳米级针锥生长在微米级针锥表面，铜片表面、微米级针锥表面和纳米级针锥表面均覆盖有氧化铜，氧化铜的表面覆盖有全氟磺酸膜。具体的制备方法包括以下步骤：①取铜片，对铜片进行表面除油、酸洗、活化处理；②将处理过的铜片放入电镀槽中，以铜片作为阴极，不溶极板为阳极，用导线将阳极、阴极、电镀电源和电镀液构成电流回路；③设定电沉积参数，即设定电镀电流密度为 1～10A/min，电镀时间为 2～20min，进行电沉积，在铜片上制备出微米级针锥；④调整电沉积参数和电镀液参数后进行再沉积，在微米级针锥上生长纳米级针锥，形成针锥微纳双级阵列结构材料，其中，调整电沉积参数的步骤包括将电流密度调大至 10～20A/min，电镀时间减少到 30～60s；⑤将步骤④所制得针锥微纳双级阵列结构材料置于加热板上加热至 320℃以上，进行表面氧化以获得氧化铜针锥微纳

双级阵列结构材料；⑥在步骤⑤所制得的氧化铜针锥微纳双级阵列结构材料表面涂抹全氟磺酸溶液，风干，在氧化铜针锥微纳双级阵列结构材料表面形成全氟磺酸膜。由此制备得到的氧化铜针锥微纳双级阵列结构材料具有类似于铂的乙醇电催化氧化性能。作为乙醇燃料电池阳极催化剂时，不仅具有很高催化活性，而且成功避免了催化剂中毒现象，同时极大地降低了成本。

2010年的专利申请CN201010165950.1提出了一种基于碳载过渡金属螯合物的膜电极制备方法，通过在质子交换膜的表面分别加载含碳载铂催化剂和碳载过渡金属胺螯合物氧还原催化剂得以实现，克服现有直接涂膜法制备的含有碳载过渡金属螯合物氧还原催化剂的膜电极时，阴极催化剂层与质子交换膜之间接触不好容易剥离、电阻较大的缺点。由于过渡金属螯合物所制得的催化剂与碳载铂催化剂的差异，传统直接涂膜方法所用催化剂浆料制备方法不能很好地将其粘合到质子交换膜上面，容易产生阴极催化剂层和质子交换膜的剥离，极大地增大了阴极催化剂层和质子交换膜的接触阻抗，严重影响电池性能。而上海交通大学在该专利中通过对质子交换膜的特殊处理以及对催化剂浆料的改进有效解决了质子交换膜卷曲变形、与过渡金属螯合物不能很好粘合的问题，同时降低了催化层厚度，提高了膜电极的性能。其中，质子交换膜是指经氧化反应处理的质子交换膜；氧化反应具体步骤为：将质子交换膜依次用3~5wt%的双氧水在50~80℃条件下煮0.5~2h，0.1~0.5mol/L的硝酸在60~90℃条件下煮1~2h，0.5~1mol/L的硫酸在80~100℃条件下煮1~2h，进行氧化反应；碳载过渡金属胺螯合物为碳载钴三乙烯四胺螯合物。

（2）比亚迪

比亚迪是一家中国汽车品牌，创立于1995年，分别在香港联合交易所及深圳证券交易所上市，主要从事以二次充电电池业务，手机、电脑零部件及组装业务为主的IT产业，以及包含传统燃油汽车及新能源汽车在内的汽车产业，并利用自身技术优势积极发展包括太阳能电站、储能电站、LED及电动叉车在内的其他新能源产品。目前，比亚迪现有员工约18万人，总占面积地近1700万平方米，在全球建立了22个生产基地。其最初由20多人的规模起步，2003年成长为全球第二大充电电池生产商，同年组建比亚迪汽车。比亚迪汽车遵循自主研发、自主生产、自主品牌的发展路线，矢志打造真正物美价廉的国民用车。产品的设计既汲取国际潮流的先进理念，又符合中国文化的审美观念。2017年11月8日，比亚迪入选时代影响力·中国商业案例TOP30。

比亚迪电力科学研究院成立于2008年12月，专业从事电池储能、太阳能、微电网等新能源的研发、生产、销售和服务，致力于提供高效、清洁的新能源解决方案，支持公司新能源战略。目前已成功推出逆变器、储能系统及集装箱储能、微电网及家庭式能源等产品。比亚迪电力科学研究院成立之初就由一支具有多年的研究电动汽车换流技术和电池管理经验的专业团队组成，积累了大量的研发经验。并且产品在设计上秉承了电动车上变流器及电池管理系统设计的先进理念，在功能和性能上达到汽车等级的要求，使得产品大幅度优于业内同行。经过5年多的发展，现拥有了业内领先的自主核心技术及可持续性研发能力，并获得多项专利，这是比亚迪电力科学研究院获得迅速发展的根本。

此外,比亚迪"坪山1MW光伏发电站项目"成功纳入首批国家金太阳示范工程,"坪山1MW电池储能电站"荣获国家能源科学技术进步奖,为南方电网公司提供首个商用MW级储能电站,成为国家风光储输示范工程储能系统设备的最大提供商,成功中标中广核核电站高容量电池储能项目,向全球知名能源公司如美国雪佛龙、杜克能源、美国电力科学研究院等提供储能电站产品等,无不彰显了比亚迪电力科学研究院在新能源方面拥有成熟的技术和丰富的实际运行经验,是最具有竞争能力的储能产品制造厂商之一。截至2013年7月,已完成约储能总容量近120MWh、逆变器/换流器约60MW的安装量。

在燃料电池方面,比亚迪表示,燃料电池汽车的主要障碍在氢的储运和加氢过程,基础设施不完善,而且存在安全隐患,其污染环节集中在上游制氢环节而非使用环节。未来比亚迪电力科学研究院还将紧跟燃料电池在诸多领域应用的前沿发展方向,不断丰富和拓展燃料电池汽车及其他应用场合的解决方案的核心技术和产品,以开拓更多的国内外优质客户,不断加强市场竞争力。

比亚迪自创立之始便树立"技术为先,创新为本"的自主发展目标,高度重视自主创新和知识产权的保护,在燃料电池电极技术领域中国专利申请人排名中稳居国内企业排名前三位。就燃料电池电极技术而言,如图4-4-5所示,比亚迪共申请相关专利16件,其中专利有效性达到69%,授权案件为11件;失效案件为5件,占比31%,其中失效主要是由权利终止和撤回所导致。相比上海交通大学,比亚迪的专利授权率明显要高,表明比亚迪的专利技术稳定性较好。

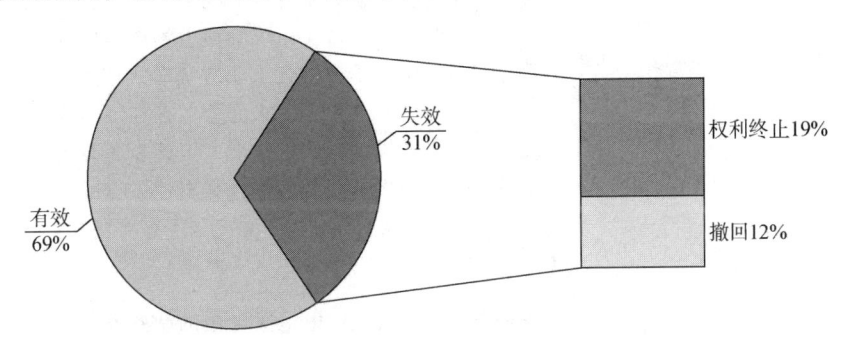

图4-4-5 燃料电池电极领域比亚迪中国专利申请法律状态

表4-4-5示出了比亚迪燃料电池电极领域的部分专利申请。由表4-4-5可知,比亚迪关于燃料电池电极的相关专利申请主要涉及膜电极的制备方法及其活化。在11件重点专利中,3件涉及膜电极的活化方法,其余8件涉及各种燃料电池膜电极的制备方法。其中,燃料电池种类则主要有质子交换膜燃料电池,相关专利申请9件;微生物燃料电池,相关专利申请2件。

表4-4-5 燃料电池电极领域比亚迪的部分专利列表

申请号	发明名称	发明概要	法律状态
CN200610090751.2	燃料电池膜电极的活化方法	燃料电池膜电极的活化方法，所述燃料电池包括隔板、阳极室4、阴极室5和膜电极，所述膜电极位于隔板之间，所述膜电极包括阳极1、阴极2及位于阳极1和阴极2之间的质子交换膜3，所述阳极室4位于阳极1和隔板之间，所述阴极室5位于阴极2和隔板之间，该方法包括分别将电源的正极和负极与燃料电池的阳极1和阴极2连接，在燃料电池上施加一外电源，在闭合电源前向阳极室4中通入燃料，其中，向阴极室5中通入水。采用本发明提供的方法活化后的膜电极的活性面积得到显著提高，因此，燃料电池的功率得到显著提供。此外，本发明的活化方法操作简单，活化时间短，重复性好	授权
CN200710196569.X	一种含锰离子的微生物燃料电池阳极的制备方法	本发明提供了一种含锰离子的微生物燃料电池阳极的制备方法，该方法包括将一种混合物加压成型，然后在保护气体环境中煅烧，所述混合物含有硫酸锰、石墨粉、高岭土和氯化镍，其中，所述硫酸锰以非溶解形式存在于混合物中。本发明提供的含锰离子的微生物燃料电池阳极制备方法由于硫酸锰以非溶解形式存在于混合物中，从而避免了以水为分散剂在加压成型时导致硫酸锰的流失的情况，因此显著改善了制得的含锰离子的微生物燃料电池阳极的性能，使输出功率密度从345毫瓦/米^{2}提高到503毫瓦/米^2	授权
CN200710130584.4	一种质子交换膜燃料电池膜电极的制备方法	一种质子交换膜燃料电池膜电极的制备方法包括制备扩散层；使用催化剂浆料由丝网印刷法制备催化层；将催化层和扩散层与质子交换膜层合，使催化层位于扩散层和质子交换膜之间，其中，催化剂浆料的固含量为5重量%~15重量%。按照本发明提供的方法，所用的催化剂浆料的固含量为5重量%~15重量%，则在使用催化剂浆料由丝网印刷法制备催化层的过程中，可以控制催化层的印刷精度在0.5~3μm的范围内，使催化层的厚度更加均匀，使膜电极的电化学反应均匀地进行，从而改善膜电极的发电性能	授权

续表

申请号	发明名称	发明概要	法律状态
CN200510109353.6	燃料电池膜电极的制备方法	本发明提供了一种燃料电池膜电极的制备方法，该方法包括制备扩散层，将扩散层与两侧面具有催化层的质子交换膜叠加在一起，其中，两侧面具有催化层的质子交换膜的制备过程包括将含有催化剂和黏结剂乳液的催化剂浆料填充在两片聚合物薄膜之间，然后对填充有催化剂浆料的聚合物薄膜进行压制，得到催化层；将两个催化层的一个侧面分别叠加在质子交换膜的两个侧面上。本发明提供的燃料电池膜电极的制备方法可以在制备催化层的过程中通过压制来控制催化层的厚度，因此催化层的厚度均匀、表面平整	授权
CN200610099261.9	燃料电池气体扩散层及燃料电池电极和膜电极的制备方法	一种燃料电池气体扩散层的制备方法，该方法包括将含有导电剂和疏水剂的浆料均匀分布到支撑材料上，然后烧结含有导电剂和疏水剂的支撑材料，其特征在于，将含有导电剂和疏水剂的浆料均匀分布到支撑材料上的方法包括在支撑材料的第一表面和第二表面形成压力差，第二表面的压力大于第一表面的压力，将含有导电剂和疏水剂的浆料与支撑材料的第二表面接触，第一表面和第二表面分别为支撑材料相对的两个表面。本发明提供的方法操作步骤少、过程简单，不需要额外使用开孔剂即可得到几乎百分之百地保持支撑材料本身孔隙率的扩散层，使得电池的电流密度比同类电池提高近43%	授权
CN200610127612.2	燃料电池膜电极的活化方法	一种燃料电池膜电极的活化方法，该方法包括将阳极燃料和阴极燃料分别通入燃料电池的阳极室和阴极室中使燃料电池放电，其中，所述放电包括多个放电阶段，多个放电阶段之间还包括至少一个时间间隔，且电池在每个放电阶段均以恒定电流密度放电。本发明提供的燃料电池膜电极的活化方法能够使电池在较短的时间内完成活化操作并使电池具有较高的输出功率	授权

续表

申请号	发明名称	发明概要	法律状态
CN200610109962.6	燃料电池膜电极的活化方法	一种燃料电池膜电极的活化方法，该方法包括将阳极燃料和阴极燃料分别通入燃料电池的阳极室和阴极室中使燃料电池放电，其中，所述放电包括多个放电阶段，多个放电阶段之间还包括至少一个时间间隔，且电池在每个放电阶段均以恒定电压放电。本发明提供的燃料电池膜电极的活化方法能够使电池在较短的时间内完成活化操作并使电池具有较高的输出功率	授权
CN200710195405.5	铁离子循环电极及其制备方法	本发明提供了一种铁离子循环电极，该电极含有硫酸铁、石墨粉、高岭土和氯化镍，该电极为多孔结构。本发明还提供了一种制备所述铁离子循环电极的方法，该方法包括：将石墨粉、硫酸铁、高岭土、氯化镍和造孔剂混合后球磨，然后将球磨后的混合物在 $10\sim30kgf/cm^2$ 的压强下压制成型；然后在保护气氛中 $1000\sim1200℃$ 下煅烧 $8\sim15$ 小时。相对于现有的铁离子循环电极，利用本发明提供的（尤其是本发明的方法制备的）铁离子循环电极作为微生物燃料电池的阴极，显著提高了微生物燃料电池的输出功率密度	失效
CN200410027867.2	质子交换膜燃料电池膜电极的制备方法	本发明公开了一种质子交换膜燃料电池膜电极的制备方法，要解决的技术问题是使制备的膜电极具有优良的整体电性能，包括以下步骤：（1）将碳纸或碳布浸渍 PTFE 乳液中，干燥后制得导电基底；（2）将 VXC-72 碳黑或乙炔黑与 PTFE 乳液混合成浆料涂于导电基底上，干燥后形成气体扩散层；（3）配制催化剂浆料；（4）催化剂浆料涂于扩散层上，热压后在保持压力的状态下冷却，形成气体扩散电极；（5）将 Nafion 膜置于两个带催化层的气体扩散电极之间，热压后在保持压力的状态下冷却；与现有技术相比，各层之间结合紧密，不容易分层，热压之后在有压力状态下冷却电极，制备的电极不变形，不易产生缺陷，制备过程简单，容易操作，重现性好	授权

续表

申请号	发明名称	发明概要	法律状态
CN200610167389.4	燃料电池膜电极及其制备方法	一种燃料电池膜电极，该膜电极依次包括阳极气体扩散层、阳极催化层、质子交换膜、阴极催化层和阴极气体扩散层，所述气体扩散层包括导电载体和负载在所述导电载体上的导电剂和黏合剂，其中，所述阳极气体扩散层中的黏合剂为亲水性黏合剂。本发明提供的燃料电池膜电极的自增湿效果良好，由本发明提供的膜电极制备得到的燃料电池在大电流密度下工作时，电池的输出功率高	失效
CN200410052120.2	具有一体化结构的燃料电池膜电极的制备方法	一种具有一体化结构的燃料电池膜电极的制备方法，它包括如下步骤：a. 在碳纸周边预留一定的待处理密封区域，进行疏水处理；b. 将憎水高分子树脂分散液、碳粉与醇类或水以一定的比例混合，形成稳定无沉降的墨水状混合物；c. 在碳纸周边预留一定的待处理密封区域，将所述墨水状混合物涂覆在碳纸的中心部位，形成气体扩散层；d. 将高分子树脂溶解后浇铸在碳纸周边的待处理密封区域，使其与气体扩散层形成初级密封膜；e. 将上述具有局部复合结构的扩散层热压，使树脂与气体扩散层形成具有稳定的一体化结构的气体扩散单元；f. 在气体扩散单元的密封区域的单面或两面涂覆热溶胶层；g. 将阳极和阴极的气体扩散单元与催化剂涂层膜在一定温度和压力下热压一段时间，即制成具有一体化结构的多层膜电极。本发明可提高膜电极的使用寿命	授权

目前，膜电极的制备方法包括分别使用催化剂浆料和导电剂浆料制备催化层和扩散层，将催化层、扩散层和质子交换膜层合，使催化层位于扩散层和质子交换膜之间。传统的膜电极制备方法一般采用涂布法制备催化层和扩散层。印刷方法（如丝网印刷）也有所报道。这种方法具有设备简单、操作方便、成本低、制版简易且成本低廉、适应性强等优点，但是得到的膜电极发电性能不好，其主要原因在于膜电极的催化层的厚度不够均匀，从而导致膜电极的电化学反应不均匀。为了克服现有方法得到的质子交换膜燃料电池膜电极的发电性能不好的缺点，比亚迪提出了诸多关于膜电极制备方法改进的相关专利。如2007年提出的专利申请CN200710130584.4，其提供了一种能够得到发电性能好的膜电极的质子交换膜燃料电池膜电极制备方法。该方法包括制备扩

散层；使用催化剂浆料由丝网印刷法制备催化层；将催化层和扩散层与质子交换膜层合，使催化层位于扩散层和质子交换膜之间，其中，催化剂浆料的固含量为5重量%~15重量%；所述使用催化剂浆料由丝网印刷法制备催化层的过程包括多个印刷阶段，每个印刷阶段的印刷厚度为0.5~3μm。催化剂浆料中含有催化剂、Nafion溶液和溶剂，Nafion溶液和溶剂的重量比为1:0.02~5。催化剂为Pt/C催化剂、Pt-Ru/C催化剂、Pt-Cr/C催化剂中的一种或几种；溶剂为水、异丙醇、乙醇、丙三醇中的一种或几种；Nafion溶液由重量比为1:15~16:3~4的Nafion树脂、低级醇和水组成。此外，扩散层的制备方法包括使用丝网印刷法将含有导电剂浆料涂覆在导电基底上，导电剂浆料的导电剂含量为5重量%~60重量%。导电剂浆料还含有黏结剂和溶剂，导电剂与黏结剂的重量比为1:0.02~5；导电剂为活性碳、乙炔黑、石墨碳黑中的一种或几种；黏结剂为聚四氟乙烯、六氟丙烯、聚氟乙烯中的一种或几种；所述溶剂为水、异丙醇、乙醇和丙三醇中的一种或几种。导电基底为碳纸。上述材料制备完成后，通过热压技术将催化层、扩散层和质子交换膜层合，热压的条件包括热压的温度为60~200℃、热压的压力为0.1~10MPa、热压时间为1~10min。该专利申请说明的制备方法在制备催化剂浆料时，通过将催化剂浆料的固含量控制在一定范围内，从而在使用催化剂浆料由丝网印刷法制备催化层的过程中，可以控制催化层的印刷精度，即控制催化层的厚度，使催化层的厚度更加均匀，从而使膜电极的电化学反应均匀地进行，进而改善膜电极的发电性能。

专利申请CN200610090751.2提供了一种质子交换膜燃料电池膜电极的活化方法。众所周知，膜电极（Membrane Electrode Assembly，MEA）是燃料电池的核心部件，是燃料和氧化剂发生电化学反应产生电能的部位。为了使燃料电池能达到或快速达到最佳工作状态，并提高膜电极中催化剂的利用率，一般都需要对燃料电池的膜电极进行活化。膜电极的催化层是燃料电池反应的核心区域，而阴极催化层又是反应最复杂的地方，因为在阴极不仅有反应气向电极内传输，还有产物水向外排出。如果反应气不能充分地满足反应的需要，或者产物水不能及时排出，都会在很大程度上影响反应的效率，使燃料电池无法达到满意的功率输出。实际上，在制备膜电极的过程中，膜电极的结构并没有达到最优化。通过优化膜电极的孔结构，对燃料电池的膜电极进行活化，使气体传输顺利进行。对燃料电池的膜电极进行活化的一般方法为采用大电流强制放电。此类方法虽然活化效果持久，但是活化条件要求高，活化时间长，且活化后的燃料电池膜电极的输出功率仍然不理想。因此，比亚迪为解决上述问题，克服现有的燃料电池膜电极活化方法的活化时间长且活化后的燃料电池功率小的缺点而提供一种活化时间短且活化后的燃料电池功率大的燃料电池膜电极的活化方法。该方法利用"电渗"原理，通过在膜电极上施加一外电源，使氢气或有机燃料如甲醇在阳极被氧化释放出氢离子和电子，而质子经质子交换膜从阳极迁移到阴极，并与电子结合生成氢气，氢离子迁移生成氢气的过程改变了质子交换膜的孔结构而达到活化膜电极的目的。这种活化方法一方面可使得膜电极的孔结构更趋于连通分布，保证燃料电池阳极燃料与催化剂的充分接触，以及阳极和阴极燃料的充分反应；另一方面，在阴极通入水后，阴极室内部空间完全被水充满，使膜电极被水蒸气饱和，始终使质子交换膜保持湿润，有利于膜的水合，膜电极的活化面积得到显著提高，因此，燃料电池的功率大大提高。并且，这种方法操作简单，活化时间短，重复性好。

4.5 催化剂专利分析

燃料电池作为一类能量转换装置，需要发生氧还原反应和燃气氧化反应来提供能量，但其反应动力学缓慢，通常需要高活性的催化剂来催化反应。并且，在燃料电池各组件中，催化剂的成本最高，其造价占比达到了53%，其他材料则占比较为平均，各为10%左右。因此，发展低成本、高性能的催化剂是目前燃料电池大规模化产业化必须面对的挑战之一。

本节选取1977年为时间节点，以近40年的全球燃料电池催化剂相关专利为数据源，从全球年专利申请趋势、申请区域分布、主要申请人排名以及中国专利申请趋势、申请区域分布等角度出发，对燃料电池的催化剂技术领域进行详细的专利分析。截止到本报告的检索日2017年8月28日，全球共申请燃料电池催化剂相关专利6914项。

4.5.1 催化剂技术简介

燃料电池作为一种绿色、清洁的能源转换与储存装置，具有能量密度高、携带方便、零排放、操作温度低及快速启动等优点，因而引起全世界的广泛关注。在燃料电池各组件中，催化剂因其不可或缺的催化活性和较高的生产成本，一直是燃料电池技术领域研究的重点。目前，催化剂的催化能力有限、抗一氧化碳（CO）中毒能力差、电化学稳定性和耐久性不足、贵金属稀缺及燃料电池成本高等缺点严重限制了燃料电池的商业化进程。如何在提高催化剂的催化性能（如催化活性、一氧化碳容忍性以及耐久性）的同时，降低其贵金属用量依然是燃料电池商业化面临的核心挑战之一。[1]

在燃料电池催化剂领域，目前使用最广泛的是性能相对稳定的铂、钯、金等贵金属，然而此类贵金属的稀缺与昂贵大大限制了燃料电池的大规模推广应用。因此，用"廉金属"替代"贵金属"催化剂则成为了该技术发展的一个可供选择的方向，通过制备合金催化剂或金属氧化物复合等三元、四元催化剂，在降低贵金属催化剂生产成本的同时，还可改变其组分来提高铂等贵金属对一氧化碳等中间体的容忍性，进而延长催化剂以及整个电池的使用寿命。此外，发展高性能的非金属氧还原催化剂是燃料电池规模化使用的另一个重点方向。目前研究最广泛的碳材料氧还原催化剂多采用石墨烯、碳纳米管、碳气凝胶等碳材料，其催化性能在一定程度上能够达到商业铂碳催化剂的水平。[2] 例如，采用氮、硫等元素杂化碳制备燃料电池非金属阴极催化剂则在近

---

[1] 魏微. 直接硼氢化钠-过氧化氢燃料电池纳米阳极催化剂的研究[D]. 湘潭：湘潭大学，2016.
[2] 聂瑶，丁炜，魏子栋. 质子交换膜燃料电池非铂电催化剂研究进展[J]. 化工学报，2015，66（9）：1763-1771.

几年受到了广泛的关注。因此，开发廉价、高效的非金属氧还原催化剂也是目前研究的热点。

众所周知，改善催化剂活性物质是提升其催化性能的根本方法，因此，可通过开发新的制备方法来提高催化剂性能和贵金属的有效利用率，进而提高催化剂的竞争能力。在此基础上，还可进一步改进催化剂结构，或利用聚合物等修饰铂，以及将铂和其他合金颗粒衬于聚合物基底，以提高催化剂的导电、导质子能力。同时，在贵金属催化剂成本居高不下的背景下，选择理想的载体材料也是解决燃料电池商业化的有效策略之一。目前，常用的催化剂载体以碳材料为主，其中石墨化碳黑、活性碳、碳纳米管、石墨烯、碳纳米纤维等都有研究报道，通过新型载体材料负载铂基等贵金属催化剂，增强载体和金属间的相互作用，提高催化剂金属的分散性，以提高催化剂活性和耐久性。

4.5.2　全球专利申请趋势

图4-5-1显示了燃料电池催化剂技术领域的全球专利申请量的变化趋势。从图中可以看出，1977~1997年的20年，燃料电池催化剂技术经历了较长时间的萌芽期，其年专利申请量徘徊在20项上下，处于技术的摸索阶段。之后的1998年，催化剂技术的专利申请量出现较大幅度增长，达到了70项，且参与到这一技术领域的国家和申请人也逐渐增多。2000年后该技术年专利申请量呈现爆发性的增长，仅2005~2008年这4年的申请量已经超过了此前28年的申请总量，出现了催化剂技术领域专利申请量的"井喷"。2009年，该技术专利申请量出现了明显的回落。这可能与燃料电池成本控制及相关配套设施发展的技术瓶颈有关，从而使得燃料电池催化剂技术的发展也有所减缓。此后2010年，燃料电池催化剂技术的申请量相对稳定，逐年之间虽存在小幅度波动，但总体上呈现稳步增长的发展态势。各国对于燃料电池催化剂技术的研发投入相对稳定，且参与该技术的申请人数量也相对固定。

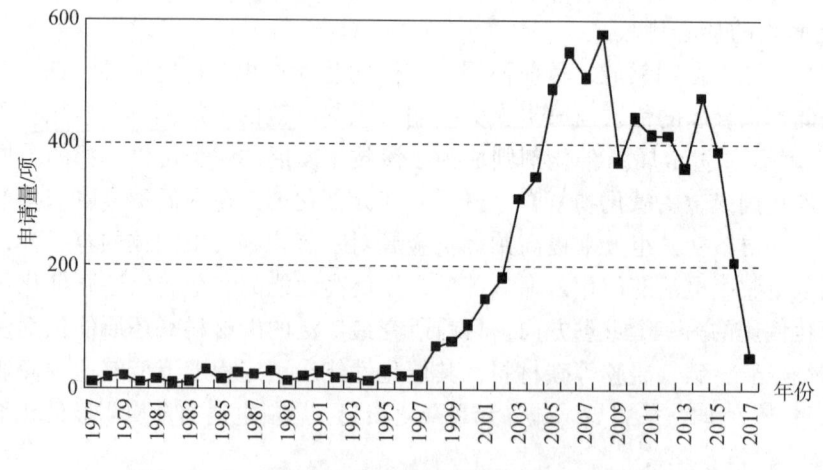

图4-5-1　燃料电池催化剂技术领域全球专利申请趋势

4.5.3 全球专利申请区域分布

图4-5-2显示了燃料电池催化剂技术领域全球专利申请的区域分布情况。从图中可以看出，日本在该技术领域的专利申请量最高，为2158项，占总申请量的31.2%。这表明日本发明人对于燃料电池催化剂技术领域的专利申请重视程度较高，同时，许多燃料电池催化剂的关键技术也掌握在日本申请人手中。

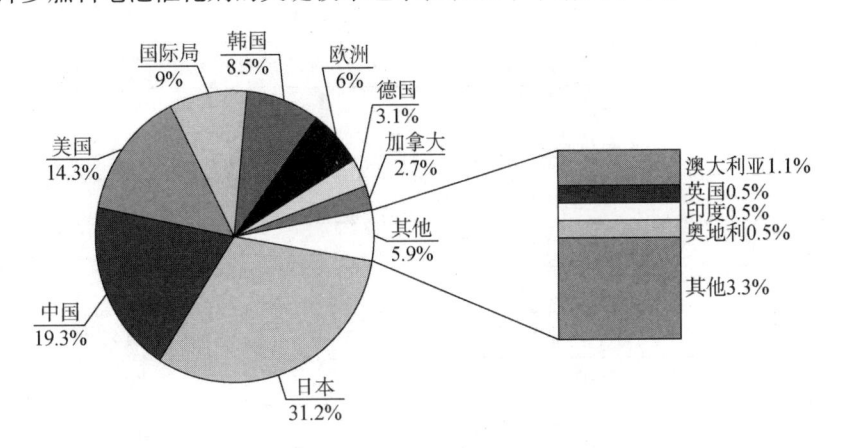

图4-5-2　燃料电池催化剂技术领域全球专利申请国家/地区分布

中国和美国的催化剂技术专利申请量次之，分别为1331项和988项，占比19.3%和14.3%。此外，国际申请在该领域内的专利申请量占比也达到了9%，说明燃料电池催化剂技术产业整体相对活跃，各国申请人都较为重视在除本国之外的其他国家/地区进行专利布局，以率先抢占在该技术领域内的发展先机。韩国则排在第五位，申请量为590项，同样占比8.5%。从数据分析结果看出，日本、中国、美国、韩国这四个国家是该领域内的主要技术力量，同时也是燃料电池运用的主要市场。其中，日本在燃料电池催化剂领域技术领先，拥有众多实力强大的企业。

4.5.4 全球主要申请人排名

表4-5-1示出了燃料电池催化剂技术领域全球专利申请量排名前20位的申请人。从表中可以看出，燃料电池催化剂技术领域排名前20位的申请人主要来自日本、美国、韩国、中国、英国和比利时。其中，日本在燃料电池催化剂技术方面具有一定的垄断趋势，在该领域的专利申请量不仅遥遥领先于其他国家，约占全球总申请量的1/3，且在全球排名前20位的申请人中也占据了大半壁江山，共占据12个席位，分别为丰田、昭和日工、日产、日立、松下、科特拉、日本印刷、凸版、东芝、富士、佳能、三菱，在数量上以压倒之势超越其他国家。而最具代表性的企业即为日本的汽车制造厂丰田，其催化剂技术专利申请量排在全球首位。结合丰田在燃料电池电极技术领域以微弱之势落后于韩国三星位于第二位的表现可以发现，丰田在燃料电池产业的诸多环节均进行了专利布局，这对于燃料电池降低成本、推进产业化十分有利。此外，日本的昭和电工也是全球著名的综合性集团企业，生产的产品涉及石油、化学、无机、

铝金属、电子信息等多种领域。其在燃料电池催化剂技术领域也有不俗的表现，以专利申请量188项居于全球第三位。

表4-5-1 燃料电池催化剂技术领域全球主要申请人排名

序号	申请人	专利量/项
1	丰田（日）	637
2	三星（韩）	382
3	昭和电工（日）	188
4	日产（日）	183
5	中国科学院（中）	159
6	日立（日）	157
7	松下（日）	131
8	科特拉（日）	130
9	日本印刷（日）	114
10	凸版（日）	107
11	庄信万丰（英）	105
12	优美科（比）	93
13	3M（美）	80
14	东芝（日）	80
15	富士（日）	76
16	通用汽车（美）	74
17	佳能（日）	65
18	三菱（日）	62
19	LG（韩）	62
20	杜邦（美）	61

不同于美国在燃料电池电极技术领域申请量前20位的排名中榜上无名，其在催化剂技术领域有3家企业上榜，分别为3M、通用汽车以及杜邦，位于第13位、第16位和第20位。其中，美国通用汽车对于燃料电池的研发由来已久，其于2009年宣布开发的全新一代氢燃料电池系统，相比2007年的雪佛兰Equinox燃料电池车燃料电池系统，体积缩小了一半，质量减轻了100kg。重要的是，其催化剂铂金用量仅为原来的1/3，从而使得燃料电池的成本大幅度下降。这是燃料电池汽车迈向大规模应用的重要一步。2017年，通用汽车又与日本的本田成立合资公司，决定在量产燃料电池方面开展合作，联合制造氢燃料电池系统，以降低此类新能源动力系统的应用成本，并提高其效率。这一合作暗示了两家传统实体燃料电池汽车企业真正走向了可操作层面，并可能会带动更多的企业间合作，形成了良好的示范效应。

在催化剂技术专利申请量排名前20位的申请人中，韩国占据2个席位，其中三星以 382 项专利申请位于第二位，LG 则以 62 项的申请量位于第 19 位。这两家公司作为韩国著名的电子电器公司，其在燃料电池整个产业链的诸多环节也均进行了周密的专利布局，以占据燃料电池在手机、电脑等消费型电子产品应用市场的有利地位。中国在催化剂技术领域前 20 位的申请人排名中仅占据 1 席，为中国科学院，以 159 项的专利申请量位于第五位。其对燃料电池催化剂的专利技术涉及面大，覆盖范围广，但仍偏重于理论研究，许多价值度较高的专利技术还并未走向市场。后续如何将专利技术产业化，是其发展的重心之一。此外，英国的庄信万丰和比利时的优美科分别以 105 项和 93 项的专利申请量位于催化剂技术领域的第 11 位、第 12 位。

4.5.5 中国专利申请趋势

图 4-5-3 示出了燃料电池催化剂技术领域的中国专利申请趋势。对比国内外在该领域的申请趋势可以发现，国内起步较晚，1993 年才开始出现催化剂技术相关专利。但两者的发展趋势较为类似，中国专利申请于 1993～1999 年经历了技术发展的萌芽期，仅有零星几件专利申请。2000 年之后，催化剂技术领域的年专利申请量开始稳步上升，并于 2008 年突破了 100 件，表明中国燃料电池催化剂技术进入了快速发展期。这一时期较多的专利申请开始从单一的贵金属催化剂转变为以非金属为载体、各种金属为催化剂等的多种复合型燃料电池催化剂，在成本有所降低的同时，性能也得到了明显的提升。2009 年，燃料电池催化剂技术的申请量开始明显下降，这一趋势与全球在该领域内的发展趋势一致。2010 年之后，在全球燃料电池催化剂技术稳步发展的大背景下，中国在该领域内的年专利申请量进一步攀升，且于 2015 年专利申请量达到了 144 件，占据同年全球催化剂技术申请总量的 1/3。这一方面得益于中国在以化石燃料为主的能源模式下和环境保护问题日益突出的背景下急切地需要进行能源运行模式转型，因此对于燃料电池、锂离子电池等新型能源装置出台了许多补贴及扶持政策；另一方面，在国内能源模式急剧转型的环境下，中国众多企业开始认识到燃料电池作为一种高效率、无污染的能量转换装置，其未来的应用前景十分广阔，也开始进一步加大研发投入，大力发展燃料电池技术及相关配套设施，以完善产业链。

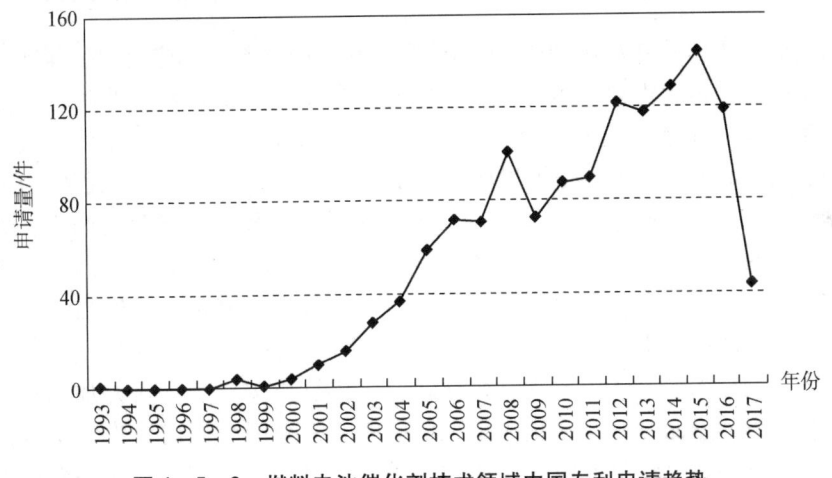

图 4-5-3 燃料电池催化剂技术领域中国专利申请趋势

4.5.6 中国专利申请区域分布

表4-5-2显示了燃料电池催化剂技术领域的中国专利申请区域分布。从图中可以看出，在燃料电池催化剂技术这一领域的专利申请量排名前10位的省市分别为辽宁、北京、江苏、上海、广东、湖北、福建、浙江、黑龙江、重庆以及吉林。其中，辽宁以133件的专利申请位于第一位。这主要得益于辽宁的中国科学院大连化学物理研究所在催化剂这一技术上的突出贡献，其申请量达到了95件，占据辽宁总申请量的72%，理论基础雄厚；同时辽宁还有新源动力等全国具有代表性的燃料电池企业，从而为该地区整个燃料电池行业的技术发展提供了较好的平台。而广东作为国内燃料电池的主要应用市场，不仅有比亚迪等大型的汽车制造公司，也有如华南理工大学、华南师范大学等高校的技术支撑，以87件的专利申请位于国内催化剂技术领域的第五位。

表4-5-2 燃料电池催化剂技术领域中国专利申请省市分布

序号	申请人省市	申请量/件
1	辽宁	133
2	北京	103
3	江苏	97
4	上海	90
5	广东	87
6	湖北	49
7	福建	43
8	浙江	40
9	黑龙江	39
10	重庆	32
11	吉林	30

北京则以103件的专利申请位于中国燃料电池催化剂技术各省市排名的第二位。与电极技术的申请情况类似，申请量较多的北京申请人主要以高校为主，如北京化工大学、清华大学、北京工业大学等。江苏、上海、福建、浙江、黑龙江、重庆等省市的申请情况与北京基本类似，主要以南通大学、东华大学、上海交通大学、福州大学、厦门大学、浙江大学、哈尔滨工业大学、重庆大学等高校、科研院所为主。此外，湖北的申请比较集中，申请量最多的申请人是武汉理工大学，占其总申请量的55%。

整体而言，在燃料电池催化剂技术领域，国内不少研究机构已经陆续获得了一些成果，并申请了相关专利。各种催化剂的活性组分与载体已分别被广泛研究和开发，但活性组分与载体的协同作用及其复合材料目前仍有待进一步探讨并加以利用，且催化活性的稳定性和寿命也有待系统的研究和试验。未来国内还需要进一步推进专利技术成果转换，促使各燃料电池应用企业积极投资涉足全产业链，以加快燃料电池产业

4.5.7 中国重点申请人分析

表4-5-3示出了燃料电池催化剂领域专利申请量排名前20位的申请人情况。从整体上看，中国申请人多于外国申请人，前20位申请人中，中国申请人占据15个席位，国外申请人占据5个席位。来自中国的申请人包括排名第一位的中国科学院（158件）、排名第四位的北京化工大学（42件）、排名第五位的华南理工大学（35件）、排名第七位的武汉理工大学（27件）、并列排名第八位的哈尔滨工业大学（25件）和重庆大学（25件）、排名第11位的西北师范大学（22件）、排名第12位的大连理工大学（19件）、排名第13位的浙江大学（19件）、排名第14位的华南师范大学（17件）、并列排名第15位的东华大学（16件）和清华大学（16件）与福州大学（16件）、并列排名第18位的南通大学（15件）和太原理工大学（15件）。不但中国申请人个数占优势，申请数量方面也占据绝对的优势。中国科学院以158件的专利申请高居榜首，是位于第二位的日本丰田申请数量的2倍之多，表明国内申请人至少在国内燃料电池催化剂技术领域的研发方面抢占了先机。排名前20位的来华国外申请人主要来自日本、韩国、美国这三个燃料电池发展的主要国家。其中排名第二位的丰田（74件）、排名第六位的昭和电工（35件）以及排名第十位的科特拉（25件）均来自燃料电池发展大国日本，表明日本大企业对于中国燃料电池市场非常重视。其余的2位国外申请人则来自韩国和美国，分别为韩国三星（46件）与美国的3M（15件），表明韩国和美国的企业也相对较为重视中国的市场。

表4-5-3 燃料电池催化剂技术领域中国专利申请人排名

序号	申请人	申请量/件
1	中国科学院（中）	158
2	丰田（日）	74
3	三星（韩）	46
4	北京化工大学（中）	42
5	华南理工大学（中）	35
6	昭和电工（日）	35
7	武汉理工大学（中）	27
8	哈尔滨工业大学（中）	25
9	重庆大学（中）	25
10	科特拉（日）	25
11	西北师范大学（中）	22
12	大连理工大学（中）	19
13	浙江大学（中）	19
14	华南师范大学（中）	17

续表

序号	申请人	申请量/件
15	东华大学（中）	16
16	清华大学（中）	16
17	福州大学（中）	16
18	南通大学（中）	15
19	太原理工大学（中）	15
20	3M（美）	15

为更好地了解国内申请人在燃料电池电极技术领域的申请情况，课题组选取了中国科学院、武汉理工大学、新源动力，从专利申请的角度进一步分析其各自申请的总体情况、研发方向以及具有代表性的专利技术，找出共性和差异。

（1）中国科学院

中国科学院是中国自然科学最高学术机构、科学技术最高咨询机构、自然科学与高技术综合研究发展中心。全院共拥有12个分院、100多家科研院所、2所直属高校、1所共建高校、130多个国家级重点实验室和工程中心，建成了完整的自然科学学科体系，物理、化学、材料科学、数学、环境与生态学、地球科学等学科整体水平已进入世界先进行列。中国科学院作为中国燃料电池技术领域的开拓者和奠基者，已有40多年的研发历史，在燃料电池技术研究和开发方面取得了丰硕的成果。同时，中国科学院是我国燃料电池催化剂技术领域专利申请量排名第一位的申请人。

本部分从中国科学院燃料电池催化剂技术的申请法律状态、重点研发方向、重点专利等角度出发，对中国科学院催化剂技术领域进行专利分析。截止到本报告检索日2017年8月28日，全球共申请159项相关专利，以此为数据源进行分析。

图4-5-4为中国科学院燃料电池催化剂领域的专利申请的法律状态。从图中可以看出，中国科学院的有效专利比例较高，占比达41%，还有22%的审中专利，而失效专利占比37%。但是失效专利占比中有16%是由权利终止造成的，撤回的专利申请占比12%，相对而言被驳回的专利申请比例较低，仅9%。可见中国科学院燃料电池催化剂领域的专利申请的质量相对较高。

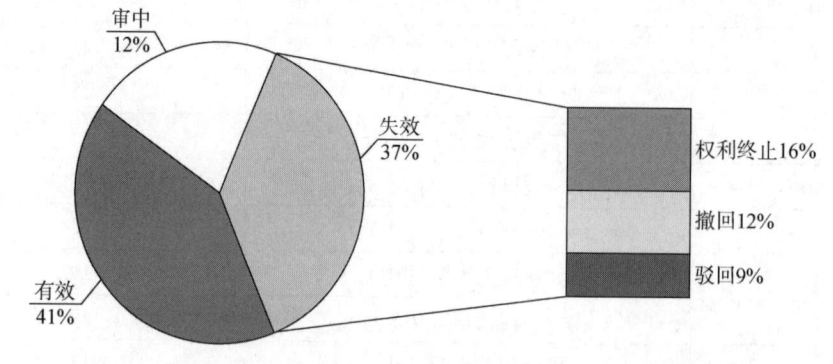

图4-5-4 中国科学院燃料电池催化剂领域中国专利申请法律状态

图4-5-5示出了中国科学院在燃料电池催化剂技术领域的重点研究方向。在现有技术中，通过改变催化剂活性物质的结构、改进材料的制备方法、修饰改性金属或非金属催化剂以及改进载体特性是提高燃料电池催化剂综合性能的主要途径。从图4-5-5统计的具体数据来看，中国科学院的研究方向主要集中在制备方法、金属或非金属催化剂改性以及载体改进手段上，借以提高催化剂的催化活性及循环稳定性，简化制备工艺流程，降低生产成本等。

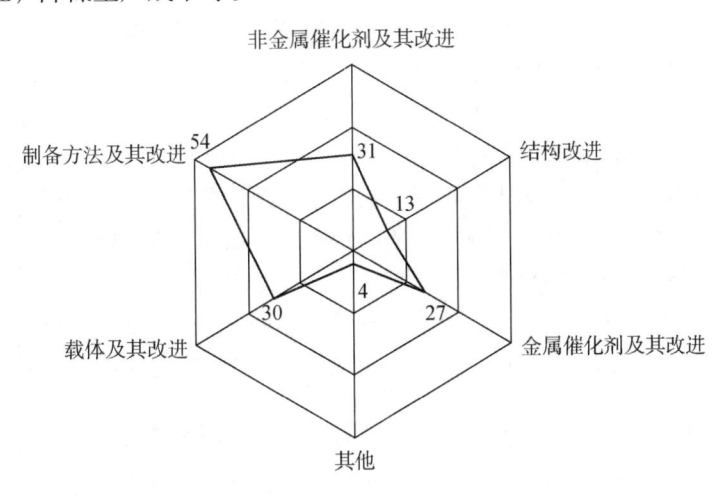

图4-5-5 中国科学院燃料电池催化剂技术领域的重点研究方向
注：图中数字表示专利申请量，单位为项。

在制备方法方面，中国科学院的专利申请量为54项，其制备方法涉及静电纺丝法、浸渍还原法、离子交换法、模板法、液相还原沉积法等多个种类。其中浸渍还原法是制备固体催化剂的常用方法之一，其原理是将活性组分（含助催化剂）以盐溶液形态浸渍到多孔载体上并渗透到内表面上，再进一步采用氢气还原法等进行还原形成一种高效催化剂。该制备方法较易控制、简单易行、利用率高、生产能力大，较为贴近燃料电池商业化的需求。

金属催化剂的改性也是中国科学院的重点关注领域。如图所示，其中涉及金属催化剂及其改进的专利申请量为27项，主要涉及铂基贵金属催化剂的相关研究，如以多壁碳纳米管（MWCNT）或石墨烯等碳材料为载体，通过导电聚合物、金属氧化物（CuO、CeO、Mn_yO_x）等进行修饰，以提高贵金属粒子的均匀分散度，从而制备出性能更为优异的三元或多元贵金属催化剂。

非金属催化剂及其改进的专利申请量为31项，专利内容多涉及将碳气凝胶、介孔碳等多种碳材料作为燃料电池非金属电催化剂的研究，改性手段则多以元素掺杂为主，如硒掺杂纳米碳或硒与氮共掺杂的纳米碳、氮掺杂有序分级介孔碳、氮-硼共掺杂纳米碳等。这类非金属催化剂抗腐蚀性较好，制备工艺简单且周期短，成本低廉，应用范围较为广泛。此外，涉及载体及其改性的专利申请量为30项，最初研究较多的催化剂载体通常为单一的多孔碳材料，之后研究重点逐渐转向金属氧化物与碳材料等的复合载体，使活性金属粒子的分散性更好，通过增强活性组分与载体之间的结合力，从而提高电催化剂的稳定性。中国科学院关于催化剂的结构改进也有一定量的专利申请，为13项。如核壳结构的催化剂可显示出较高的面积比活性与单位质量铂催化活性。

图4-5-6示出了中国科学院在燃料电池催化剂技术领域的专利申请变化趋势。如图所示，2000年，中国科学院出现了首件二氧化钛修饰的碳负载铂纳米粒子贵金属催化剂的专利申请（CN00112136）；2001年，中国科学院首次提出了关于催化剂制备方法的2件专利申请（CN1186838C、CN1166019C），解决的技术问题均为提升催化剂活性微粒分散性和均匀性。在其后的技术发展过程中，制备方法及其改进一直受到中国科学院研发团队的重视，申请量稳中有升。而在出现首件金属催化剂及其改进专利申请后的第三年，即2003年，才开始出现了第二件相关申请，之后的几年申请量依然有较明显的波动，2007年之后才逐渐趋于稳定。在2007~2015年，涉及金属催化剂及其改进的代表性专利及其出现时间如下：铂-钌合金催化剂（CN101015798B，2007）、聚合物修饰（CN101664698B，2008）、Mn_yO_x修饰（CN102476054B，2010）和二氧化铈修饰（CN105762373A，2014）。

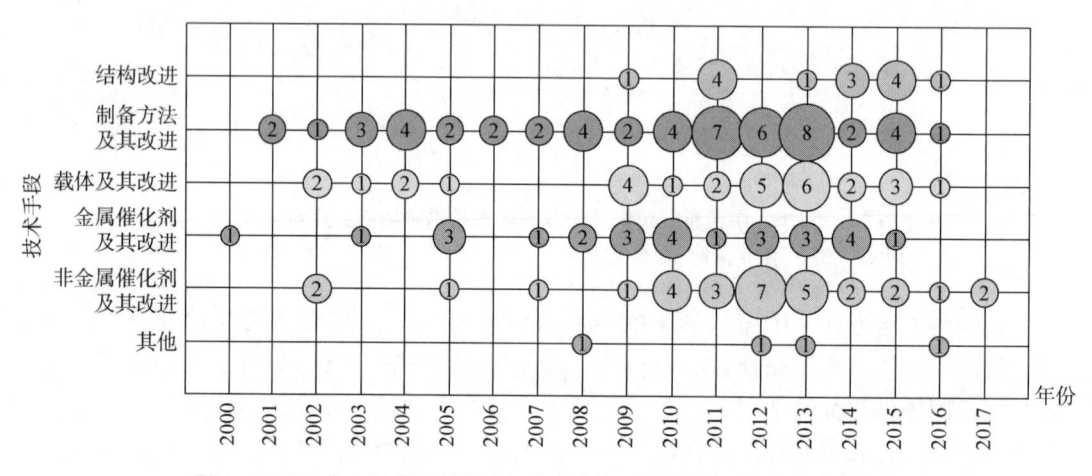

图4-5-6　中国科学院燃料电池催化剂领域各技术手段专利申请趋势

注：图中数字表示专利申请量，单位为项。

中国科学院首次涉及非金属催化剂及其改进（CN1260842C、CN1387273A）和载体及其改进（CN1262030C、CN1184710C）的专利申请出现于2002年，之后申请量一直出现波动，2009年开始趋于稳定并呈现出明显的上升趋势。同时，2009年，中国科学院出现了首件关于催化剂结构改进的相关专利申请，之后在该方面的专利申请量发展也较为稳定。其催化剂结构改进多以核壳结构、空心球体结构等为主，主要是从降低贵金属用量方面来降低催化剂的生产成本。2009~2017年，涉及非金属催化剂及其改进的代表性专利申请和出现时间如下：金属掺杂含氮碳凝胶催化剂（CN102476058B，2010）、含氮和/或硼掺杂纳米碳电催化剂（CN103050714A，2011）、择优暴露晶面的掺杂氧化铈薄膜（CN104934614B，2014）。

中国科学院因在燃料电池催化剂技术领域雄厚的研发实力，其专利技术具有较高的参考价值。根据中国科学院专利的被引频次、转让事件等情况，其在催化剂领域的重点专利列表，如表4-5-4所示。

表4-5-4 中国科学院燃料电池催化剂领域的重点专利

序号	申请号	标题	申请日	法律状态	被引次数	受让人
1	CN02116449.5	直接甲醇燃料电池耐甲醇阴极电催化剂的制备方法	2002-04-05	撤回	6	
2	CN200310121180.0	质子交换膜燃料电池阴极电催化剂及其应用	2003-12-22	驳回	13	
3	CN200410031346.4	一种一氧化碳水汽变换催化剂及制备方法和应用	2004-03-25	有效	0	大连凯特利催化工程技术有限公司、湖北华特尔净化技术有限公司
4	CN200410011112.3	直接甲醇燃料电池阳极电催化剂的制备方法	2004-10-08	撤回	6	
5	CN200510047723.8	一种质子交换膜燃料电池电催化剂及其制备和应用	2005-11-16	驳回	7	新源动力股份有限公司
6	CN200510135574.0	一种用于质子交换膜燃料电池的电催化剂	2005-12-29	有效	0	江苏中科天霸新能源科技有限公司
7	CN200610047758.6	一种催化剂及其制备和在硼氢化物水解制氢中的应用	2006-09-15	驳回	6	
8	CN200610119019.3	一种基于金属簇合物途径制备铂纳米电催化剂的方法	2006-12-01	有效	0	上海新微电子有限公司
9	CN200710043391.5	一类燃料电池用纳米钯或钯铂合金电催化剂的制备方法	2007-07-03	有效	1	上海新微电子有限公司、苏州大学
10	CN200710157217.3	一种过渡金属簇硫族化合物燃料电池用阴极催化剂及制备	2007-09-29	有效	0	上海汽车集团股份有限公司、中国科学院大连化学物理研究所

129

续表

序号	申请号	标题	申请日	法律状态	被引次数	受让人
11	CN200810050374.9	直接甲酸燃料电池碳载钯纳米催化剂制备方法	2008-02-04	撤回	8	
12	CN200910044940.X	燃料电池用电催化剂载体、电催化剂、电极,及其制备	2009-01-06	有效	0	上海汽车集团股份有限公司、中国科学院大连化学物理研究所
13	CN201010210096.6	一种催化剂在碱性燃料电池中的应用	2010-06-25	驳回	7	
14	CN201110315465.2	一种燃料电池用掺杂纳米碳电催化剂及其应用	2011-10-17	撤回	8	
15	CN201210032938.2	一种燃料电池催化剂及其制备方法	2012-02-14	驳回	5	
16	CN201210218965.9	一种牺牲氧化镁载体制备铂黑/铂钌黑纳米电催化剂的方法	2012-06-28	有效	0	中国科学院上海高等研究院
17	CN201210453382.4	一种铁、氮共掺杂炭黑催化剂及其制备方法	2012-11-13	有效	5	

(2) 新源动力股份有限公司

新源动力创建于2001年4月,由中国科学院大连化学物理研究所、兰州长城电工股份有限公司等单位发起设立,是中国第一家致力于燃料电池产业化的股份制企业。2006年,以中国科学院大连化学物理研究所为技术依托,新源动力承建成立"燃料电池及氢源技术国家工程研究中心"。目前,新源动力已发展成为中国燃料电池领域集科研开发、工程转化、产品生产、人才培养于一体的规模最大的专业化燃料电池公司。

新源动力自成立以来,即承担国家科技部"863"计划重大专项"车用燃料电池发动机研制课题"。完成的各项技术指标国内领先,部分关键技术已达到国际一流水平,并以此为基础在燃料电池发动机技术领域取得了多项创新成果。新源动力拥有多项自主知识产权专利技术,涵盖了质子交换膜燃料电池发动机系统关键材料、关键部件、整堆系统等各个层面,取得了多项科技创新成果。

本部分从新源动力燃料电池催化剂技术的申请法律状态、重点研发方向、技术发展路线等角度出发,对中国科学院催化剂技术领域进行专利分析。截至本报告的检索截止日2017年8月28日,全球共申请11项相关专利,以此为数据源进行分析。

图4-5-7为新源动力燃料电池催化剂领域的专利申请的法律状态。可以看出，新源动力的有效专利申请比例占46%，还有9%的审中专利申请，而失效专利申请占比较高，达到45%。失效专利中大半是由驳回导致的，撤回的比例也较高，不存在因权利终止的专利，可见其授权的专利一直都在维持。

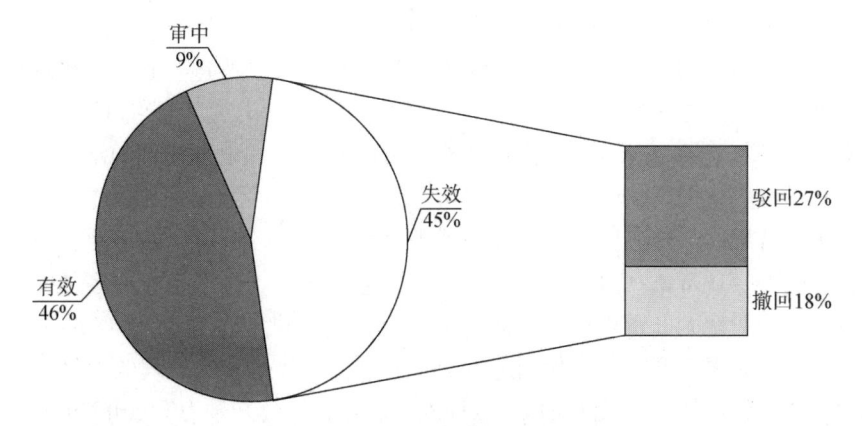

图4-5-7　新源动力燃料电池催化剂领域中国专利申请法律状态

图4-5-8示出了新源动力在燃料电池催化剂技术领域的重点研究方向。从图中可以看出，新源动力涉及催化剂技术的研究内容主要有制备方法及其改进、结构改进、金属催化剂及其改进、载体及其改进，其专利申请量分别为5项、3项、1项和2项。由此可见，涉及燃料电池催化剂的制备方法改进是新源动力的重点研究方向。

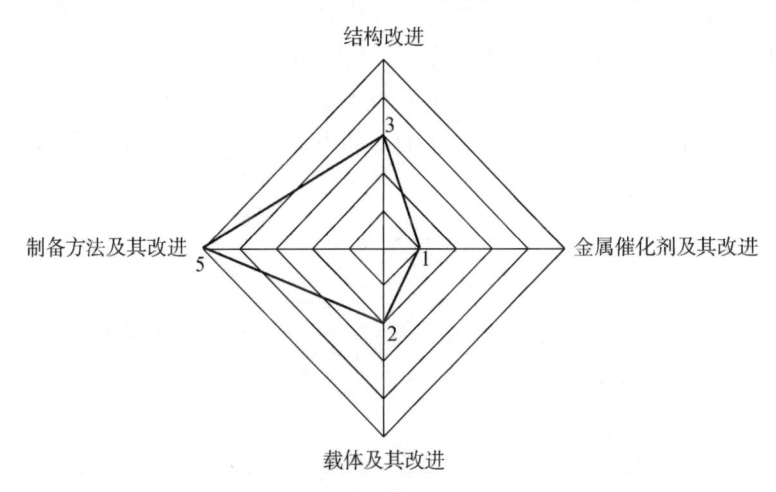

图4-5-8　新源动力燃料电池催化剂领域的重点研究方向
注：图中数字表示专利申请量，单位为项。

制备方法及其改进这一技术手段是改善燃料电池催化剂综合性能的最常用方法之一，不仅可以提高金属粒子的分散性和电化学性能的稳定性，而且可以简化制备工艺，降低成本以有利于工业批量生产。此外，催化剂结构改进也是新源动力用于提高电催化剂性能的有效手段之一。其可从结构设计上节约贵金属催化剂的用量，降低电池成本；同时，控制催化剂活性物质均匀分散，提高材料的重复性和抗一氧化碳能力。金属催化剂及其改进与载体及其改进则是改善催化剂性能更为直接的方法，但新源动力对此的专利申请量并不多。

图4-5-9显示了新源动力在燃料电池催化剂领域的技术发展路线图。从图中可以看出，2005年，新源动力出现了燃料电池催化剂的第一件专利申请，主要研究内容为催化剂的结构改进。随后的2007年，新源动力在金属催化剂及其改进、制备方法及其改进以及载体及其改进三个方面均出现了首件专利申请。其中，公开号为CN101335350A的专利申请公开了一种氧化钨/碳粉复合载体担载铂或铂-钌合金的电催化剂的制备方法，其首先将钨酸盐进行酸化得到胶体沉淀，将高比表面的碳粉分散于异丙醇并加入到钨酸胶体溶液中制得复合载体，再将贵金属成分担载于复合载体上，从而制备得到抗一氧化碳中毒性能良好的$Pt-H_xWO_y/C$和$PtRu-H_xWO_y/C$电催化剂。且该制备方法过程简单易于控制，可用于商业化大批量生产。而涉及金属催化剂改进的专利申请（CN101181680B）的技术创新点是对担载型的铂催化剂进行疏水处理，使经过疏水处理的催化剂在含有水蒸气和少量氧气的条件下，依然可以高效脱除一氧化碳。公开号为CN101229512A的载体改进专利申请的发明内容是将碳材料进行高温热处理使其发生部分石墨化转变，并消除原载体中的部分杂质，从而提高碳载体的稳定性能。之后的几年，新源动力在金属催化剂以及载体方面均没有再提出专利申请。新源动力关于结构改进的相关技术在2009年有2件专利申请，其技术内容均涉及一种内催化剂层和外催化剂层的双层结构。这种结构可以大幅度节约贵金属催化剂的用量，降低电池成本，并且有利于膜的润湿和均匀性、稳定性。进一步，新源动力在制备方法及其改进的申请量则较为稳定。2008年，新源动力公开了一种胶体浸渍法制备耐高温多孔材料担载铂电催化剂的方法；2009年，其提出了一种克服质子交换膜遇到醇类溶剂溶胀变形的技术问题的催化剂制备方法；2016年，一种具有梯度孔隙率的阴极催化层制造工艺的专利申请被提出。由此可看出，制备方法及其改进是新源动力的主要关注领域。

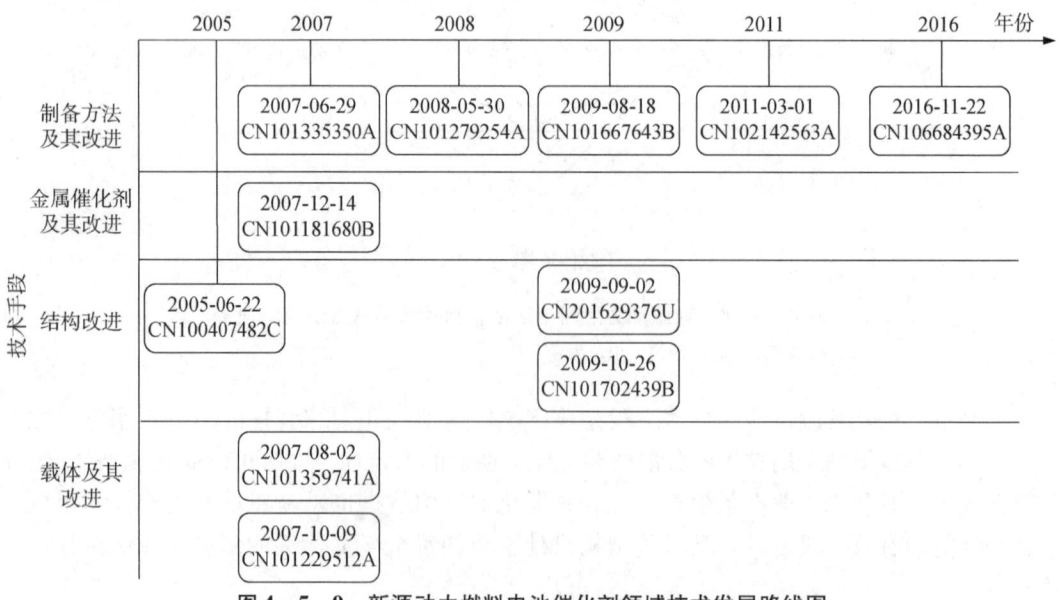

图4-5-9 新源动力燃料电池催化剂领域技术发展路线图

(3) 武汉理工大学

武汉理工大学是国家教育部直属的理工类全国重点大学，国家首批"211工程""特色985工程"重点建设高校，国家首批"双一流"世界一流学科建设高校。武汉理工大学材料科学与工程专业属于世界一流学科建设学科，并且建设了材料复合新技术国家重点实验室、湖北省燃料电池重点实验室，其研发实力雄厚，拥有大量的自主知识产权。2006年，武汉理工大学产业集团有限公司与武汉理工大科技园股份有限公司、湖北省高新技术发展促进中心和武汉市科技创新投资有限公司共同投资成立了武汉理工新能源有限公司，致力于燃料电池和燃料电池电动汽车的产业化进程，并拥有多项专利技术，但专利中涉及催化剂的申请则相对较少。

本部分从武汉理工大学燃料电池催化剂技术的申请法律状态、失效专利列表、重点研发方向等角度出发，对武汉理工大学燃料电池催化剂技术领域进行专利分析。截至本报告的检索截止日2017年8月28日，全球共申请27项相关专利，以此为数据源进行分析。

图4-5-10为武汉理工大学燃料电池催化剂领域的专利申请的法律状态，表4-5-5为武汉理工大学催化剂领域的失效专利列表。从图4-5-10及表4-5-5可以看出，武汉理工的有效专利比例很低，仅占11%，还有4%的审中专利，而失效专利占比85%，比例很高，但是失效专利中多数是由权利终止造成的，撤回的专利申请的比例非常低。可见，武汉理工大学专利申请的质量相对较高，但授权专利的维持度很低。

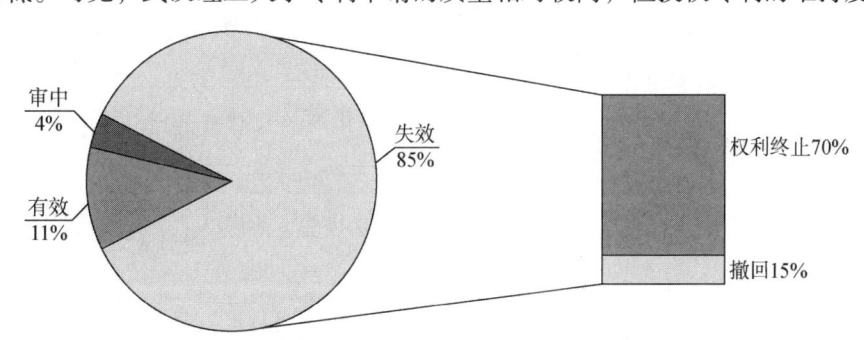

图4-5-10 武汉理工大学燃料电池催化剂领域中国专利申请法律状态

表4-5-5 武汉理工大学催化剂领域的失效专利列表

序号	申请号	发明名称	申请日	法律状态
1	CN201310041096.1	纳米三明治结构燃料电池非贵金属催化剂、膜电极及制备方法	2013-02-01	失效
2	CN201210440582.6	质子交换膜燃料电池阴极非铂催化剂及其制备方法	2012-11-07	失效
3	CN201110000145.8	具有碳纳米层的导电陶瓷为担体的燃料电池催化剂及制备方法	2011-01-04	失效

续表

序号	申请号	发明名称	申请日	法律状态
4	CN200810046953.6	基于多孔基体的燃料电池催化剂层、燃料电池芯片及制备方法	2008-02-28	失效
5	CN200810046956.X	基于多孔基体的燃料电池催化剂层、膜电极及制备方法	2008-02-28	失效
6	CN200610020009.4	一种以导质子高聚物修饰碳为载体的燃料电池催化剂及制备	2006-08-17	失效
7	CN200610020007.5	经质子导体修饰并以导电陶瓷为载体的燃料电池催化剂及制备	2006-08-17	失效
8	CN200610020006.0	以质子导体修饰导电陶瓷为载体的燃料电池催化剂及制备	2006-08-17	失效
9	CN200610020005.6	经导电聚合物修饰并以导电陶瓷为载体的燃料电池催化剂及制备	2006-08-17	失效
10	CN200610020004.1	一种具有导质子功能的燃料电池催化剂及制备方法	2006-08-17	失效
11	CN200610019303.3	一种燃料电池用核壳催化剂及其制备方法	2006-06-08	失效
12	CN200610020008.X	一种以导电陶瓷为载体的燃料电池催化剂及其制备方法	2006-08-17	失效
13	CN200610019298.6	一种高效直接甲醇燃料电池阴极催化剂及其制备方法	2006-06-09	失效
14	CN200510018288.6	一维纳米碳为载体的电催化剂的制备方法	2005-02-21	失效
15	CN200510018286.7	复合导电高聚物修饰一维纳米碳为载体的电催化剂及制备	2005-02-21	失效
16	CN200510018287.1	导电高聚物修饰一维纳米碳为载体的电催化剂及制备方法	2005-02-21	失效
17	CN200410012745.6	直接法合成质子交换膜燃料电池用超薄核心组件	2004-02-20	失效

续表

序号	申请号	发明名称	申请日	法律状态
18	CN200410012744.1	间接法合成质子交换膜燃料电池用超薄核心组件	2004-02-20	失效
19	CN02147859.7	质子交换膜电解质燃料电池碳载铂铁合金电催化剂及其制备方法	2002-12-17	失效
20	CN200610020045.0	一种离子传导聚合物修饰的金属颗粒催化剂的制备方法	2006-08-25	失效
21	CN201010102464.5	一种燃料电池复合催化剂、高耐久性膜电极及制备方法	2010-01-26	失效
22	CN201110000141.X	以导电陶瓷碳化硼为担体的燃料电池催化剂及其制备方法	2011-01-04	失效
23	CN201110000144.3	一种以碳包覆导电陶瓷为担体的燃料电池催化剂及其制备方法	2011-01-04	失效

图4-5-11显示了武汉理工大学在催化剂技术领域的重点研究方向。和新源动力在燃料电池催化剂领域的专利申请类似，武汉理工大学的专利申请主要集中在金属催化剂及其改进、结构改进、制备方法及其改进以及载体及其改进四个方面。其中，载体及其改进和催化剂制备方法及其改进是武汉理工大学的重点研究方向，其专利申请量分别为10项和9项。在载体及其改性方面，其载体种类均只涉及导电陶瓷和纳米碳材料两种，如导电陶瓷碳化硼为载体、碳包覆导电陶瓷为载体、质子导体修饰导电陶瓷为载体、导电聚合物修饰导电陶瓷为载体等，从而显示出较高的电化学活性面积和良好的抗氧化性能；关于碳材料载体的修饰则仅涉及以含有大π键结构的导质子/导电高聚物修饰的一维纳米碳为载体，由此担载的金属粒子催化剂粒径均一且分散性较好，同时可形成更多的三相反应界面，提高贵金属的利用率。而在制备方法及其改进方面，武汉理工大学主要涉及液相沉积-还原法、静电纺丝法等；此外，武汉理工大学还提出了一种直接以具有高比表面积的多孔材料作为合成铂基催化剂的载体及反应器的制备方法，反应混合溶液可在多孔材料载体上直接被还原得到铂基催化剂。此方法具有制备简便、易控制、合成周期短等优势，且其展示出了远优于常用催化剂商业Pt/C的活性和耐久性。

在金属催化剂及其改进以及结构改进方面，武汉理工大学的专利申请量分别为5项和3项。其中，涉及金属催化剂改进的发明技术内容主要是采用导质子高聚物、金属大环化合物、离子传导聚合物等修饰纳米贵金属催化剂，经过修饰后的金属催化剂，质子可以在其活性表面迅速传递，从而提高催化剂的催化效率。此外，武汉理工大学提出了一种在金属催化剂活性物质中添加高比表面积、高吸附特性的多孔材料的修饰方法。该方法作用在于吸附迁移的催化剂离子或颗粒，减缓因催化剂流失造成的催化活性下降，同时还可吸附一氧化碳、氨气或硫化物，减少其对催化剂的毒化作用，从

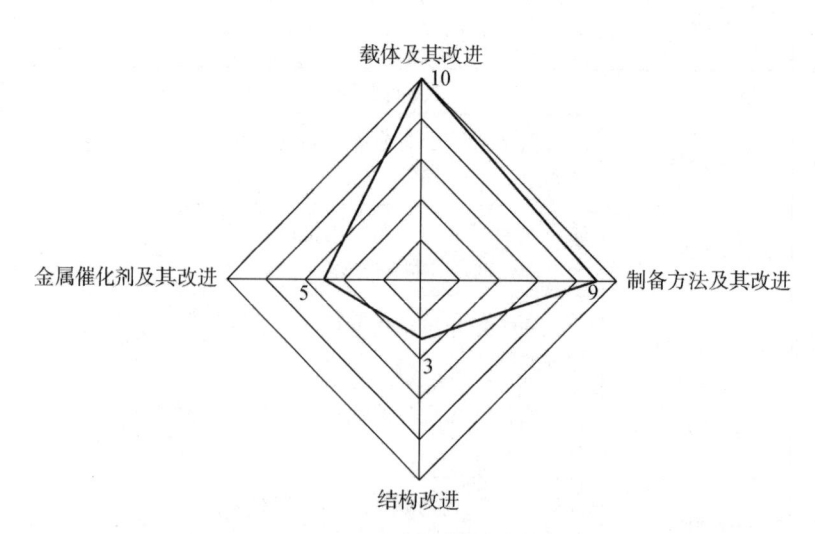

图 4-5-11　武汉理工大学燃料电池催化剂领域的重点研究方向
注：图中数字表示专利申请量，单位为项。

而提高催化剂的工作效率和使用寿命。而涉及催化剂结构改进则主要有三维纳米三明治结构和纳米石墨碳铆钉结构两种，其比表面积较大，相比一般碳载金属催化剂具有更优异的催化活性。

由此可见，从专利申请量的角度出发，与上述中国科学院和新源动力两位申请人相比，武汉理工大学倾向于以催化剂载体及其改进为出发点，进而增强载体和催化剂活性物质的结合力，以提高催化剂活性物质的分散性和电化学性能稳定性。

图 4-5-12 示出了武汉理工大学在燃料电池催化剂领域专利申请趋势。从图中可以看出，2002 年，武汉理工大学提出了第一件关于燃料电池催化剂的专利申请，其内容主要涉及一种碳载铂铁合金电催化剂，运用了液相沉积-气/固还原的制备方法（CN1194434C）；相隔 2 年之后即 2004 年，武汉理工大学提出了 2 项催化剂制备方法及其改进的相关专利申请。在其后的技术发展过程中，关于催化剂制备方法的改进一直受到武汉理工大学的关注，相关专利申请也一直在持续。

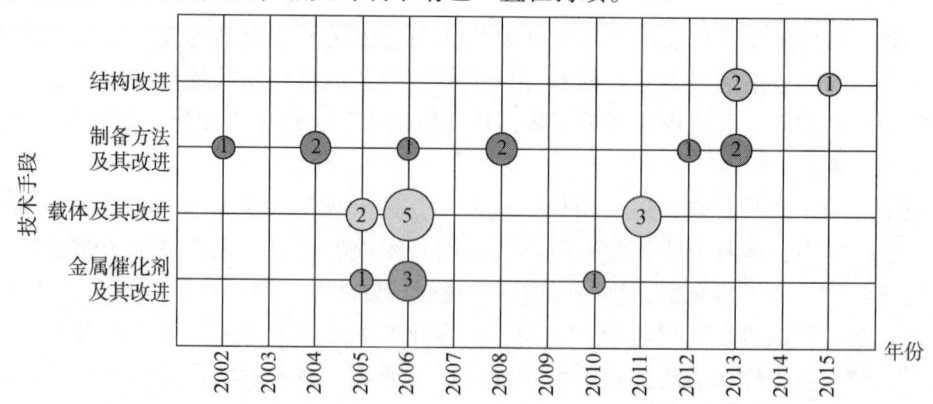

图 4-5-12　武汉理工大学催化剂领域各技术手段专利申请变化趋势
注：图中数字表示专利申请量，单位为项。

2005年，武汉理工大学首次出现了2项涉及催化剂载体改进的专利申请（CN1284257C、CN1284258C），技术点均为利用导电高聚物修饰碳材料作为贵金属催化剂载体；紧接着2006年，武汉理工大学同样提出了2项关于导电聚合物修饰碳材料为载体的专利申请，但与此同时，以导电陶瓷为载体（CN100392898C）、经质子导体修饰的导电陶瓷（CN100413132C）和以导电聚合物修饰导电陶瓷为载体（CN100413131C）的专利申请被相继提出。相比于碳材料载体，导电陶瓷载体具备同样优异的导电性能和更加良好的抗腐蚀性能，且其表面微孔少，贵金属催化剂微粒可以锚定在载体表面，从而提高了催化剂的有效利用率。2011年，武汉理工大学又提出了3项关于催化剂载体改进的专利申请，其载体物质为导电陶瓷（CN102088093A）或经碳材料修饰的导电陶瓷（CN102088094B、CN102082279A），以此来进一步提高导电陶瓷的导电性能和电化学活性面积。由此可见，武汉理工大学关于燃料电池催化剂载体的研究经历了从碳材料载体到导电陶瓷及复合载体的演变。

与载体及其改进的首次申请时间相同，关于金属催化剂及其改进的武汉理工大学第一件专利申请也出现在2005年（CN1331262C），之后的2006年，武汉理工大学提出了3项金属催化剂及其改进的相关专利申请，分别为导质子高聚物修饰贵金属微粒（CN100399612C）、金属大环化合物修饰纳米铂颗粒（CN100386910C）、离子传导聚合物修饰纳米金属催化剂（CN1919459A）。在此之后，武汉理工大学仅出现了1项关于金属催化剂的改进专利申请（CN101777654A，2010），其技术点为添加多孔吸附材料以延缓催化活性下降，提高其对一氧化碳的耐久性。由此可见，武汉理工大学在金属催化剂方面的关注点从催化活性的提高正逐渐转移到催化剂的使用寿命上来，这也是燃料电池商业化进程中必须解决的核心技术问题之一。

不同于在金属催化剂和载体方面较早即开始了相关研究，武汉理工大学在结构改进方面的专利申请出现较晚。在2013年，武汉理工大学首次提出了2项关于由石墨烯片层与中间相的纳米导电碳颗粒组成的三维纳米三明治结构电催化剂的专利申请（CN103094584B、CN103165911B）；之后的2015年，其进一步提出了一种纳米石墨碳铆钉结构的燃料电池催化剂专利申请。对比上述其他技术手段，结构改进是武汉理工大学在催化剂领域近几年的关注点，未来在该方面的申请还有待进一步关注。

燃料电池催化剂因在燃料电池组件中不可或缺的重要性和居高不下的生产成本而成为了众多研究者关注的焦点。整体而言，中国的燃料电池催化剂技术还停留在科学研究阶段，在走向商业化应用的进程中还需要攻克诸多技术难题。从专利申请量的角度出发，中国科学院作为中国自然科学的最高学术机构占据了国内的绝对优势，其申请量为159项，其有效专利占比41%，专利申请的质量相对较高；从技术角度出发，中国科学院的专利申请主要集中在制备方法及其改进、金属或非金属催化剂及其改进改性以及载体及其改进四个方面，其中，非金属催化剂及其改进是中国科学院在燃料电池催化剂领域的优势方向。

新源动力作为目前国内燃料电池领域规模最大的专业化燃料电池公司，以中国科学院大连化学物理研究所为技术依托，在催化剂技术领域展开了相关应用研究，专利申请量为11项，有效专利占比45%，其主要在催化剂的制备方法和结构改进两个方面对催化剂性能进行改善提升。武汉理工大学是一所研发实力雄厚的高等院校，依托自身技术优势联合其他企业创办了武汉理工新能源有限公司，涉及催化剂的专利申请有27项。但其失效专利占比较高，达到了85%，且主要由权利终止所导致，其他企业可参考其专利技术进行有效改进，作出符合自身企业发展情况的专利布局。从技术手段出发，催化剂制备方法的改进和载体改性是武汉理工大学的重点研究方向。

4.6 结　　论

燃料电池电极及催化剂是燃料电池技术发展的重要技术分支，制备技术及性能优劣在一定程度上限定了燃料电池的各项电化学性能，因此，燃料电池电极及催化剂一直以来是各企业和科研机构的研发重点。其中，燃料电池电极技术的全球专利申请总量为10476项，占比燃料电池总申请量的1/4左右，其在2008年达到了专利申请的顶峰，之后逐渐趋于稳定。从申请国别来看，日本作为汽车工业生产大国，在燃料电池电极技术分支的专利申请量占比35%，是燃料电池电极技术专利申请大国。此外，中国、美国、韩国等也是燃料电池电极技术专利申请的重要国家。从申请人的角度来看，申请量最多的申请人是韩国三星，但日本企业上榜最多，占据申请量排名前20位的13个席位。而中国燃料电池电极技术的发展也较为活跃，江苏、辽宁、上海等沿海地区是中国燃料电池电极技术发展的重点区域。

燃料电池催化剂技术领域的申请主要集中在日本、美国、中国、韩国，其占据了总申请量的73%以上。此外，欧洲一些国家/地区在该领域也有一定的申请量。在燃料电池催化剂技术领域申请量前20位的申请人排名中，日本申请人依然占据大半壁江山，有12家企业上榜，其中丰田的燃料电池催化剂技术专利申请量排在首位。中国进入燃料电池催化剂技术领域的时间较短，但发展迅速，其中，辽宁、北京、江苏、上海、广东是中国燃料电池催化剂技术研发的重点省市。

第5章 优美科专利分析

5.1 企业概况

优美科的前身——Union Miniere（联合矿业公司），是一家在有色金属开采及冶炼领域拥有近200年历史的老牌企业，在有色金属及材料的生产和供应上享有盛誉。20世纪90年代，该公司在发展战略上进行了重大的重新定位，更关注于金属的回收以及高附加值材料的生产。为了体现从矿业以及大宗商品和基础金属生产领域转行这一历程，联合矿业公司于2001年更名为"Umicore"（优美科），此后逐渐转型成一家特殊材料公司。2003年，优美科收购PMG公司，开辟了一个新的领域，在汽车催化剂行业大展身手。PMG公司实际上是德国Degussa集团旗下的贵金属业务单位，而Degussa集团则正是1887年成立的优美科霍博肯工厂的创始股东。2005年，优美科将铜业务剥离出来，单独成立了Cumerio公司。两年后，优美科将公司的锌精炼和合金业务与Zinifex公司的同类业务合并，联合组建了一家名为Nyrstar的新公司。如今该公司已经全部售出剩余矿业和其他非战略资产，目前专注于发展贵金属、高利润锌产品和先进储能材料。优美科目前下辖的生产部门主要有：钴及能源部、电-光材料部、铜业部、贵重金属部、锌冶炼部、锌合金部、建筑材料部、锌化工产品部。❶

优美科作为一家综合性的无机材料集团公司，在储能材料领域的发展主要集中在近20年。作为全球最大的钴盐供应商，优美科在20世纪90年代初主要以高活性四氧化三钴原材料切入日本钴酸锂产业链当中。随着全球锂电正极材料领域爆发出巨大的市场潜力，优美科开始自行研发并生产钴酸锂正极材料，并且在2005年开始产业化三元正极材料，主要以镍钴锰材料为主。目前优美科的高端钴酸锂年产量已经与日本的Nichia持平，镍钴锰三元材料的产量则较大幅度地领先于其他厂家，镍钴铝三元材料也有一定的量产。优美科致力于对材料性能的改进以及生产工艺和设备方面的革新。这主要源于优美科自身强大的有色金属冶炼背景和成熟的研发生产技术，因此其于2009年后来居上而超越Nichia成为全球锂电正极材料的老大。根据2013年全球锂电正极材料销售统计数据，优美科占据全球锂电正极材料15%的市场份额而连续4年稳居全球第一，近几年也一直保持平稳的发展趋势。❷ 此外，优美科同时也是全球最大的碱锰

---

❶ Umicore官网. 公司简介 [EB/OL]. [2017-11-15]. http://www.umicore.cn/.
❷ 高工锂电网. 国际锂电正极材料企业第一梯队 [EB/OL]. [2017-11-15]. http://www.gg-lb.com/asdisp2-65b095fb-12023-.html?bsh_bid=3471326181053542359.

电池无汞锌粉供应商和全球第二大镍氢电池球镍生产商,以及全球最具实力的贵重金属和有色金属回收冶炼公司,并且在2011年率先建成了全球第一条商业化运营的锂离子电池回收生产线。由此可以看出,优美科在整个一次和二次电池材料形成了一条非常完整和严密的产业链。这一布局值得全球电池行业的各个企业学习和借鉴。目前,优美科锂电正极材料的主要客户是韩国的三星、LG以及日本的索尼和松下。

5.2 锂电正极材料全球专利申请趋势分析

图5-2-1示出优美科的锂电正极材料领域全球专利申请趋势。优美科锂电正极材料的全球专利申请始于1996年。这些专利主要由其前身联合矿业公司所有,数量相对较少,对于各技术分支的研究还处于萌芽阶段。在这一阶段,优美科的专利申请国家/地区主要为美国、欧洲、加拿大、韩国,说明优美科早期即开始重视布局其国际市场的专利。

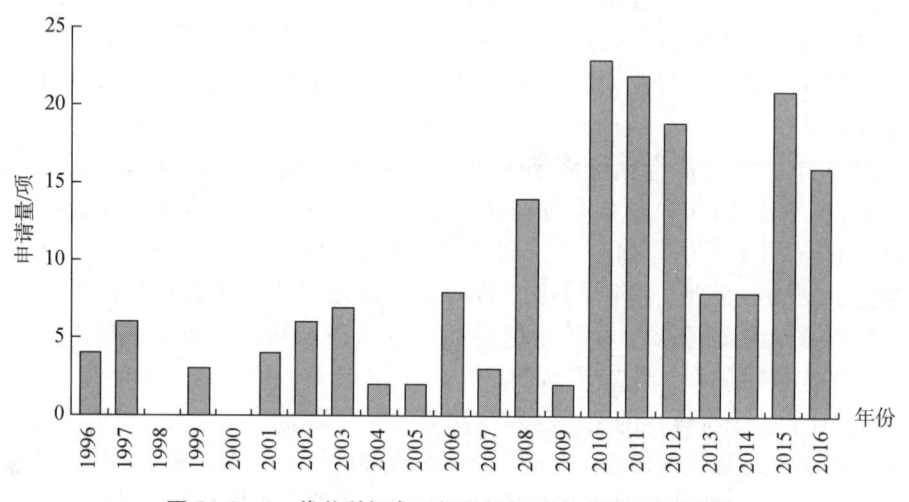

图5-2-1 优美科锂电正极材料领域全球专利申请趋势

2000年之后专利申请量开始平稳上升,但于2004~2005年,优美科申请量出现了明显的回落。这可能与优美科在这一阶段进行了一系列的公司收购与合并重组有关。2006年之后,专利申请量开始逐步进入高速增长区,并于2010年达到峰值。这一期间,优美科积累了大量的锂电正极材料相关专利,涵盖多个技术分支,极大地提高了其国际市场的技术竞争力。之后的2011~2014年,优美科申请量出现了较大幅度的下滑,但总体申请量仍然维持在较高水平。2015年,专利申请量呈现了第二个小高峰,专利申请也从多种技术分支全面申请向三元材料单技术分支的重点申请转变。在此阶段,优美科主要的专利申请国家/地区依然是欧洲、韩国、美国以及国际局。

5.3 锂电正极材料专利布局分析

5.3.1 国别分布

图 5-3-1 显示了优美科锂电正极材料领域专利申请国别分布。总体而言，美国、欧洲、韩国是优美科锂电正极材料领域发展过程中的三个重要海外市场，其专利申请量占比分别为 22%、15%、12%。可以看出，优美科没有在比利时进行专利申请，这应该是其专利都在欧洲专利局进行申请的缘故。另外，随着中国锂电正极材料市场显现出较大的发展潜力，优美科近 10 年来在中国的专利申请量也明显上升，其占比达到了 11%。

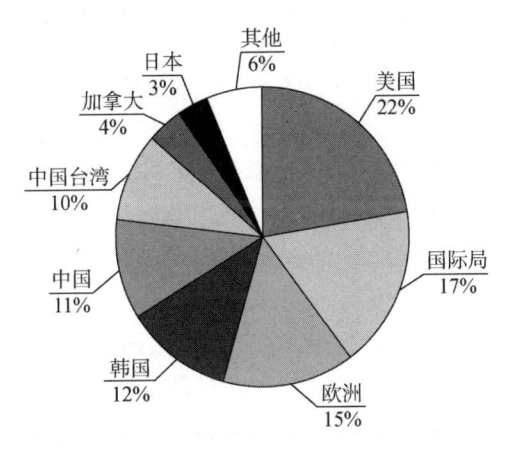

图 5-3-1 优美科锂电正极材料领域全球专利申请的国家/地区分布

5.3.2 技术构成

图 5-3-2 示出了优美科锂电正极材料领域全球专利申请技术分支。从各技术分支来看，优美科在各类锂电正极材料分支均进行了专利申请，并且其最具竞争力的三元正极材料在总申请量中的占比达到了 58%。这表明优美科在三元正极材料领域专利布局意识较强，申请了大量的专利，这一技术分支的集中式研究可能与优美科想要迎合目前国际市场对于高能量密度电池的需求有关。同时，优美科在高安全性能的磷酸铁锂和技术发展较为成熟的钴酸锂领域也累积了较多的专利申请，其分别占总申请量的 18% 和 17%。此外，优美科在公司早期开始发展储能材料业务时也申请了一定量的锂镍钴氧化物等二元正极材料和锰酸锂材料相关专利，但其在这两个技术分支领域的产业化生产则相对较少。由上可知，优美科的锂电正极材料应用市场涵盖了钴酸锂主导的消费型电子产品领域，镍钴锰酸锂应用的电动汽车、电子产品及储能领域，镍钴铝酸锂应用的电动汽车及电动工具领域，磷酸铁锂应用的储能系统及电动汽车领域，应用领域十分广泛。

图 5-3-3 显示了优美科各类锂电正极材料全球专利申请的发展趋势。依赖于自

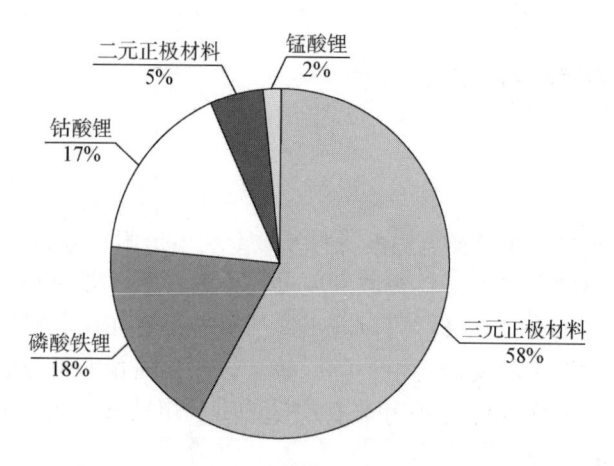

图 5-3-2 优美科锂电正极材料全球专利申请的技术分支构成

身在钴金属业务方面的技术背景和强劲实力，优美科公司在锂电正极材料领域最先涉足的是钴酸锂和锂镍钴氧化物二元正极材料。2000年之后，这两个技术分支的申请量开始减少，随之替代的是磷酸铁锂和镍钴锰三元正极材料；2002~2007年，优美科的锂电正极材料领域主要由这两个技术分支主导。2008年开始，优美科重拾钴酸锂材料这一技术分支，因其在消费型电子产品领域的应用非常广泛，且技术成熟度也相对较高，因此，对于钴酸锂这一技术发展的回暖相对容易。相反，优美科自磷酸铁锂产业化以来，申请量呈震荡发展状态，于2008年之后开始出现明显的下滑趋势，到2012年已经没有磷酸铁锂材料的相关专利申请。这可能是因为高安全性能的磷酸铁锂技术发展已经进入了瓶颈期，优美科受累于自身无法满足目前锂电池市场高容量、高能量密度等高性能的需求。而优美科在三元正极材料这一技术分支的发展自产业化以来市场份额逐步提升，发展迅速，其申请量于2010年即突破了15项，且之后一直保持强劲的发展势头，因此在一定程度上压缩了磷酸铁锂和钴酸锂的市场份额。目前，优美科的锂电正极材料以高能量密度的三元正极材料和技术发展成熟的钴酸锂为主。

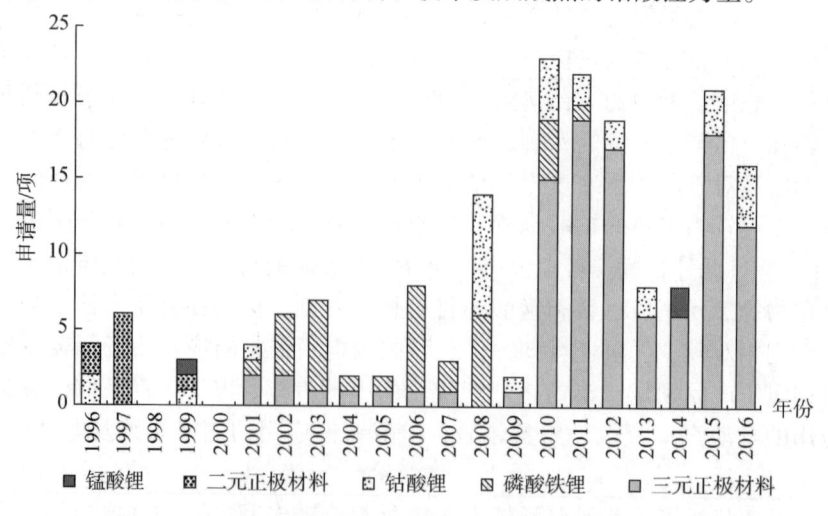

图 5-3-3 优美科锂电正极材料领域全球专利申请各技术分支发展趋势

图 5-3-4 为优美科锂电正极材料领域主要技术分支解决技术问题方面的全球专利申请分布。从三元正极材料分支来看，对于改善循环性能的技术问题申请量最大，达到 20 项；随后，是优化制备工艺、提高结构稳定性、提高比容量，申请量分别为 14 项、12 项及 12 项；对于其他方面的技术问题，专利申请量为 10 项，涉及改善高电压性能、功率特性等方面。在钴酸锂技术分支上，改善倍率性能、改善循环性能、提高比容量申请相对较多，分别为 8 项、6 项及 6 项；在其他方面的技术问题上的专利申请达到 6 项，同样涉及改善高电压性能、功率特性等方面。在磷酸铁锂分支方面，专利申请主要集中在改善循环性能、提高比容量、改善倍率性能，分别为 6 项、5 项及 2 项。二元正极材料分支上的专利申请也比较集中，主要是改善循环性能及提高结构稳定性，分别为 3 项和 2 项。另外，在锰酸锂分支上，专利申请量较小，所解决技术问题主要是改善循环性能、提高比容量、提高结构稳定性、优化制备工艺，申请量均为 1 项。

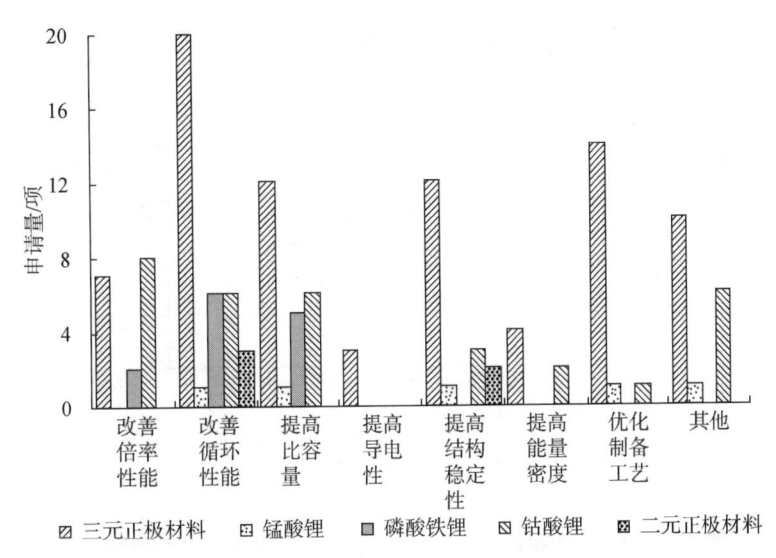

图 5-3-4 优美科锂电正极材料领域主要技术分支解决技术问题方面的全球专利申请分布情况

为了解决图 5-3-4 中的技术问题，很多学者对锂电正极材料进行制备方法的改进及改性研究。图 5-3-5 显示了优美科锂电正极材料领域主要技术分支采用技术手段方面的全球专利申请分布。从图中可以看出优美科在三元正极材料分支，解决上述技术问题主要涉及制备方法改进、掺杂以及包覆技术手段，专利申请分别为 21 项、10 项以及 10 项。在钴酸锂技术分支上，主要通过制备方法改进和掺杂来解决上述技术问题，专利申请均为 4 项。与钴酸锂的专利申请在技术手段上的分布类似，锰酸锂技术分支也是涉及制备方法改进和掺杂，专利申请均为 1 项。而磷酸铁锂技术分支涉及制备方法改进和包覆，专利申请分别为 4 项和 3 项。二元正极材料在技术手段上的分布与磷酸铁锂的类似，主要是制备方法改进和包覆，专利申请分别为 3 项和 2 项。

由于三元正极材料是优美科的研发热点方向，因此对优美科在三元正极材料上的布局进一步分析。图 5-3-6 为优美科锂电正极材料领域三元正极材料技术功效矩阵

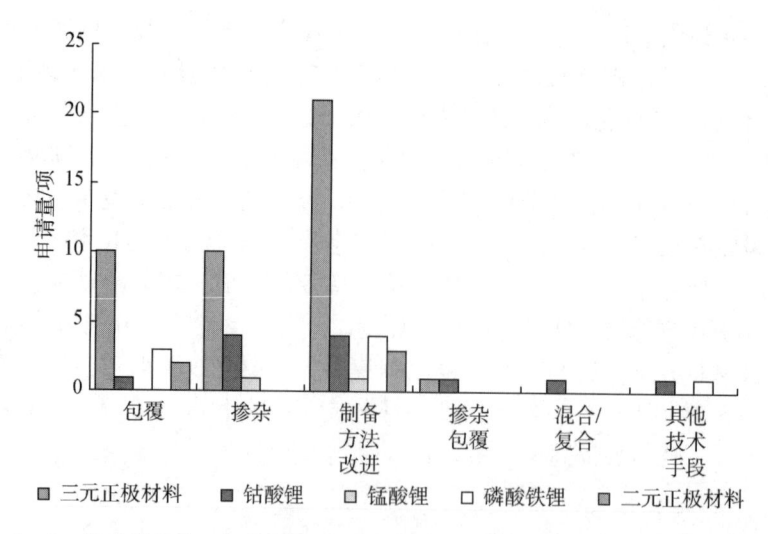

图5-3-5 优美科锂电正极材料领域主要技术分支采用技术手段方面的专利申请分布

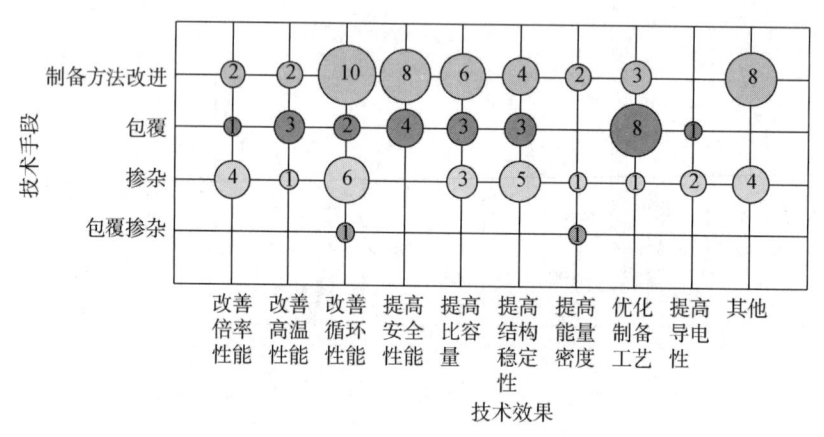

图5-3-6 优美科锂电正极材料领域三元正极材料技术功效矩阵
注：图中数字表示专利申请量，单位为项。

图。其中，其他方面技术问题主要包括改善高电压性能、功率特性。

从图中可以看出，改善循环性能的专利申请量占绝对优势，并且主要是通过制备方法改进及掺杂改性来解决循环性能问题。这说明优美科在目前三元正极材料的研发中，主要着眼点为通过制备方法改进及掺杂来改善循环性能。由于动力电池的安全性至关重要，而三元正极材料的产气现象较为严重，安全性不高，因此优美科在三元正极材料的安全性方面的布局也较多，主要通过制备方法改进及包覆方法来解决。另外，优美科在优化制备工艺、提高比容量及结构稳定方面的布局也较多，而在提高能量密度方面的专利申请量也较少，可见优美科并未将研发重点放于此；同时，提高导电性方面的申请量也较少。

5.3.3 技术发展路线分析

根据优美科全球专利的重要技术节点、同族数目和被引频次等因素，课题组将优美科的主要技术按照专利的申请时间，绘制了如图5-3-7（见文前彩色插图第6页）所示的技术发展路线图。1996年，优美科出现了第一件锂电正极材料领域的锂镍钴二氧化物二元材料的基础专利US5955051A。该专利要求保护其系列材料的制备方法，通过该方法合成的材料晶体均匀度高，锂对过渡金属比例非常接近所述期望的理论值。该件专利在多个主要国家/地区如中欧、韩国、加拿大等进行了申请，并获得了专利权。通过上述专利，优美科开始正式进入锂电正极材料领域的市场，并逐渐开始锰酸锂、钴酸锂等其他技术分支的研发。之后，于1999年出现了锰酸锂材料的专利申请CN1170773C，主要保护锰酸锂材料的制备方法及其钛、镁等金属元素的掺杂改性，目的在于提高锰酸锂材料的结构稳定性，改善其循环性能。但在此之后优美科并未在该技术分支上进行更进一步的研究和生产。而在钴酸锂材料这一技术分支上，优美科则投注了更多的精力，其研发起步较早，但在2000年之前并没有形成大规模的生产。2001年，一种不含局部立方类尖晶石结构相的六方层状晶体结构的钴酸锂材料制备方法专利申请US6589499B2被提出，其提高了钴酸锂材料的稳定性并使材料具有更为一致的电化学性能。随后，出于对钴酸锂正极材料的性能改进和提升的考虑，钴酸锂基体材料的包覆和掺杂等制备技术也相继出现，如2010年的专利EP2497140B1公开了氟化锂包覆钴酸锂，2015年的专利US9614220B2公开了用金属元素掺杂钴酸锂等。磷酸铁锂这一技术分支专利始于2002年。该专利的公开号为CN100340018C，公开了一种制备可控尺寸和形貌的磷酸铁锂正极材料的方法，由此方法制备得到的材料电化学性能良好。之后，为了进一步改善磷酸铁锂材料固有的低导电性和较差的容量保持率，优美科申请了一系列专利。如2003年的专利申请CN100379062C公开了采用改进溶液法用较少的碳进行包覆提高材料的导电性及电容量，2008年的专利申请CN101675548A公开了通过材料结构改进提高导电性，2010年的专利申请WO2011035918A1公开了采用钛、钒等金属掺杂提高材料导电性等，因此优美科在磷酸铁锂这一技术分支上占据了一席之地。在三元正极材料领域，3M和优美科在2012年达成了战略合作协议，3M和优美科将优先向对方提供专利授权并且开展技术方面的合作，同时3M将退出正极材料生产而将其客户推荐到优美科，因此，优美科从3M转让过来的多件三元正极材料基础专利，主要涉及制备方法的改进，如2002年的专利申请CN101267036B、2004年的专利申请CN100526222C、2006年的专利申请US8241791B2等。除了通过转让获得三元正极材料专利外，优美科自身也在不断改进三元正极材料的制备技术，在金属比例方面进行了一系列的调控，由此也申请了大量的专利。与此同时，在三元正极材料中掺杂金属元素、与其他正极材料混合以及包覆聚合物等改进方式也被一一提出，从而使得优美科在三元正极材料这一技术分支上表现出了不俗的业绩。

5.4 锂电正极材料在华专利申请分析

图5-4-1显示了优美科锂电正极材料领域中国专利申请的历年发展趋势。优美

科自1997年开始在中国开展锂电正极材料领域的专利申请，与其在全球的锂电正极材料专利申请时间基本同步，说明优美科比较重视在中国这一领域的市场。1997～1999年3年间优美科只提出了2件中国专利申请，主要涉及优美科早期的二元正极材料和锰酸锂材料，但是随后的2年并未在中国申请专利，因此1997年之后的5年优美科仅是在中国市场的初步尝试。随后的2002～2008年，优美科的专利申请量保持稳定的发展趋势。从技术分布来看，主要集中在磷酸铁锂和三元正极材料上，少量涉及钴酸锂材料。而在2010～2015年，优美科的专利申请量起起伏伏，整体发展态势平稳，其技术分支则全部集中在三元正极材料上。可以看出，优美科在不同的发展阶段，技术分支侧重点也不同，在锂电正极材料领域的专利保护策略在于不同技术支上的调整。

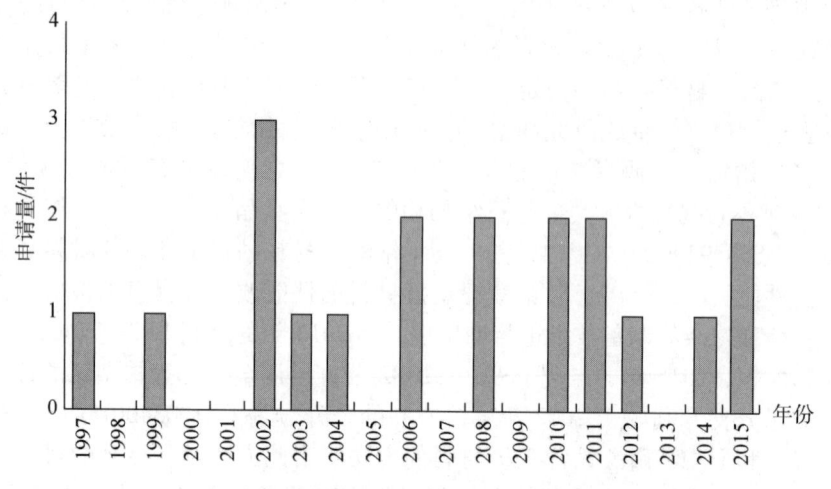

图5-4-1　优美科锂电正极材料领域中国专利申请趋势

图5-4-2显示了优美科锂电正极材料领域中国专利申请的技术分布。从技术分支分布的比例来看，优美科在中国最重视三元正极材料的市场，专利申请量占申请总量的58%，这可能与中国政策对动力电池高能量密度的要求有关；其次是磷酸铁锂，占申请总量的27%；而二元正极材料、钴酸锂以及锰酸锂则分别占比5%。由此可见，优美科在中国专利申请策略上的市场导向性非常明确。

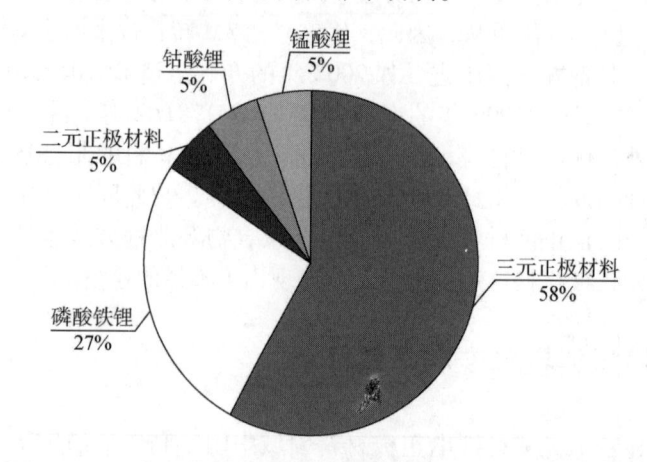

图5-4-2　优美科锂电正极材料领域中国专利申请的技术构成

如图 5-4-3 所示，具体分析优美科专利申请 IPC 小组分类号可发现，排在第一位的 H01M 4/525 分类号代表的是插入或嵌入轻金属且含铁、钴或镍的混合氧化物或氢氧化物，例如 $LiNiO_2$、$LiCoO_2$ 或 $LiCoO_xF_y$。即过渡金属锂氧化物单一组分或者混合物如三元正极材料等是优美科在中国锂电正极材料领域的主要研究方向，申请量为 9 件。其次是分类号 H01M 4/58，其表示的是除氧化物或氢氧化物以外的无机化合物，例如硫化物、硒化物、碲化物、氯化物或 $LiCoF_y$；聚阴离子结构，例如磷酸盐、硅酸盐或硼酸盐。该分类号主要涉及磷酸铁锂、磷酸锰锂等正极材料，优美科在该技术分支上的申请量为 7 件。接下来是 H01M 4/48 分类号，专利申请量为 6 件，表示无机氧化物或氢氧化物，主要涉及正极活性材料前驱体等。此外，分类号 H01M 4/505 表示插入或嵌入轻金属且含锰的混合氧化物或氢氧化物，例如 $LiMn_2O_4$ 或 $LiMn_2O_xF_y$，说明锰酸锂正极材料是优美科在中国锂电正极材料领域的又一主要研究方向。以上四类 IPC 小组分类号下的技术构成优美科锂电正极材料领域中国专利申请的主要技术，其余分类号下的技术的申请量则相对平均。

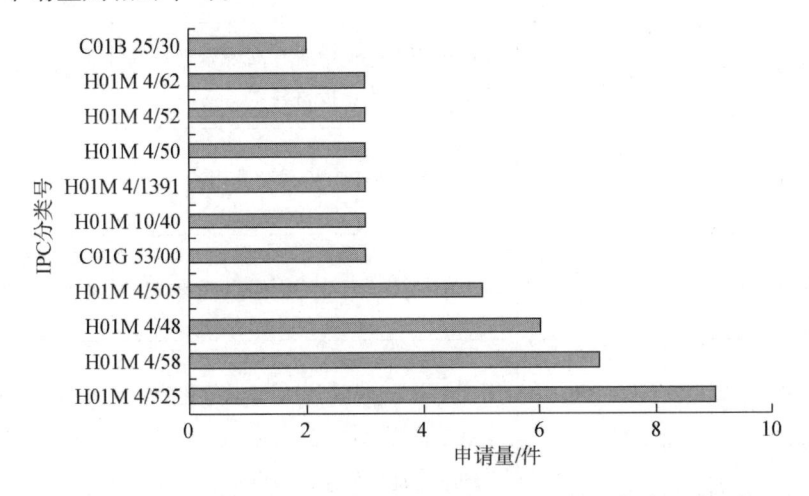

图 5-4-3 优美科锂电正极材料领域中国专利申请的技术领域分布

表 5-4-1 为优美科在锂电正极材料领域的中国专利申请列表。

表 5-4-1 优美科锂电正极材料领域中国专利申请列表

编号	申请号	申请日	发明名称	法律状态	技术分支
1	CN201580030826.5	2015-05-29	用于可充电电池的锂过渡金属氧化物阴极材料的前体	审中	三元正极材料
2	CN201180039930.2	2011-08-04	经铝干式涂覆的和热处理的阴极材料前体	授权	三元正极材料
3	CN201580010734.0	2015-02-25	含硫酸盐的具有被氧化的表面的可充电电池阴极	审中	三元正极材料

续表

编号	申请号	申请日	发明名称	法律状态	技术分支
4	CN201480050185.5	2014-08-22	用于锂离子电池的水基阴极浆料	审中	三元正极材料
5	CN201280008003.9	2012-01-31	具有低可溶性碱含量的高镍阴极材料	授权	三元正极材料
6	CN201180039992.3	2011-08-04	经铝干式涂覆的阴极材料前体	授权	三元正极材料
7	CN201080050171.5	2010-10-19	双壳芯型锂镍锰钴氧化物	授权	三元正极材料
8	CN201080008395.X	2010-01-29	在锂可充电电池中兼有高安全性和高功率的非均质正极材料	授权	三元正极材料
9	CN201310191547.X	2006-06-15	无碳结晶 $LiFePO_4$ 粉末及其用途	审中	磷酸铁锂
10	CN200810096518.4	2002-03-11	改进的锂离子电池的阴极组合物	授权	三元正极材料
11	CN200880021921.9	2008-06-10	用于充电电池的高密度锂钴氧化物	失效	钴酸锂
12	CN200880009148.4	2008-03-19	在锂基电池中使用的室温单相嵌-脱锂材料	失效	磷酸铁锂
13	CN200480035045.7	2004-10-20	用于锂离子电池阴极材料的锂镍钴锰混合金属氧化物的固态合成	授权	三元正极材料
14	CN02809014.4	2002-03-11	改进的锂离子电池的阴极组合物	授权	三元正极材料
15	CN200680023725.6	2006-06-15	结晶的纳米 $LiFePO_4$	失效	磷酸铁锂
16	CN03814563.4	2003-06-19	覆碳含锂粉末及其制造方法	授权	磷酸铁锂
17	CN02810352.1	2002-05-22	充电电池用锂过渡金属磷酸盐粉末	授权	磷酸铁锂

续表

编号	申请号	申请日	发明名称	法律状态	技术分支
18	CN99814643.9	1999-11-19	含多种掺杂剂的含锂、锰和氧的化合物及其制备方法	授权	锰酸锂
19	CN97195523.9	1997-06-09	可充电电池的电极材料及其制备方法	失效	二元正极材料

5.5 锂电正极材料重点专利分析

优美科的核心专利是课题组综合考虑了被引证频次、同族情况以及技术专家的意见筛选确定的。表5-5-1示出了优美科锂电正极材料领域核心专利的相关信息。它们的被引频次均较高，有的甚至达到了173次，且其同族专利数也较多，技术输出国/地区多达10个以上。这些都肯定了这些核心专利的基础地位和核心地位。

表5-5-1 优美科锂电正极材料领域核心专利列表

申请号	发明名称	发明概要	被引频次	简单同族个数
WOEP06005725	结晶的纳米 LiFePO$_4$	本发明涉及锂二次电池，更具体的是涉及在非水的电化学电池中，电位相对于 Li$^+$/Li 高于2.8V 下运行的正极电极材料。特别地，本发明涉及具有提升的电化学性能、纳米结晶的无碳橄榄石型 LiFePO$_4$ 粉末。描述了用于制备结晶的 LiFePO$_4$ 粉末的直接沉淀方法，包括如下步骤：提供 pH 在6到10之间的水基混合物，其包含与水混溶的沸点提升添加剂，和 Li（I）、Fe（III）和 P（V）作为前体成分；加热上述水基混合物到低于或者等于它在大气压下的沸点的温度，从而沉淀结晶的 LiFePO$_4$ 粉末。获得了分布窄的50~200nm 的极细粒度。细的粒度说明了没有应用任何的碳包覆就获得了优异的高排出性能。这就使得电极中活性材料含量明显增加。其窄的分布易化了电极的制造方法并确保电池内均一的电流分布	40	17

续表

申请号	发明名称	发明概要	被引频次	简单同族个数
US09845178	用于锂离子电池的阴极组合物	一种用于锂离子电池的阴极组合物具有通式 Li$[M1_{(1-x)}Mn_x]O_2$，其中 $0<x<1$ 和 M1 代表一种或多种金属元素，且 M1 是铬以外的金属元素。所述组合物为具有 O_3 晶体结构的单相形式，当装入锂离子电池并在30℃下完全充–放电循环100次后没有发生相变变成尖晶石晶体结构，且用30mA/g的放电电流其最终容量为130mAh/g	173	32
WOEP03006628	覆碳含锂粉末及其制造方法	本发明提供了具有橄榄石或 NASICON 结构的覆碳粉末的新合成方法，该粉末是制造可充电锂电池活性材料的有前途的类型。由于所述结构的不良电子传导性，粉末粒子的覆碳对于获得良好性能是必需的。为制备覆层 $LiFePO_4$，将锂、铁源和磷酸盐源与多元羧酸和多元醇一起溶解在水溶液中。通过蒸发水，聚酯反应发生，同时形成含锂、铁和磷酸盐的混合沉淀。然后将树脂包封的混合物在700℃还原气氛中进行热处理。从而制造出由涂覆导电碳的橄榄石 $LiFePO_4$ 相组成的细微粒子。当将该粉末用作锂插入式电极的活性材料时，在室温下得到了较大的充电和发电速率并观察到优异的容量保持性	49	25
US09952355	不含局部立方类尖晶石结构相的层状锂金属氧化物及其制备方法	一种化合物具有式 $Li_\alpha Co_\beta A_\gamma$，其中 A 是一种或多种具有平均氧化态 N 的掺杂剂，使得 $+2.5 \leq N \leq +3.5$，$0.90 \leq \alpha \leq 1.10$，$\beta > 0$，$\gamma \geq 0$ 并且 $\beta + \gamma = 1$。该化合物具有一种基本上不含局部立方类尖晶石结构相的单相，且具有六方层状晶体结构	45	6

续表

申请号	发明名称	发明概要	被引频次	简单同族个数
WOEP02005714	充电电池用锂过渡金属磷酸盐粉末	本发明涉及制备并使用作为二次锂电正极的过渡金属磷酸盐，公开了一种制备具有可控制尺寸和形貌的 $LiMPO_4$ 的方法，M 是 Fe_x, Co_y, Ni_z, Mn_w, $0 \leq x \leq 1$, $0 \leq y \leq 1$, $0 \leq z \leq 1$, $0 \leq w \leq 1$ 且 $x+y+z+w=1$。本发明公开了一种制备 $LiFePO_4$ 的方法，包括以下步骤：提供等摩尔的 Li^+、Fe^{3+} 和 PO_4^{3-} 的水溶液，从溶液中蒸发掉水，从而制备固体混合物，在低于 500℃ 的温度下使该固体混合物分解，从而形成纯、均匀的磷酸锂和铁前驱体，并且在还原气氛中，在低于 800℃ 的温度下退火该前驱体，从而形成 $LiFePO_4$ 粉末。获得粉末的粒径小于 1μm，一旦与导电粉末混合合适的时间，就能提供出众的电化学性能	73	16

上述 5 件核心专利中 3 件涉及磷酸铁锂正极材料，1 件涉及钴酸锂正极材料，2 件涉及三元正极材料。其中，专利 US09845178 最初是由美国 3M 于 2001 年提出的申请，主要涉及镍钴锰三元正极材料的发明。该专利被引频次高达 173 次，同族专利数为 32 件，技术输出国/地区主要有美国、韩国、日本、欧洲、中国、澳大利亚、德国等国家/地区。该专利于 2015 年涉及巴斯夫公司、芝加哥大学的阿贡实验室与优美科之间的侵权诉讼案件，之后 3M 于 2016 年 12 月 20 日将该专利转让给了优美科。这从侧面说明该专利的商业价值巨大。该专利主要涉及一种用于锂离子电池的正极组合物，具有通式 $Li[M1_{(1-x)}Mn_x]O_2$，其中 $0<x<1$，M1 表示一种或多种除金属铬以外的金属元素，特征是层按锂－氧－金属－氧－锂的顺序排列。该组合物具有 O_3 晶体结构的单相形式。当装入锂离子电池并在 30℃ 下完全充－放电循环 100 次后没有发生相变变成尖晶石晶体结构，在 30 mA/g 的电流密度下其最终的放电比容量为 130 mAh/g，显示了优异的充放电容量和循环性能。为最大可能地促进锂离子在锂层中迅速扩散，从而使电池性能最优化，优选使锂层中金属元素的存在量最小。更加优选的是，至少一种金属元素在掺入此电池电解质的电化学窗口内是可氧化的。优选地，该组合物为 $Li[Ni_y$ $Co_{1-2y}Mn_y]O_2$ 镍钴锰三元材料，其中 y 范围为 0.25～0.375。具体的制备方法为通过喷射研磨或将金属元素的前体（如氢氧化物、硝酸盐等）合并，然后加热以产生正极材料组合物，以此来合成阴极组合物。加热处理优选在至少约 600℃，更加优选至少 800℃，并且在空气中进行。通常，较高的温度更有利于提高组合物材料的结晶度。而在空气中进行加热处理则主要是因为可排除了保持在惰性气体中的需要和相关能耗，因此，选择了在所需合成温度下于空气中具有合适氧化态的特定金属元素。进一步地，

合成温度可适当调节,使得特定的金属元素在此温度下于空气中具有特定所需的氧化态。

2001年,美国的FMC公司提出了一件关于钴酸锂正极材料专利申请(US09952355),其被引频次为45次,同族专利数为6件。该专利由FMC公司在2011年1月3日转让给优美科。在已报道的具有立方类尖晶石结构的$LiMO_2$化合物中,此种钴酸锂电化学特性与层状结构的$LiMO_2$化合物相比并不具备竞争优势。这些在层状相内部或其表面仅仅存在立方类尖晶石结构相会对电池特性造成不利效果,这种存在于层状晶体结构内部的立方类尖晶石相会阻碍可充电锂或锂离子电池在充放电循环中锂离子的扩散;并且,在$LiMO_2$化合物中局部立方类尖晶石结构的存在可以充当相转变易于发生的晶种。因此,即使只存在较少的立方类尖晶石相,也可以引起电池循环问题。FMC公司提出的该专利申请则主要提供一种具有通式$Li_\alpha M_\beta A_\gamma O_2$的化合物,其中M是一种或多种过渡金属,A是一种或多种具有平均氧化态N的掺杂剂,其中$+2.5 \leq N \leq +3.5$,$0.90 \leq \alpha \leq 1.10$,并且$\beta + \gamma = 1$。这一化合物具有基本上单相、六方层状晶体结构并且基本上不含局部立方类尖晶石结构相,相比当时现有的过渡金属锂氧化合物具有更均一的电化学特性和良好的结构稳定性,且其在充放电循环过程中能够维持结构不发生相变,可应用于各种高性能的可充放电锂电池和锂离子二次电池。这一发明对于当时的锂电正极材料发展具有较为重要的借鉴意义。

专利申请WOEP02005714是由优美科于2002年提出的1件关于磷酸铁锂正极材料的发明。该专利申请被引频次为73次,同族专利数为16件,主要技术输出国/地区有美国、欧洲、德国、韩国、日本、加拿大、澳大利亚、中国等9个国家/地区。由于磷酸铁锂材料本身导电性较差致使放电容量较低,较多专利涉及了对磷酸铁锂有效可逆容量的改进方法,如将电子导电的碳涂覆在磷酸铁锂颗粒上。该专利申请从磷酸铁锂材料本身出发,提供了一种制备具有可控制尺寸和形貌的锂电正极材料用的过渡金属磷酸盐的方法,包括以下步骤:提供等摩尔的Li^+、Fe^{3+}和PO_4^{3-}的水溶液,搅拌、混合,从溶液中蒸发掉水,从而制备固体混合物;在低于500℃的温度下使该固体混合物分解,从而形成纯的、均匀的磷酸锂和铁前驱体;在还原气氛中低于800℃的温度下退火该前驱体,从而形成磷酸铁锂粉末。获得的粉末粒径小于1μm,并且该粉末用于锂离子二次电池显示了优异的电化学性能。该发明涉及制备并使用作为二次锂电正极的过渡金属磷酸盐,公开了一种制备具有可控制尺寸和形貌的$LiMPO_4$的方法,M是$Fe_x Co_y Ni_z Mn_w$,$0 \leq x \leq 1$,$0 \leq y \leq 1$,$0 \leq w \leq 1$,$0 \leq w \leq 1$且$x+y+z+w=1$。获得的粉末粒径小于1μm,并且该粉末一旦与导电粉末混合合适的时间,就能提供出众的电化学性能。

5.6 锂电正极材料引进专利分析

表5-6-1列出了优美科在锂电正极材料领域的全球引进专利,共14件。技术分支主要涵盖早期的锂镍钴二氧化物二元材料、锰酸锂,以及近期优美科主要发展的三元正极材料和钴酸锂材料。从表中可以看出,优美科早在20世纪90年代后期开始涉足

锂电正极材料领域时即进行了专利布局,其于1996年从加拿大的Westaim公司购买了2件二元正极材料的专利,由此开始了锂电池领域的研发生产;之后又从美国的FMC公司购买了1件锰酸锂和2件钴酸锂的专利。作为全球最大的钴盐供应商,优美科具有非常雄厚的技术背景和生产实力,因此其在钴酸锂正极材料这一技术分支上发展迅猛,并迅速占领全球锂电池领域的部分市场。而随着后来全球电动汽车及电力能源方面对锂电池高能量密度等性能需求的提高,优美科则跟随潮流开始了高性能三元正极材料的研发生产,其镍钴锰三元正极材料的早期专利主要来自美国的3M。在此基础上,优美科进一步开阔思路,进行了一系列不同金属比例的镍钴锰三元正极材料,如高镍型镍钴锰三元正极材料,以及高性能的镍钴铝三元正极材料的研发生产,由此全面展开了在全球的锂电正极材料专利布局,为其产品进入国际市场占领制高点扫清了障碍。

表5-6-1 优美科锂电正极材料领域全球引进专利列表

编号	申请号	专利名称	申请日	转让人	受让人
1	US08663952	Electrode material for rechargeable batteries and process for the preparation thereof	1996-06-14	Westaim公司	优美科
2	US08691670	Synthesis of lithium nickel cobalt dioxide	1996-08-02	Westaim公司	优美科
3	CN99814643.9	含多种掺杂剂的含锂、锰和氧的化合物及其制备方法	1999-11-19	FMC公司	优美科
4	US09845178	Cathode compositions for lithium-ion batteries	2001-04-27	3M	优美科
5	US09952355	Layered lithium cobalt oxides free of localized cubic spinel-like structural phases and method of making same	2001-09-12	FMC公司	优美科
6	US10040047	Positive electrode active materials for secondary batteries and methods of preparing same	2001-10-29	FMC公司	优美科

续表

编号	申请号	专利名称	申请日	转让人	受让人
7	CN200810096518.4	改进的锂离子电池的阴极组合物	2002-03-11	3M	优美科
8	CN02809014.4	改进的锂离子电池的阴极组合物	2002-03-11	3M	优美科
9	US10723511	Solid state synthesis of lithium ion battery cathode material	2003-11-26	3M	优美科
10	CN200480035045.7	用于锂离子电池阴极材料的锂镍钴锰混合金属氧化物的固态合成	2004-10-20	3M	优美科
11	US11052323	Cathode compositions for lithium-ion batteries	2005-02-07	3M	优美科
12	US11276832	Cathode compositions for lithium-ion batteries	2006-03-16	3M	优美科
13	US11742289	Solid state synthesis of lithium ion battery cathode material	2007-04-30	3M	优美科
14	US13537766	Cathode compositions for lithium-ion batteries	2012-06-29	3M	优美科

第6章 丰田专利分析

6.1 企业概况

丰田（Toyota）是一家总部设在日本爱知县丰田市和东京都文京区的公司，现为世界销量排名第一的汽车制造商，利润也堪称行业典范，名列美国《财富》杂志2017年全球五百大企业排行榜的第五位。丰田是第一个年产量达到千万台的公司，其也是雷克萨斯、大发及日野品牌的母公司。

丰田是创立且制造了众多型号汽车的品牌。在传统汽车领域，丰田以高性价比、高耐用度和低油耗等优点深受全球消费者的青睐。随着石油资源的不断消耗，传统燃料汽车在未来将被新能源取代已成定局。丰田于20世纪90年代初期（1992）便已开始着手研发氢燃料电池。丰田开发的燃料电池汽车按照储氢方法分为FCHV-3、FCHV-4和FCHV-5，但燃料电池规格也基本相同。[1] 丰田与日野、大发等汽车公司不断合作，开发了大型城市用燃料电池大客车与微型燃料电池轿车，并和日本爱新精机公司共同开发了家庭用1kW燃料电池电热装置。而丰田燃料电池车的重要特点就是采用混合动力技术，即燃料电池和蓄电池（电+电）。

值得注意的是，丰田于2015年1月6日在美国拉斯维加斯国际消费电子展的媒体预展上宣布，该公司的部分氢燃料电池专利技术将免费开放给同行使用，旨在推动并主导氢燃料电池汽车产业的发展，其中，与燃料电池汽车相关专利将免费开放至2020年。[2] 此外，为促进加氢站尽快普及，丰田将无限期无偿提供制造、供给氢气的加氢站约70件相关专利的使用权。在使用这些专利时，使用者需向丰田提出申请，就具体使用条件等进行个别协商后签订合同。

综上，作为全球燃料电池申请量排名第一的公司，丰田在燃料电池的发展过程中起到了重要的推动作用。本章将重点分析丰田在全球及中国的专利申请现状。

6.2 燃料电池全球专利申请趋势分析

图6-2-1示出了丰田燃料电池领域全球专利申请趋势。丰田燃料电池全球专利

---

[1] 杨妙梁. 世界燃料电池车发展动向（三）：丰田燃料电池车开发与制氢、储氢技术概况［J］. 汽车与配件 2005（5）：34-37.

[2] 凤凰资讯. 丰田免费开放氢燃料电池专利［EB/OL］.［2017-11-25］. http：//news.ifeng.com/a/20150107/42876917_0.shtml.

申请在1993~2001年的数量较少，说明丰田对燃料电池的研究还处于萌芽阶段。2002年后，其专利申请量开始大幅增加，2007年的相关专利申请达到最大值。这段时间丰田积累了大量的专利，极大地提高了技术竞争力。2008年的申请量开始逐渐减少，2009年的申请量下降到不及2008年的一半，随后开始持续波动。这可能是由于燃料电池的研发与生产遇到技术瓶颈，还有待进一步突破。

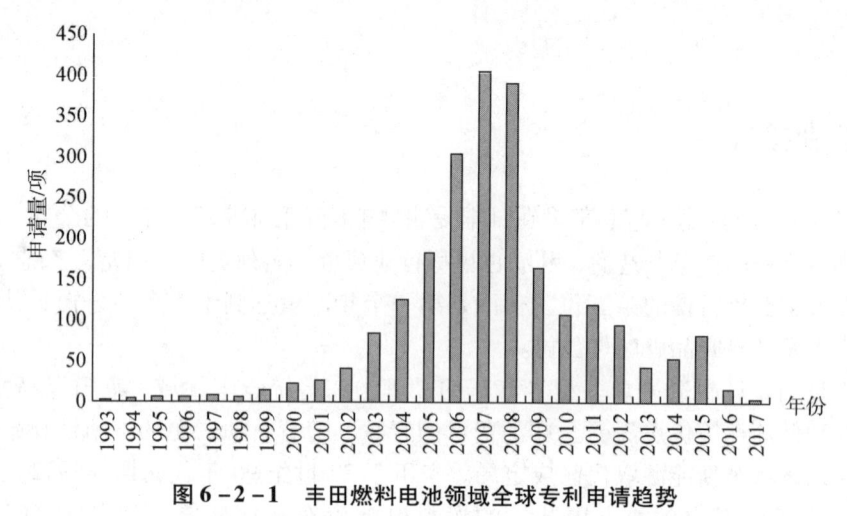

图6-2-1　丰田燃料电池领域全球专利申请趋势

6.3　燃料电池专利布局分析

6.3.1　国别分布

图6-3-1示出丰田燃料电池领域全球专利申请的国家/地区分布。丰田在本国的专利申请占其总申请量的44.4%，而海外申请占55.6%。从图中可以看出，丰田意识到中国市场的巨大潜力，十分重视在中国的专利布局，以便更好地保护技术并抢占市场份额，其专利申请量占海外申请的48.18%。其次为国际申请，占比14.69%。而美国、加拿大作为燃料电池研发和示范的主要区域，丰田也比较重视在这两个国家的专利布局，其专利申请量分别占比11.91%、7.35%。另外，丰田在欧洲、德国的专利申请占比分别为8.51%、6.65%，并在韩国、印度、奥地利、澳大利亚有一定量的专利布局。

6.3.2　技术构成

将丰田燃料电池相关技术专利进行技术领域划分，统计其IPC小组主分类号的专利数量，丰田在全球燃料电池领域的技术构成如图6-3-2所示。具体分析其燃料电池IPC小组，可发现丰田在燃料电池领域的主要研究方向为：燃料电池的电极、催化剂、电解质、辅助装置、电池的组合，其相应的IPC小组代表技术如表6-3-1所示。

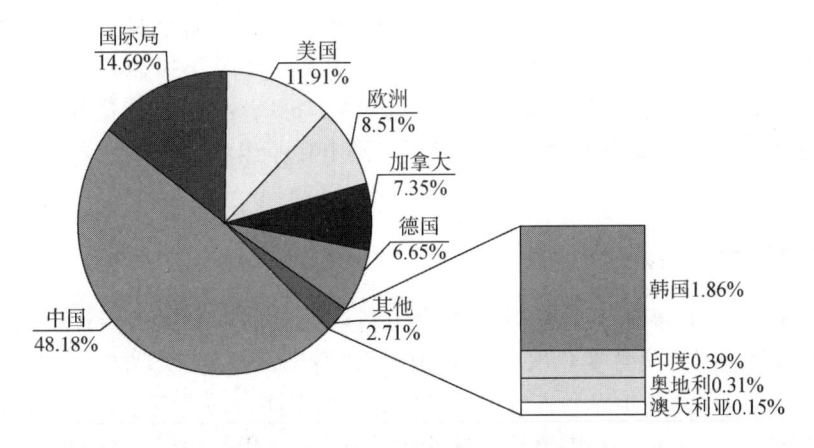

图 6-3-1 丰田燃料电池领域全球专利申请的国家/地区分布

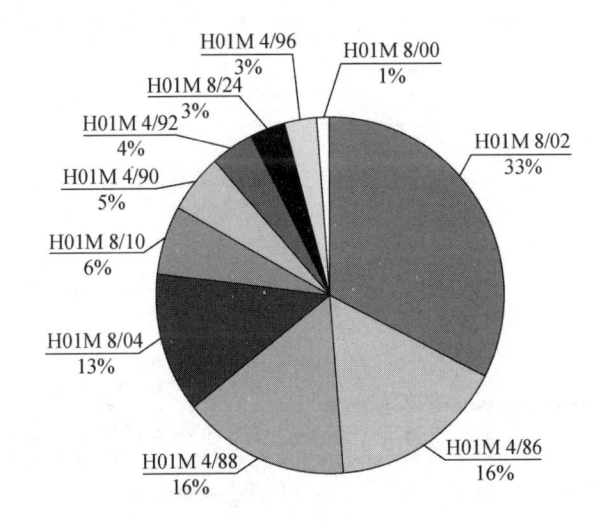

图 6-3-2 丰田燃料电池领域全球专利申请的技术领域分布

表 6-3-1 丰田燃料电池领域全球专利申请的 IPC 统计表

IPC 小组	专利数量/件	技术详解
H01M 8/02	639	燃料电池零部件
H01M 4/86	320	用催化剂活化的惰性电极
H01M 4/88	306	制造方法
H01M 8/04	249	燃料电池辅助装置
H01M 8/10	122	固体电解质的燃料电池
H01M 4/90	105	催化材料的选择
H01M 4/92	79	催化材料的选择铂族金属
H01M 8/24	64	燃料电池组合，例如燃料电池堆叠
H01M 4/96	59	碳基电极
H01M 8/00	23	燃料电池及其制造

从专利的申请量看，H01M 8/02 属于丰田在燃料电池行业的核心技术领域，占丰田燃料电池相关 IPC 小组总申请量的 33%，专利申请量达到 639 项；排在第二位的是 H01M 4/86，专利申请量为 320 项，占总申请量的 16%；排在第三位的则是 H01M 4/88，申请量为 306 项，同样占比 16%。以上三类 IPC 小组构成丰田燃料电池领域的主要专利技术。

6.3.3 技术发展趋势分析

图 6-3-3 示出了丰田在全球范围内燃料电池专利申请排名前五位的技术方向（以主分类号为依据）历年变化情况。从图中可以看出，五个技术方向均在 1993~1996 年开始萌芽，并在 2000 年以后进入快速增长期。值得注意的是五个技术方向的申请量峰值均在 2007~2008 年，其中增长最快的技术方向是 H01M 8/02（燃料电池零部件），于 2006 年达到峰值，该年份共申请 133 项零部件相关专利，说明丰田把燃料电池零部件作为重点研发方向，并取得了不错的技术成果。从 2009 年至今相关的专利量逐年减少。

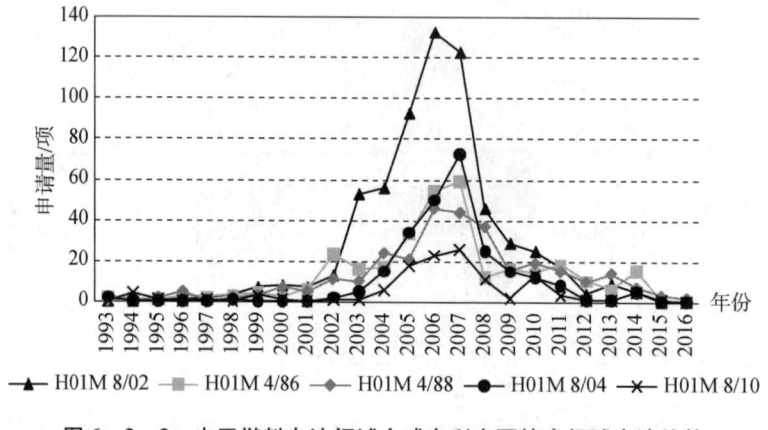

图 6-3-3　丰田燃料电池领域全球专利主要技术领域申请趋势

6.4　燃料电池在华专利申请分析

6.4.1　发展趋势

图 6-4-1 显示了丰田在燃料电池的中国专利申请趋势。从图中可以看出，丰田最早从 2002 年开始在中国进行了燃料电池专利布局，比其在全球燃料电池领域的专利申请晚了近 10 年。这可能是由于 20 世纪 90 年代初国内燃料电池市场还并不活跃。21 世纪初期，丰田在中国的专利申请量仅有几件，技术主要集中在集电器技术上，之后随着国内燃料电池市场的迅速崛起，丰田在中国的燃料电池技术年申请量也逐渐上升，并于 2007 年达到了最高峰，为 129 件。但是，从 2008 年起丰田在中国的燃料电池专利申请开始下降，并且于 2009 年出现了骤降。这一申请趋势与其在全球范围内的专利申

请趋势一致，主要是因为燃料电池各技术分支在这一时间段进入了研发生产的瓶颈期。2016~2017 年因部分专利申请未公开，统计的申请量要少于实际申请量。

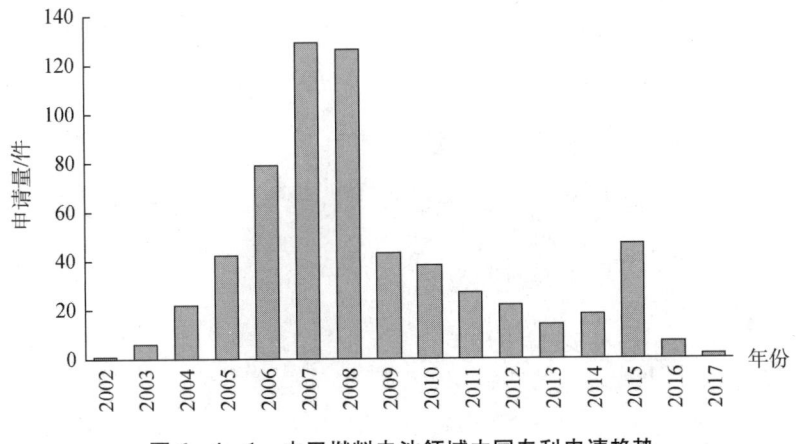

图 6-4-1 丰田燃料电池领域中国专利申请趋势

6.4.2 法律状态分析

图 6-4-2 示出了丰田在燃料电池领域的中国专利申请的法律状态。从图中可以看出，丰田的有效专利比例较高，达到 55%，可见丰田的专利申请质量相对较高。此外，还有约 12% 的未决专利，而失效专利占比 33%。其中，失效专利中近一半是由权利终止所导致的，因撤回的比例也较高，但是被驳回或放弃的专利申请比例较低。

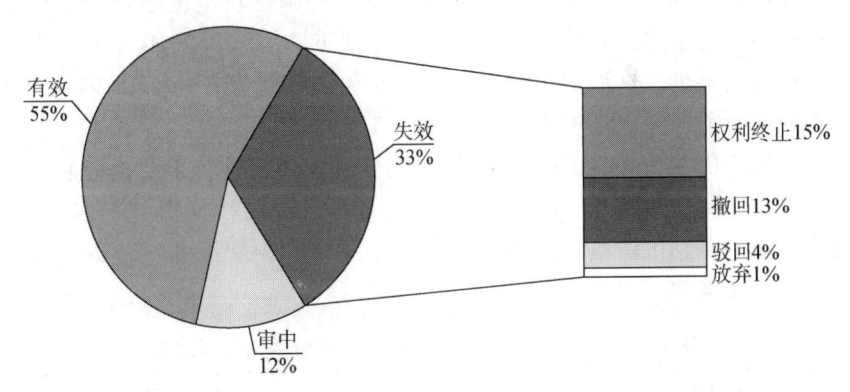

图 6-4-2 丰田燃料电池领域中国专利法律状态

6.4.3 技术构成

图 6-4-3 示出了丰田燃料电池中国专利申请的技术领域分布。不同于丰田在全球专利申请的技术构成，H01M 8/04 小组代表的燃料电池辅助装置（参考表 6-3-1）是其在中国专利的核心技术领域，申请量为 206 件，占丰田在中国燃料电池总申请量的 40%；其次为 H01M 8/02 小组，说明燃料电池零部件是丰田在中国进行专利布局的又一技术重点，其专利申请量为 136 件，占比 26%；排在第三位的是 H01M 8/24 小组，

| 159

专利申请量为 52 件，占比 10%。对比在全球燃料电池领域的各 IPC 小组占比可以发现，丰田在中国的研发侧重点主要集中在燃料电池辅助装置、零部件及电池组堆叠相关技术。

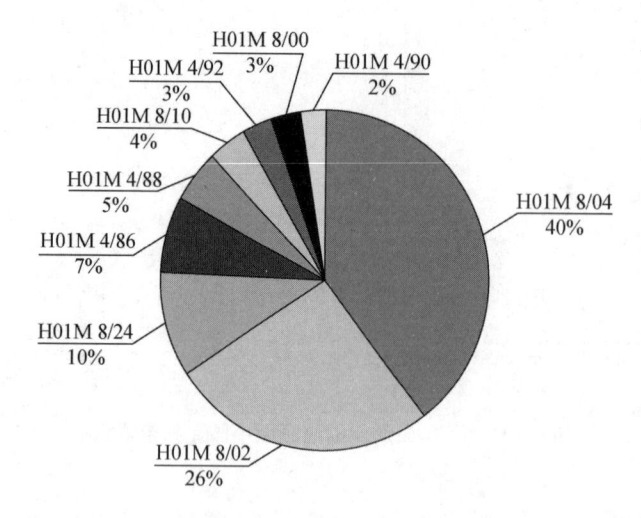

图 6-4-3　丰田燃料电池领域中国专利申请技术领域分布

表 6-4-1 列出了丰田在燃料电池电极技术领域的中国专利申请，共计 32 件。从表中可以看出，丰田在燃料电池电极技术领域的中国专利申请始于 2005 年，且数量逐步增加，从 2005 年的 3 件专利申请上升到 2008 年的 8 件申请。中国市场对于燃料电池电极技术关注起步较晚，但发展迅速。显然丰田在中国燃料电池市场开始活跃时即已经注意到这种市场的变化，开始注重在中国的专利布局，但到 2010 年左右在中国的专利申请量开始有所减少。这种变化与丰田全球专利申请在 2010~2015 年的变化趋势基本吻合，主要与目前燃料电池产业化在研发与生产方面遇到技术瓶颈有关。但从法律状态来看，早期丰田在 2005~2008 年有较多的专利申请失效，主要由权利终止和撤回所导致，但申请时间较晚的大部分专利申请则基本获得授权或者处于实质审查阶段。说明丰田在中国的专利申请质量逐渐提高，未来丰田在中国燃料电池电极技术领域的表现还有待进一步观察。

表 6-4-1　丰田燃料电池电极技术领域中国专利列表

序号	申请号	申请日	标题
1	CN201280075048.8	2012-08-02	燃料电池用电极以及燃料电池用电极、膜电极接合体和燃料电池的制造方法
2	CN201610223618.3	2016-04-12	燃料电池用电极的制造方法
3	CN201380056716.7	2013-09-30	包含多孔质层部件的膜电极气体扩散层接合体的制造方法
4	CN201280053196.X	2012-09-03	燃料电池用膜-电极接合体

续表

序号	申请号	申请日	标题
5	CN201510862529.9	2015-12-01	燃料电池用电极
6	CN201510651333.5	2015-10-10	膜电极组件和燃料电池组
7	CN201480037629.1	2014-12-19	燃料电池用电极框架组件的制造方法及制造装置
8	CN201480026918.1	2014-05-15	燃料电池用电极及其制造方法
9	CN201180065395.8	2011-01-18	膜电极接合体的制造方法及固体高分子型燃料电池
10	CN201180061542.4	2011-12-20	用作燃料电池的一个或多个电极的高分子量离聚物和离子传导性组合物
11	CN201180061452.5	2011-12-20	用作燃料电池的一个或多个电极的离聚物和离子传导性组合物
12	CN200880117847.0	2008-11-11	复合型电解质膜、膜电极组件、燃料电池及用于制造它们的方法
13	CN201180017708.2	2011-04-13	膜电极组件、其制造方法以及燃料电池
14	CN200880013125.0	2008-04-16	膜电极接合体的制造方法、膜电极接合体、膜电极接合体的制造装置和燃料电池
15	CN200780012526.X	2007-03-22	燃料电池膜电极组合件和其制造方法
16	CN200880001334.3	2008-02-05	膜-电极接合体和具有它的燃料电池
17	CN200780009867.1	2007-03-15	具有包含导电纳米柱的电极的燃料电池及其制造方法
18	CN200780044919.9	2007-12-03	燃料电池用电极的制造方法
19	CN200780021841.9	2007-06-12	载微粒碳粒子及其制造方法,以及燃料电池用电极
20	CN200810210011.7	2008-08-22	制备电解质膜-电极组件的方法和制备电解质膜的方法
21	CN200680035181.5	2006-09-25	担载了微粒子的碳粒子及其制造方法和燃料电池用电极
22	CN200810134740.9	2008-07-23	制造膜电极组件的方法和膜电极组件
23	CN200680014851.5	2006-03-29	在PEM燃料电池的阴极层内提高氧气还原反应(ORR)的新型电解质
24	CN200680047774.3	2006-12-12	在聚合物电解质燃料电池中制造膜电极组件和增强电解质膜的方法,以及通过该制造方法获得的膜电极组件和增强电解质膜

续表

序号	申请号	申请日	标题
25	CN200810134743.2	2008-07-23	制造膜电极组件的方法
26	CN200880011904.7	2008-04-17	高分子电解质材料以及使用该材料的燃料电池用膜电极接合体
27	CN200580012668.7	2005-03-28	燃料电池用阴极及其制造方法
28	CN200810137767.3	2008-07-18	燃料电池用电极，形成电极的溶液，该溶液的制备方法和固体聚合物电解质燃料电池
29	CN200780007199.9	2007-05-23	燃料电池电极、制造燃料电池电极的方法、膜电极组件、制造膜电极组件的方法，和固体聚合物燃料电池
30	CN200580028088.7	2005-08-17	膜-电极组件和燃料电池
31	CN200680035077.6	2006-09-25	载持微粒子的碳粒子、其制造方法以及燃料电池用电极
32	CN200580001634.8	2005-01-21	燃料电池阴极及具有其的聚合物电解质燃料电池

6.5 燃料电池重点专利分析

丰田的重点专利是课题组综合考虑了被引证频次、同族专利个数等情况筛选确定的。表6-5-1示出了丰田的重点专利列表相关信息。这些专利被引频次均在20次以上，且有些专利的同族专利数也相对较多。这些信息可在一定程度上反映该专利技术的价值。

表6-5-1显示的24件专利中有13件涉及电极、电解质膜等，其中US20030175569A1最初是由日本的株式会社丰田中央研究所于2003年提出的申请，涉及新型膜电极组件的发明。该专利被引用频次高达51次，同族专利数为8件，技术输出国/地区主要有德国、日本、欧洲专利局和美国等。该专利目前无诉讼行为发生，专利权相对稳定，主要涉及一种膜电极，该膜电极组件具有一个阳极、一个阴极，和一种设置在所述阳极和阴极之间的电解质膜。所述阳极和阴极为被气体扩散的电极。这一发明对于当时电解电池本身小型化和提高的发电效率具有较为重要的借鉴意义。

表6-5-1 丰田燃料电池领域重点专利列表

序号	公告号	申请日	发明名称（翻译）	简单同族个数	被引频次
1	US20030175569A1	2003-03-06	膜电极组件、燃料电池、电解池，和固体电解质	8	51
2	US6015635A	1998-10-22	用于燃料电池的电极和用于燃料电池电极的制造方法	9	43
3	JP2001223015A	2000-11-20	耐久性高的固体聚电解质、电极-电解质接头、使用该接头的电化学装置	7	41
4	JP07326361A	1994-05-31	电极的制造方法和燃料电池	1	36
5	JP2005004967A	2003-06-09	用于燃料电池的电极制造方法，和配有该电极的固体聚合物型燃料电池	1	31
6	US6911278B2	2002-08-27	用于燃料电池的电极催化剂和其制备方法	8	29
7	WO2004084333A1	2004-03-17	电解质膜的制备方法及电解质膜燃料电池	5	29
8	JP2003092114A	2001-09-17	用于燃料电池的电极催化剂体及其制造方法	8	28
9	JP2008004286A	2006-06-20	钙钛矿型氧化物颗粒、钙钛矿型氧化物载体粒子、催化剂材料、用于氧话还原的催化剂材料、用于燃料电池的催化剂材料、用于燃料电池的电极	2	28
10	JP2010129458A	2008-11-28	耐腐蚀的导电材料及其制备方法、聚合物电解质燃料电池，和用于该聚合物电解质燃料电池的隔板	1	27
11	JP2005174607A	2003-12-08	固体聚合物电解质燃料电池，和用于固体聚合物电解质燃料电池的气体扩散电极	1	25

续表

序号	公告号	申请日	发明名称（翻译）	简单同族个数	被引频次
12	JP2008239353A	2007-03-23	多孔支撑体-氢-选择性渗透膜基体和多孔体型燃料电池	2	24
13	JP2003117398A	2001-10-12	携带WC的催化剂及其制备方法	0	24
14	JP10189012A	1996-12-20	用于燃料电池的电极和发电层，及其制造方法	2	24
15	JP2005129343A	2003-10-23	膜-电极的连接和使用该膜-电极连接的燃料电池及制造方法	1	23
16	WO2007046545A1	2006-10-20	燃料电池系统、阳极气体生产量估计方法及装置	15	23
17	JP2008277288A	2008-04-04	燃料电池复合聚合物电解质膜的制造方法和制造装置	1	23
18	JP2007220414A	2006-02-15	催化剂层和聚合物电解质燃料电池	1	23
19	US5718984A	1995-11-29	一种回收燃料电池电解质膜的方法及装置	8	23
20	JP2004259509A	2003-02-25	燃料电池电极催化剂层及其燃料电池电极的制造方法	1	21
21	JP09199138A	1996-01-19	燃料电池电极或燃料电池电极-电解质膜复合体的制备方法	9	21
22	JP2003277501A	2002-03-22	聚酰亚胺树脂、用于制备聚酰亚胺树脂的方法、电解质膜和电解质溶液、燃料电池	1	20
23	JP2006059634A	2004-08-19	复合膜电极	1	20
24	JP2006114277A	2004-10-13	质子传导材料、固体聚合物电解质膜和燃料电池	7	20

1998年，丰田提出了一件关于一种新型催化剂电极的申请（US6015635A），其被引频次为43次，同族专利数为9件，涉及3个IPC小组，引用领域广泛，主要技术输

出国/地区有加拿大、日本、欧洲、德国、美国等。其在一种催化剂电极中,多个催化剂的簇和多个电解液的簇被连接。每个催化剂簇是通过在催化剂上携带多个碳粒子聚合形成的,催化剂簇表面涂覆有一电解质层。离子通过电解液的电化学反应被送入催化剂。另外,电解液簇确保了离子从电解质薄膜向气体扩散电极移动的路径。该发明不需要厚的电解质层用于保证足够的传输离子就可以使一种足够量的气体(氧气)被馈送到所述的催化剂。这一发明对于当时改进离子导电能力、提高气体扩散能力以及降低电解质层的厚度具有较为重要的借鉴意义。

专利申请 JP2001223015A 是由丰田中央开发公司于 2000 年提出的关于一件耐久性高的固体聚电解质和电极的发明,其被引频次为 41 次,同族专利为 7 件,主要技术输出国/地区有德国、日本、欧洲、美国等。该发明用以经济地提供耐久性高的固体高分子电解质,优于电池反应产生的过氧化物,目的是使用电解质膜或类似的电解质类型的燃料电池或水电解装置。该发明对于当时经济地提供耐久性高的固体高分子电解质具有较为重要的借鉴意义。

6.6 燃料电池在华失效专利分析

表 6-6-1 列出了丰田燃料电池部分中国失效专利。该失效专利表中包含了申请专利最终未获得批准、已获得授权但被宣告无效或法律规定的各种原因而失去专利权、不再受专利法律保护的专利。通过失效专利可以了解丰田在燃料电池市场的动态,也可以对失效专利直接利用或进行二次开发。

表 6-6-1 丰田燃料电池领域中国失效专利列表

序号	公告号	发明名称	申请日	优先权国别	简单同族个数	被引频次	法律状态
1	CN101558524A	燃料电池系统	2008-05-26	日本	11	12	失效
2	CN101971400A	燃料电池系统及移动体	2008-11-20	日本	6	6	失效
3	CN101401237A	具有改进的贵金属利用效率的燃料电池电极催化剂、其制造方法及包括其的固体聚合物燃料电池	2007-03-14	日本	5	6	失效
4	CN101682051A	燃料电池用电极材料接合体的制造装置和制造方法、燃料电池	2008-06-03	日本	0	5	失效
5	CN101411015A	燃料电池用导电性碳载体、燃料电池用电极催化剂以及具备该电极催化剂的固体高分子型燃料电池	2007-03-29	日本	11	5	失效

续表

序号	公告号	发明名称	申请日	优先权国别	简单同族个数	被引频次	法律状态
6	CN1906786A	燃料电池系统以及燃料电池电流的修正方法	2005-01-05	日本	5	3	失效
7	CN101496206A	燃料电池用接合体、燃料电池和燃料电池的制造方法	2007-07-24	日本	7	3	失效
8	CN100413135C	固体聚合物电解质燃料电池	2004-08-20	日本	9	3	失效
9	CN101268573A	燃料电池	2006-09-19	日本	7	3	失效
10	CN101395745A	燃料电池电极、制造燃料电池电极的方法、膜电极组件、制造膜电极组件的方法，和固体聚合物燃料电池	2007-05-23	日本	7	3	失效
11	CN101411011A	包含二元铂合金的燃料电池电极触媒及其燃料电池	2007-03-27	日本	6	3	失效
12	CN1906783A	燃料电池阴极及具有其的聚合物电解质燃料电池	2005-01-21	日本	6	3	失效
13	CN101223219A	多孔膜、制造多孔膜的方法、固体聚合物电解质膜和燃料电池	2006-07-19	日本	7	2	失效
14	CN101193693A	氢渗透膜和使用该氢渗透膜的燃料电池	2006-09-21	日本	5	2	失效
15	CN101496201A	用于中等温度燃料电池的质子导电性氧化物电解质	2007-05-23	日本	7	2	失效
16	CN101617425A	燃料电池的密封构造体	2008-02-18	日本	5	2	失效
17	CN101801526A	微粒子复合材料、其制造方法、固体高分子型燃料电池用催化剂和固体高分子型燃料电池	2008-09-12	日本	11	2	失效

续表

序号	公告号	发明名称	申请日	优先权国别	简单同族个数	被引频次	法律状态
18	CN102687320A	用于燃料电池的电极催化剂	2009-06-10	国际局	8	2	失效
19	CN101647140A	燃料电池及其制造方法	2008-03-26	日本	7	2	失效
20	CN101411018A	含有由强酸性基交联的酰亚胺网状聚合物的复合电解质膜、其制造方法和燃料电池	2007-03-27	日本	6	2	失效

第7章 结论和建议

7.1 结　论

7.1.1 先进储能材料领域结论

从全球专利申请来看，先进储能材料行业整体上呈现蓬勃发展态势，近10年来每年的全球专利申请量都在6500项以上，在60余年的专利申请历史中绝大部分申请量集中在近10年。从技术分支来看，先进储能材料中锂离子电池材料、超级电容器材料和太阳能电池材料技术处于快速发展阶段，其近10年的申请量在其专利申请总量中占比超过了60%，分别为69%、62%和78%，远远超过同期的镍氢电池材料和燃料电池材料技术。先进储能材料领域的专利申请目标国主要集中在中国、日本、美国和韩国。中国和日本在先进储能材料领域的专利申请量相当，中国申请量44873件，日本紧随其后，申请量为43248件。中国是先进储能材料领域近几年最活跃的国家之一，发展非常迅速，近6年申请量占总申请量的比例高达65%，技术分支上侧重于超级电容器材料、锂离子电池材料及太阳能电池材料；除燃料电池材料专利申请量低于日本外，其他四项先进储能材料分支均高于日本。

在先进储能材料行业，全球专利申请的申请人前15名中，日本公司占据了11个席位，优势非常明显，主要包括：松下、丰田、三洋、日立、富士通、日产、本田、NEC、旭硝子、东芝和夏普。此外韩国的三星、LG和韩国科学技术院也在先进储能材料领域提出了大量的专利申请，进入了前15强。值得注意的是，中国深圳海洋王照明也进入了这一排名榜，排列第11位。

就中国专利申请而言，先进储能材料领域在中国的专利申请整体呈现增长趋势，其中涉及锂离子电池材料的申请最多，占到了36%，其次是燃料电池材料。在华申请的申请人国别分布情况为：

中国申请人申请量排名第一，在总申请量中占比77%，日本紧随其后，在总申请量中占比12%，共计5372件；第三名是美国，申请量为1758件，韩国、欧洲以及其他国家的总量仅占总申请量的7.1%。从国内外申请人在各技术分支对比来看，国内申请人在燃料电池材料这类新兴技术上与国外申请人的差距最大，燃料电池领域国外专利申请人以日本的丰田为主要代表。

7.1.2 锂电正极材料领域结论

从全球专利申请来看，锂电正极材料行业整体上呈现蓬勃发展态势，近10年来全球每年的专利申请量均呈稳定的上升趋势。锂电正极材料的专利申请目标国主要集中在中国、日本、美国、韩国。中国申请总量达到 8181 件，但其主要以本国申请人的申请为主，占比 87.3%，表明中国市场主要由国内企业主导。日本申请量位居次席，美国申请量和韩国申请量则分别排在第三位和第四位。但与中国申请不同的是，在日本、美国、韩国的专利申请中，他国申请人的申请量均占 40% 以上，表明日本、美国、韩国等国家的锂电正极材料市场在国际上具有更高的认可度，且其技术水平也处于领先地位。

在锂电正极材料行业全球专利申请的主要申请人前 20 位排名列表中，韩国企业占据了 3 个席位，其中三星和 LG 均位于榜单前列，龙头地位优势明显。而日本公司则占据了 12 个席位，其主要包括：丰田、日立、住友、三菱、新日矿、松下等日本知名企业，在主要申请人数量上占据绝对优势。中国则在排行榜前 20 位占据了 5 个席位，包括 3 家科研院所和 2 家企业，分别为中国科学院、清华大学、中南大学、比亚迪和 ATL 新能源。对比发现，日本、韩国两国在全球专利申请中排名靠前的主要是企业，而中国排名靠前的则主要是高校和科研院所。说明日本、韩国两国锂电正极材料技术相对成熟，而中国在锂电正极材料领域理论基础雄厚，未来在研发实力及创新能力方面还具有广阔的发展前景。

就中国专利申请而言，锂电正极材料领域在中国的专利申请整体呈现增长趋势，国内申请人的申请量占比最高；而日本紧随其后，其专利申请占外国申请人在中国申请的总申请量的 52.01%；再次是韩国申请人，其在中国的专利申请占外国申请人总申请量的 30.08%。总体看来，中国的锂电正极材料的应用市场和技术水平都还具有很大的发展空间。对于国内企业而言，如何迎合市场发展，在研发方面有所突破，以开发出更多适应市场的产品，并对其产品进行及时、有效的专利保护与布局，将是未来的发展方向。

7.1.3 燃料电池材料领域结论

从全球专利申请来看，燃料电池材料目前整体处于技术的稳定发展期，年均申请量徘徊在 1700 项左右，专利申请的目标国主要集中在日本、中国、美国、韩国、德国、加拿大等国家。其中，在日本、美国、韩国、德国等发达国家中，燃料电池材料发展起步较早，从 19 世纪末期就开始进行技术研发，已有超过百年的发展历史。日本是燃料电池材料技术专利布局及产出的重点区域，专利申请总量达到了 11437 项，占全球总申请量的 29%，专利主要流向国为中国和美国。美国、欧洲较为注重燃料电池材料在全球的专利布局。美国申请人的专利申请量为 4658 项，其中有 3200 项专利布局在美国本土之外，其主要流向国为中国，说明其燃料电池材料技术相对先进，在全球具有较强的竞争力。由此可知，日本企业和欧美企业在燃料电池材料技术领域占有主导地位，而中国、韩国等新兴市场则是燃料电池技术专利布局的热点地区。

就中国专利申请而言，燃料电池材料这一技术在中国近几年的发展呈现出小幅度的上升趋势，以中国科学院、哈尔滨工业大学、华南理工大学、上海交通大学、清华大学、武汉理工大学等为代表的一大批高校、科研院所为中国燃料电池材料技术的发展奠定了雄厚的理论基础，而上海神力、新源动力、胜光科技等本土燃料电池企业依托我国雄厚的理论基础，大力开展燃料电池材料的技术研发和市场拓展。同时，国外众多燃料电池企业巨头如三星、松下、日产等，也纷纷开始在中国各省份设立分厂，以期抢占中国市场，由此中国燃料电池的发展又开始展现出蓬勃之势。

燃料电池材料领域的核心技术和关键专利多为国外企业掌握，国内燃料电池企业应结合自身的实际情况，借鉴如丰田等国外企业的专利布局策略，及时将自身的创新产品以专利形式保护起来，并在此基础上实施后续的防御型专利战略，争取主动权。同时，应与国内外相关企业、高校、科研院所加强交流合作，拓宽研发途径。国内相关企业应该勇敢地"走出去"，在世界重要市场进行专利布局，可以借鉴国外企业成功的运营经验，主动出击，采取海外并购的模式，并购研发实力强的燃料电池企业或研发机构，快速确立技术与知识产权优势地位。

7.1.4 重点申请人结论

作为全球领先的锂电正极材料公司之一，优美科掌握着大量的核心技术。该公司从矿业和基础金属生产领域转型到金属的回收以及高附加值材料领域以来的十几年里，专利申请量增长迅速，积累了大量的专利，极大地提高了技术竞争力。优美科的研发领域涉及锂电正极材料各类技术分支，侧重点为三元正极材料、钴酸锂和磷酸铁锂材料，这与其产品布局一致。随着中国近年来在锂电池行业的迅速崛起，优美科在中国也有一定的专利申请量。显然优美科已经意识到中国市场的重要性，并希望在中国得到更多、更好的专利保护，以进一步巩固其全球领先的市场地位。

丰田作为全球首屈一指的燃料电池研发及生产公司，其燃料电池专利数量也居世界首位，专利申请量的近44%布局在日本。此外，丰田在中国、美国、欧洲、加拿大等国家/地区进行了周密的燃料电池专利布局，涵盖面涉及燃料电池的辅助装置、零部件、电池模块组装、电极、催化剂等诸多技术领域。从丰田在中国的专利分析来看，其氢能源燃料电池相关专利在中国已颇具规模，且技术领域涵盖了燃料电池汽车的几个主要组成部分。此外，值得一提的是，丰田为推动全球燃料电池在汽车领域的研发与生产应用，免费开放了一部分氢燃料电池专利技术。这一举措将进一步推进氢能源燃料电池汽车产业的大规模产业化。国内企业应当学习借鉴国外先进专利技术，同时还需及时制定自身燃料电池技术的专利发展战略，以占据燃料电池应用市场的有利地位。

7.2 建 议

（1）加强海外布局，以提升国际市场竞争力。在先进储能材料领域，近年来中国专利申请量在数量上增长明显，总量仅次于日本，已经超过了美国、欧洲、韩国等国家/地区。并且在专利质量上也有所提高，但是与发达国家/地区相比，还存在很大的差距。这主要表现为我国专利技术输出少，海外专利布局严重不足。目前，在燃料电池材料及锂电正极材料领域，中国申请人除在日本的申请占其本国相应领域申请量的近9%之外，在美国、韩国等主要国际市场国中相应领域的专利申请量在上述国家/地区申请总量中的占比均不足4%。可见我国在先进储能材料领域的海外专利布局才刚刚起步，数量远远落后于日本、美国、欧洲等国家/地区，这势必会成为中国企业走向世界的障碍。因此，需要在鼓励海外专利布局方面加强政策引导和资金支持，鼓励国内申请人在海外进行专利布局。一方面在发达国家进行布局，以避免潜在的侵权风险；另一方面，也要在发展中国家布局，以拓展潜在市场。

（2）应加强产学研合作。从中国先进储能材料申请人类型分析来看，企业占比49%，高校和科研单位的申请占据了43%的比例，并且国内前10位重要申请人的5位为大专院校和科研单位。一方面反映出国内高校和科研单位具有了较高的研发实力，另外一方面也反映出对于先进储能材料的研究与开发还多停留在实验室阶段。因此，在政策制定方面还应当注重协同创新，促进产学研结合。政府应采取相关措施，充分利用大学及科研单位雄厚的技术研发和创新实力，与企业建立良好合作关系，建设企业与研究院校的合作平台，提高它们的综合能力，实现专利和技术的有效转化，促进中国先进储能材料领域的发展。

（3）应加强技术创新，以抢占技术高地。由于一些客观因素，我国与日本、韩国等锂电正极材料、燃料电池材料强国相比，虽然在专利申请数量上已呈现出赶超之势，但在核心技术的竞争中仍处于劣势，锂电池及燃料电池基础材料的核心专利大多被国外巨头掌握。针对上述现状，国内企业一方面应该继续加强研发投入，增强自身核心竞争力；另一方面也可另辟蹊径，在一些国外同行较少关注的细分领域进行布局。

附 录

附表 1 可关注专利列表

序号	公告号	发明名称	申请日	申请人	技术分支	被引频次	同族专利个数	法律状态
1	CN101527202A	氧化石墨烯/聚苯胺超级电容器复合电极材料及其制备方法、用途	2009-04-24	南京理工大学	超级电容器材料	40	2	有效
2	CN101894679A	一种石墨烯基柔性超级电容器及其电极材料的制备方法	2009-05-20	中国科学院金属研究所	超级电容器材料	31	2	有效
3	CN101599370A	一种快速制备导电碳-二氧化锰复合电极材料的方法	2009-04-23	哈尔滨工程大学	超级电容器材料	23	2	有效
4	CN101606210A	蓄电单元	2008-02-13	松下电器产业株式会社	超级电容器材料	19	9	有效
5	CN101840792A	一种混合型超级电容器及其制备方法	2009-03-16	清华大学	超级电容器材料	16	2	有效
6	CN101887806A	氧化石墨烯负载纳米二氧化锰的制备方法	2009-05-15	南京理工大学	超级电容器材料	16	2	有效
7	CN101310350A	锂离子电容器	2006-11-13	富士重工业株式会社	超级电容器材料	16	10	有效
8	CN101714466A	一种双电层超级电容器的制备方法	2009-11-18	凯迈嘉华(洛阳)新能源有限公司	超级电容器材料	16	2	有效
9	CN101699590A	一种混合型超级电容器	2009-11-03	朝阳立源新能源有限公司	超级电容器材料	14	2	有效
10	CN1522453A	有机电解质电容器	2002-03-29	钟纺株式会社	超级电容器材料	13	17	有效

续表

序号	公告号	发明名称	申请日	申请人	技术分支	被引频次	同族专利个数	法律状态
11	CN102543483A	一种超级电容器的石墨烯材料的制备方法	2012-01-17	电子科技大学	超级电容器材料	12	2	有效
12	CN102723211A	一种高性能超级电容器及其制造工艺	2012-05-08	海博瑞恩电子科技无锡有限公司	超级电容器材料	11	2	有效
13	CN101546651A	一种纳米石墨片-掺杂二氧化锰复合材料及其制备方法	2009-05-07	哈尔滨工程大学	超级电容器材料	11	2	有效
14	CN1735949A	蓄电装置及蓄电装置的制造方法	2003-12-25	富士重工业株式会社	超级电容器材料	11	11	有效
15	CN102810406A	以聚苯胺/取向碳纳米管复合膜为电极的超级电容器及其制备方法	2012-09-11	复旦大学	超级电容器材料	11	2	有效
16	CN1520072A	电源电路和具有该电源电路的通信设备	2003-11-04	NEC东金株式会社	超级电容器材料	11	13	有效
17	CN1483210A	有碳粉末电极的电化学双层电容器	2001-05-11	万胜技术股份有限公司	超级电容器材料	11	18	有效
18	CN201194339Y	太阳能控制器	2008-04-29	王皓、陈伏ала、夏海洋	超级电容器材料	11	1	有效
19	CN101160635A	电化学元件电极用复合粒子	2006-04-26	日本瑞翁株式会社	超级电容器材料	11	9	有效
20	CN101409154A	有机混合型超级电容器	2008-09-24	上海奥威科技开发有限公司	超级电容器材料	10	2	有效

续表

序号	公告号	发明名称	申请日	申请人	技术分支	被引频次	同族专利个数	法律状态
21	CN101103423A	可极化电极体及其制造方法，以及使用此可极化电极体的电化学电容器	2005-12-16	松下电器产业株式会社	超级电容器材料	10	8	有效
22	CN101728090A	一种铅酸电容电池组成的超级电池及其制备方法	2010-01-21	湖南科力远高技术控股有限公司	超级电容器材料	10	2	有效
23	CN102751101A	一种铂/石墨烯纳米复合材料及其制备方法与应用	2012-07-11	北京大学	超级电容器材料	10	2	有效
24	CN101894681A	双电层电容器电极片及其双电层电容器的制备方法	2010-06-23	深圳清华大学研究院，万星光电子（东莞）有限公司	超级电容器材料	10	2	有效
25	CN102723209A	一种石墨烯纳米片/导电聚合物纳米线复合材料的制备方法	2012-05-25	上海第二工业大学	超级电容器材料	10	2	有效
26	CN1334237A	活性炭及其生产方法、可极化电极，以及双电层电容器	2001-07-24	可乐丽股份有限公司	超级电容器材料	9	14	有效
27	CN101702379A	一种非对称型电化学超级电容器及电极材料的制备方法	2009-11-20	青岛生物能源与过程研究所	超级电容器材料	9	2	有效
28	CN101847514A	一种活性炭电极以及具有该电极的超级电容器	2010-03-23	集盛星泰（北京）科技有限公司	超级电容器材料	8	2	有效
29	CN101140829A	锂离子电容器	2007-09-04	富士重工业株式会社	超级电容器材料	8	8	有效

续表

序号	公告号	发明名称	申请日	申请人	技术分支	被引频次	同族专利个数	法律状态
30	CN1229517A	双电层电容器及其制造方法	1998-06-12	松下电器产业株式会社	超级电容器材料	8	9	有效
31	CN101714465A	电容器及其制造方法	2009-09-29	松下电器产业株式会社	超级电容器材料	8	8	有效
32	CN101027736A	电容器用电极构件及其制造方法以及具备该电极构件的电容器	2005-08-31	东洋铝株式会社	超级电容器材料	8	9	有效
33	CN201910625U	一种基于超级电容器的光伏并网逆变器	2010-10-14	国网电力科学研究院	超级电容器材料	8	1	有效
34	CN101142643A	电化学电池	2006-06-07	精工电子微型器件有限公司	超级电容器材料	8	31	有效
35	CN102176389A	多孔电极制造方法	2010-12-16	海博瑞恩电子科技无锡有限公司	超级电容器材料	7	2	有效
36	CN201774266U	储能控制系统	2010-08-10	北京国电富通科技发展有限责任公司、冯汉春	超级电容器材料	7	1	有效
37	CN201332025Y	一种超级电容器	2008-11-18	中国船舶重工集团公司第七一二研究所	超级电容器材料	7	1	有效
38	CN101341624A	电池或电容器用锂金属箔	2006-12-12	富士重工业株式会社	超级电容器材料	7	9	有效
39	CN101425380A	超级电容器及其制备方法	2007-11-02	清华大学、鸿富锦精密工业(深圳)有限公司	超级电容器材料	7	4	有效
40	CN201328023Y	用于风力发电机组电动变桨系统的后备电源	2008-12-24	华锐风电科技有限公司	超级电容器材料	7	1	有效
41	CN1487621A	非水电解液和锂电池	2003-07-15	宇部兴产株式会社	锂离子电池材料	21	25	有效

续表

序号	公告号	发明名称	申请日	申请人	技术分支	被引频次	同族专利个数	法律状态
42	CN102201565A	一种高容量金属锂粉复合负极及制备方法和多层复合电极	2011-04-14	杭州万好万家动力电池有限公司	锂离子电池材料	18	2	有效
43	CN1595683A	纳米金属或合金复合材料及其制备和用途	2003-09-10	中国科学院物理研究所	锂离子电池材料	16	2	有效
44	CN102394297A	一种球形核壳结构复合型富锂多元正极材料及其制备方法	2011-12-02	湘潭大学	锂离子电池材料	14	2	有效
45	CN101150182A	锂离子电池极片、电芯及电芯制备方法	2006-09-18	深圳市比克电池有限公司、李鑫	锂离子电池材料	12	2	有效
46	CN101071853A	用于电池或电化学电容器负极材料的纳米钛酸锂,其与二氧化钛的复合物的制备方法	2007-06-01	河南大学	锂离子电池材料	12	2	有效
47	CN201845833U	一种新型聚合物锂离子二次电池	2010-05-31	东莞市金赛尔电池科技有限公司	锂离子电池材料	10	1	有效
48	CN103613780A	疏水性聚合物微孔膜的表面改性方法	2013-11-14	中国科学院化学研究所	锂离子电池材料	10	2	有效
49	CN102291388A	稀土氧化物包覆磷酸锂负极材料和其制备方法及锂离子电池	2012-11-23	惠州亿纬锂能股份有限公司	锂离子电池材料	9	2	有效
50	CN1523690A	阳极和采用此阳极的电池	2003-12-26	索尼公司	锂离子电池材料	9	7	有效
51	CN1574429A	正极材料及其制造方法以及二次电池	2004-02-27	株式会社日立制作所、日立金属株式会社、新神户电机株式会社	锂离子电池材料	8	29	有效

续表

序号	公告号	发明名称	申请日	申请人	技术分支	被引频次	同族专利个数	法律状态
52	CN100483831C	双极性电极电池组及其制备方法	2005-12-07	日产自动车株式会社	锂离子电池材料	8	4	有效
53	CN1323445C	阴极及其制备方法以及包括该阴极的锂电池	2002-06-13	三星SDI株式会社	锂离子电池材料	7	8	有效
54	CN101536220A	锂过渡金属类化合物粉末,其制造方法,及其为其焙烧前体的喷雾干燥体,以及使用锂过渡金属类化合物粉末的锂二次电池用正极和锂二次电池	2007-12-21	三菱化学株式会社	锂离子电池材料	7	23	有效
55	CN102267229A	一种用于锂电池的聚烯烃微孔多孔膜及其制备方法	2011-05-18	新乡市中科科技有限公司、新乡市格瑞恩新能源材料股份有限公司	锂离子电池材料	6	2	有效
56	CN103022555A	锂离子电池及其制备方法	2012-12-30	无锡富洪科技有限公司、深圳清华大学研究院	锂离子电池材料	6	2	有效
57	CN1989647A	非水电解溶液和锂二次电池	2005-05-30	宇部兴产株式会社	锂离子电池材料	6	15	有效
58	CN202308155U	一种具有高安全性的电容电池	2011-07-15	张宝生	锂离子电池材料	6	1	有效
59	CN101376498A	一种碳气凝胶及以其作负极的锂离子纽扣电池的制备方法	2008-10-07	同济大学	锂离子电池材料	6	2	有效
60	CN201430189Y	一种锂离子电池	2009-05-31	比亚迪股份有限公司	锂离子电池材料	5	4	有效
61	CN1360356A	以锌为负极的二次电池的泡沫金属集流体及其制备方法	2002-01-24	南开大学	镍氢电池材料	8	2	有效

续表

序号	公告号	发明名称	申请日	申请人	技术分支	被引频次	同族专利个数	法律状态
62	CN202333014U	一种电池用组合隔膜及应用该隔膜的电池	2011-09-05	中信国安盟固利动力科技有限公司	镍氢电池材料	5	1	有效
63	CN201239853Y	镍氢二次电池正极双头点焊机	2008-08-20	江苏赛尔电池有限公司	镍氢电池材料	5	1	有效
64	CN1738082A	AB$_5$型负极储氢材料	2005-09-09	珠海金峰航电源科技有限公司	镍氢电池材料	5	2	有效
65	CN201773894U	SC型镍氢电池专用氢氧化镍正极极片	2010-08-06	广州市云通磁电有限公司、孝感学院	镍氢电池材料	5	1	有效
66	CN1582521A	快速电池充电的方法和装置	2001-12-10	阿塞尔拉特电力系统股份有限公司	镍氢电池材料	4	6	有效
67	CN100440583C	电隔膜、其制备方法和用途	2003-01-15	克雷维斯技术及创新股份有限公司	镍氢电池材料	4	19	有效
68	CN202111502U	一种具有均衡充放电功能的电池管理装置	2011-06-30	武汉市菱电汽车电子有限责任公司	镍氢电池材料	4	1	有效
69	CN203166045U	一种回收镍氢电池负极极片中铜网、镍钴和稀土的设备	2013-03-08	湖南邦普循环科技有限公司、佛山市邦普循环科技有限公司	镍氢电池材料	4	1	有效
70	CN202231450U	一种防爆矿灯电池充放电控制电路	2011-08-19	陕西斯达煤矿安全装备有限公司	镍氢电池材料	3	1	有效

附表1 可关注专利列表

续表

序号	公告号	发明名称	申请日	申请人	技术分支	被引频次	同族专利个数	法律状态
71	CN1764752A	多孔碳基材及其制备方法、气体扩散材料、膜－电极接合制品和燃料电池	2004-03-25	东丽株式会社	燃料电池材料	14	10	有效
72	CN1536698A	燃料电池用电解质膜结构，MEA结构及燃料电池	2004-03-30	松下电器产业株式会社	燃料电池材料	10	10	有效
73	CN201655892U	燃料电池拼接双极板	2010-03-30	上海恒劲动力科技有限公司	燃料电池材料	9	1	有效
74	CN1881667A	一种自增湿燃料电池用多层复合质子交换膜及合成方法	2005-06-17	中国科学院大连化学物理研究所	燃料电池材料	6	2	有效
75	CN1297467A	工程离聚物共混物和工程离聚物共混物膜	1999-04-16	斯图加特大学	燃料电池材料	6	31	有效
76	CN102974380A	一种铁、氮共掺杂炭黑催化剂及其制备方法	2012-11-13	中国科学院长春应用化学研究所	燃料电池材料	5	2	有效
77	CN201179668Y	膜电极的冲割成型及修整装置	2008-04-29	新源动力股份有限公司	燃料电池材料	5	1	有效
78	CN201689935U	复合密封结构的燃料电池双极板	2010-04-15	昆山弗尔赛能源有限公司	燃料电池材料	5	1	有效
79	CN202333047U	一种燃料电池电堆组装装置	2011-11-03	新源动力股份有限公司	燃料电池材料	5	1	有效
80	CN201741756U	包括多个独立电池子单元组的燃料电池	2010-03-30	上海恒劲动力科技有限公司	燃料电池材料	5	1	有效
81	CN201741755U	反应区域独立的燃料电池	2010-03-30	上海恒劲动力科技有限公司	燃料电池材料	5	1	有效
82	CN1742056A	导电聚合物凝胶及其制备方法、制动器、离子电渗治疗贴片标签、生物医学电极、调色剂、导电功能元件、抗静电电片、印制电路元件、导电糊、燃料电池用电极和燃料电池	2004-01-27	凸版资讯股份有限公司	燃料电池材料	4	2	有效

续表

序号	公告号	发明名称	申请日	申请人	技术分支	被引频次	同族专利个数	法律状态
83	CN100595953C	载体催化剂及制法、含其的电极和含该电极的燃料电池	2006-12-01	三星SDI株式会社	燃料电池材料	4	8	有效
84	CN101087022B	再生式燃料电池双功能催化剂的制备方法	2006-06-05	上海攀业氢能源科技有限公司	燃料电池材料	4	2	有效
85	CN201112484Y	提高燃料电池寿命的氮气吹扫装置	2007-10-09	新源动力股份有限公司	燃料电池材料	4	1	有效
86	CN101421438A	用于电解质渗滤槽的气体扩散电极	2007-04-12	德诺拉工业有限公司	燃料电池材料	4	30	有效
87	CN202019020U	新型质子交换膜燃料电池碳板模具	2010-08-12	苏州氢洁电源科技有限公司	燃料电池材料	4	1	有效
88	CN101542804A	燃料电池系统	2007-11-14	丰田自动车株式会社	燃料电池材料	4	14	有效
89	CN201323221Y	一种提高燃料电池包装模块内氢气安全的系统	2008-12-22	新源动力股份有限公司	燃料电池材料	4	1	有效
90	CN1255891C	气体扩散电极的连续干嵌制作工艺	2004-01-16	北京双威富能科技有限公司	燃料电池材料	4	2	有效
91	CN201792065U	晶体硅太阳能电池片半自动焊接机	2010-03-29	常州新区常工电子计算机有限公司	太阳能电池材料	18	1	有效
92	CN201838602U	一种分段栅线晶体硅太阳能电池	2010-10-19	温州昌隆光伏科技有限公司	太阳能电池材料	14	1	有效
93	CN1981346A	糊组合物及使用该组合物的太阳能电池元件	2005-06-23	东洋铝株式会社	太阳能电池材料	10	12	有效
94	CN102290249A	柔性染料敏化纳米晶有机光伏电池光阳极及其制备方法	2011-06-10	苏州恒久光电科技股份有限公司,苏州吴中恒久光电子科技有限公司	太阳能电池材料	10	2	有效

续表

序号	公告号	发明名称	申请日	申请人	技术分支	被引频次	同族专利个数	法律状态
95	CN201369334Y	非晶硅太阳能电池组件	2009-01-15	李毅	太阳能电池材料	10	1	有效
96	CN102191562A	一种N型晶体硅太阳电池的硼扩散方法	2011-04-25	苏州阿特斯阳光电力科技有限公司、阿特斯(中国)投资有限公司	太阳能电池材料	9	0	有效
97	CN201616442U	一种太阳能电池背板	2010-01-27	上海优威电子技术有限公司	太阳能电池材料	9	1	有效
98	CN201985134U	具有高透光结构的太阳能电池组件	2011-03-05	常州天合光能有限公司	太阳能电池材料	8	1	有效
99	CN102185024A	一种处理制备CIGS太阳电池吸收层的硒化炉及制备方法	2011-04-01	湘潭大学	太阳能电池材料	8	2	有效
100	CN202662616U	太阳电池的主栅线结构	2012-05-04	上饶光电高科技有限公司	太阳能电池材料	8	1	有效
101	CN101510472A	有机染料敏化锡酸锌纳米晶薄膜的太阳能电池及其制备方法	2009-03-24	福州大学	太阳能电池材料	8	2	有效
102	CN201527986U	一种晶体硅太阳能电池组件	2010-02-09	巨力新能源股份有限公司	太阳能电池材料	8	1	有效
103	CN202411658U	用于薄膜太阳能电池激光刻槽的除尘装置	2012-01-13	深圳市创益科技发展有限公司	太阳能电池材料	7	1	有效

续表

序号	公告号	发明名称	申请日	申请人	技术分支	被引频次	同族专利个数	法律状态
104	CN202502996U	双层减反射膜冶金多晶硅太阳能电池片及太阳能电池板	2012-03-29	包头市山晟新能源有限责任公司、内蒙古日月太阳能科技有限责任公司	太阳能电池材料	7	1	有效
105	CN201931199U	晶体硅太阳能电池的高频电流加热焊接装置	2010-11-23	常州尖能光伏科技有限公司	太阳能电池材料	7	1	有效
106	CN202111118U	一种嵌入式光伏屋顶组件	2011-05-26	泰通(泰州)工业有限公司	太阳能电池材料	7	1	有效
107	CN201966219U	一种N型硅太阳能电池	2010-12-21	苏州阿特斯阳光电力科技有限公司、阿特斯(中国)投资有限公司	太阳能电池材料	7	1	有效
108	CN1643621A	导电性玻璃和使用其的光电变换元件	2003-03-25	株式会社藤仓	太阳能电池材料	7	19	有效
109	CN201732795U	晶体硅太阳能电池片	2010-07-28	常州天合光能有限公司	太阳能电池材料	7	1	有效
110	CN201796897U	晶体硅太阳电池的正面电极结构	2010-05-13	苏州阿特斯阳光电力科技有限公司；阿特斯(中国)投资有限公司	太阳能电池材料	6	1	有效

附表2 失效专利列表

序号	公开号	发明名称	申请日	申请人	技术分支	被引频次	同族专利个数	法律状态
1	CN101241802A	一种非对称型水系钠/锂离子电池电容器	2008-03-13	复旦大学	超级电容器材料	29	1	失效
2	CN101388560A	一种蓄电池充电系统	2008-07-11	中国科学院电工研究所	超级电容器材料	26	1	失效
3	CN101789620A	基于蓄电池和超级电容器的有源并联式混合储能系统	2010-03-18	大连理工大学	超级电容器材料	26	1	失效
4	CN103480856A	一种使用一维过渡金属硫族化合物纳米片和金属制备纳米复合材料的方法	2013-09-09	南京邮电大学	超级电容器材料	25	1	失效
5	CN101026316A	电容器蓄电源用充电装置和电容器蓄电源用放电装置	2007-02-17	新电源系统株式会社	超级电容器材料	25	3	失效
6	CN101692506A	锂离子电池组充电状态下的主动均衡方法	2009-09-25	北京北方专用车新技术发展有限公司	超级电容器材料	24	1	失效
7	CN102182730A	带势能回收装置的挖掘机动臂流量再生系统	2011-05-05	四川省成都普什机电技术研究有限公司	超级电容器材料	22	1	失效
8	CN1357899A	碳纳米管用于超级电容器电极材料	2000-12-13	中国科学院成都有机化学研究所	超级电容器材料	21	1	失效
9	CN102745752A	水热法合成介孔钴酸镍纳米线的方法及其应用	2012-07-02	同济大学	超级电容器材料	19	1	失效

续表

序号	公开号	发明名称	申请日	申请人	技术分支	被引频次	同族专利个数	法律状态
10	CN101527353A	一种锂离子电池正极复合材料及其制备方法	2009-03-10	重庆大学	超级电容器材料	19	1	失效
11	CN101299397A	多孔碳电极材料及其制备方法	2008-03-21	中国科学院上海硅酸盐研究所	超级电容器材料	19	2	失效
12	CN101331088A	超级电容器脱盐设备	2006-12-13	通用电气公司	超级电容器材料	18	5	失效
13	CN1317809A	使用新材料的电极的超级电容器以及制作方法	2001-03-15	李永熙、株式会社日进纳米技术	超级电容器材料	18	7	失效
14	CN101159422A	具有近似恒功率牵引电机特性的永磁直流电机驱动控制系统	2007-10-16	李平、李丽华	超级电容器材料	17	1	失效
15	CN1483212A	超级电容器及其制造方法	2001-11-06	FOC 弗兰肯贝格石油产业公司	超级电容器材料	17	9	失效
16	CN101755354A	非水电解溶液以及包含该电解溶液的电化学电池系统	2008-06-13	诺莱特科技有限公司	超级电容器材料	17	12	失效
17	CN102381697A	一种球形炭材料的制备方法	2011-07-19	中国人民解放军63971部队	超级电容器材料	16	1	失效
18	CN101747243A	由双（氟磺酰）亚胺和（全氟烷基磺酰基氟磺酰）亚胺碱金属盐制备的离子液体	2008-11-28	华中科技大学	超级电容器材料	16	1	失效
19	CN101633779A	导电聚苯胺复合电极材料及其制备方法	2009-08-21	昆明理工大学	超级电容器材料	16	1	失效

续表

序号	公开号	发明名称	申请日	申请人	技术分支	被引频次	同族专利个数	法律状态
20	CN101774567A	一种超级电容器多孔炭电极材料的制备方法	2010-01-12	山东理工大学	超级电容器材料	15	1	失效
21	CN1830769A	一种高比表面积多孔炭材料的制备方法	2006-03-15	大连理工大学	超级电容器材料	15	1	失效
22	CN101752890A	电池管理系统均衡装置及方法	2010-01-26	上海中科深江电动车辆有限公司	超级电容器材料	15	1	失效
23	CN101702610A	基于超级电容器和蓄电池混合储能的双馈风力发电机励磁系统	2009-09-11	大连理工大学	超级电容器材料	15	1	失效
24	CN101857191A	一种柔性换能-储能纳米器件及制备方法	2010-04-16	华侨大学	超级电容器材料	14	1	失效
25	CN101417823A	无需模板的氧化镍空心微球的湿化学制备方法	2008-11-14	中国科学院上海硅酸盐研究所	超级电容器材料	14	1	失效
26	CN102509643A	石墨烯-碳球复合材料及其制备和应用	2011-11-29	西北师范大学	超级电容器材料	14	2	失效
27	CN102044345A	一种双电层电容器用活性炭电极的制备方法	2009-10-13	上海空间电源研究所	超级电容器材料	14	1	失效
28	CN102786705A	一种基于层层自组装技术制备石墨烯-聚苯胺复合薄膜的方法	2012-09-04	江南大学,罗静,马强	超级电容器材料	14	1	失效

续表

序号	公开号	发明名称	申请日	申请人	技术分支	被引频次	同族专利个数	法律状态
29	CN100999314A	表面吸附聚电解质的水溶性碳纳米管及其制备方法	2006-12-26	华东理工大学	超级电容器材料	14	1	失效
30	CN101661839A	金属纤维-纳米碳纤维-碳气凝胶复合材料和制备方法及用途	2009-09-11	华东师范大学	超级电容器材料	14	2	失效
31	CN101710619A	一种锂离子电池的电极片及其制作方法	2009-12-14	重庆大学	锂离子电池材料	67	1	失效
32	CN101409369A	大容量高功率聚合物磷酸铁锂动力电池及其制备方法	2008-11-14	东莞市迈科科技有限公司	锂离子电池材料	54	1	失效
33	CN1903793A	一种碳硅复合材料及其制备方法和用途	2005-07-26	中国科学院物理研究所	锂离子电池材料	53	1	失效
34	CN101281961A	锂离子电池隔膜用的涂层组合物及该隔膜的制造方法	2007-04-06	比亚迪股份有限公司	锂离子电池材料	52	1	失效
35	CN101924211A	一种石墨烯-硅锂离子电池负极材料及制备方法	2010-08-19	北京科技大学,河北善鑫泰瑞电池科技有限公司	锂离子电池材料	51	1	失效
36	CN101562244A	锂二次电池用单质硫复合材料的制备方法	2009-06-02	北京理工大学	锂离子电池材料	50	1	失效
37	CN1415124A	层状排列的锂电池	2000-10-27	波利普拉斯特斯电池有限公司	锂离子电池材料	47	11	失效
38	CN101174685A	一种锂离子电池正极或负极片及其涂布方法	2007-10-26	中南大学	锂离子电池材料	46	1	失效

续表

序号	公开号	发明名称	申请日	申请人	技术分支	被引频次	同族专利个数	法律状态
39	CN102195042A	一种高性能锂离子电池正极材料锰酸锂及其制备方法	2010-03-09	中国科学院过程工程研究所	锂离子电池材料	45	1	失效
40	CN102646817A	锂离子电池用石墨烯-金属氧化物复合负极材料及制备	2011-02-16	中国科学院金属研究所	锂离子电池材料	44	1	失效
41	CN101154745A	一种水系可充锂或钠离子电池	2007-09-20	复旦大学	锂离子电池材料	42	1	失效
42	CN101587951A	一种用于锂-硫电池的新型碳硫复合物	2008-05-23	中国人民解放军63971部队	锂离子电池材料	39	1	失效
43	CN101212048A	一种锂离子二次电池的正极材料及含有该正极材料的电池	2006-12-30	比亚迪股份有限公司	锂离子电池材料	39	1	失效
44	CN101478043A	一种锂离子电池负极材料及其制备方法	2009-01-08	上海交通大学	锂离子电池材料	35	1	失效
45	CN1627550A	锂离子电池正极材料及其制备方法	2003-12-11	比亚迪股份有限公司	锂离子电池材料	35	2	失效
46	CN1401559A	磷酸亚铁锂的制备方法及采用该材料的锂离子电池	2002-10-18	北大先行科技产业有限公司	锂离子电池材料	33	1	失效
47	CN102244231A	对正极活性材料和-或正极进行表面包覆的方法以及正极和电池的制备方法	2010-05-14	中国科学院物理研究所	锂离子电池材料	32	1	失效

续表

序号	公开号	发明名称	申请日	申请人	技术分支	被引频次	同族专利个数	法律状态
48	CN101540398A	一种用于锂二次电池的介孔结构磷酸盐材料及其制备方法	2008-03-17	中国科学院物理研究所	锂离子电池材料	32	1	失效
49	CN1595689A	锰系正极材料及其制备与用途	2003-09-08	中国科学院物理研究所	锂离子电池材料	32	1	失效
50	CN102122708A	用于锂离子二次电池的负极材料、含该负极材料的负极及其制备方法以及含该负极的电池	2010-01-08	中国科学院物理研究所	锂离子电池材料	31	1	失效
51	CN101997120A	锂离子电池导电添加剂及其制备方法	2010-10-09	深圳市贝特瑞纳米科技有限公司;深圳市贝特瑞新能源材料股份有限公司	锂离子电池材料	31	3	失效
52	CN102142554A	一种具有网络结构的纳米碳硫复合材料及其制备方法	2011-02-16	中国人民解放军63971部队	锂离子电池材料	29	1	失效
53	CN102306765A	一种锂离子正极材料镍钴锰的制备方法	2011-08-18	合肥国轩高科动力能源有限公司	锂离子电池材料	28	1	失效
54	CN102306781A	一种掺杂石墨烯电极材料及其宏量制备方法和应用	2011-09-05	中国科学院金属研究所	锂离子电池材料	28	1	失效
55	CN102201573A	一种核壳结锂离子电池富锂正极材料及其制备方法	2011-04-13	北京工业大学	锂离子电池材料	28	1	失效

续表

序号	公开号	发明名称	申请日	申请人	技术分支	被引频次	同族专利个数	法律状态
56	CN1588679A	锂离子二次电池正极材料及其制备方法	2004-08-09	深圳市纳米港有限公司	锂离子电池材料	28	1	失效
57	CN101694876A	富锂锰基正极材料及其制备方法	2009-10-22	江西江特锂电池材料有限公司,江西理工大学	锂离子电池材料	28	1	失效
58	CN1595687A	一种锂二次电池正极材料及其制备与用途	2003-09-08	中国科学院物理研究所	锂离子电池材料	28	1	失效
59	CN1595680A	锂离子蓄电池正极材料的制备方法	2004-06-25	吴孟涛	锂离子电池材料	27	1	失效
60	CN101183729A	一种高容量磷酸铁锂动力电池及其制作工艺	2007-12-14	山东海霸通讯设备有限公司	锂离子电池材料	27	1	失效
61	CN101719546A	掺杂纳米氧化物的锂离子电池正极材料的制备方法	2009-11-26	上海大学	锂离子电池材料	27	1	失效
62	CN101510603A	一种锂离子电池正极材料镍锰酸锂的制备	2009-03-20	吉林吉恩镍业股份有限公司	锂离子电池材料	27	1	失效
63	CN101800302A	锂离子电池石墨烯纳米片-氧化亚钴复合负极材料及其制备方法	2010-04-15	上海交通大学	锂离子电池材料	27	1	失效
64	CN101859887A	一种过渡金属磷酸盐包覆的锂离子电池复合正极材料	2010-06-22	华中科技大学	锂离子电池材料	27	1	失效

续表

序号	公开号	发明名称	申请日	申请人	技术分支	被引频次	同族专利个数	法律状态
65	CN101635352A	一种碳包覆锂离子电池正极材料的制备方法	2009-07-20	万向电动汽车有限公司、万向集团公司	锂离子电池材料	26	2	失效
66	CN1684290A	一种用于二次锂电池的正极材料和用途	2004-04-13	中国科学院物理研究所	锂离子电池材料	26	1	失效
67	CN101114709A	一种锂离子电池复合正极材料 $LiFePO_4-Li_3V_2(PO_4)_3-C$ 及其制备方法	2007-08-10	武汉大学	锂离子电池材料	25	1	失效
68	CN101587950A	锂离子电池微米级单晶颗粒正极材料	2008-05-20	青岛新正锂业有限公司	锂离子电池材料	25	1	失效
69	CN102339994A	锂电池用过渡金属氧化物-石墨烯纳米复合电极材料及其制备方法	2010-07-23	中国科学院宁波材料技术与工程研究所	锂离子电池材料	24	1	失效
70	CN101693531A	一种纳米磷酸铁的制备方法	2009-10-16	清华大学	锂离子电池材料	24	1	失效
71	CN101629243A	镍氢废电池正负极混合材料的浸出方法	2009-06-23	四川师范大学	镍氢电池材料	23	1	失效
72	CN1171171A	从用过的镍-金属氢化物蓄电池中回收金属的方法	1995-12-01	瓦尔达电池股份公司、特莱巴赫奥梅特生产有限公司	镍氢电池材料	19	13	失效
73	CN1563453A	一种 $Re_xMg_yNi_{4-z}A_z$ 储氢合金及非晶制备方法	2004-04-01	桂林电子工业学院	镍氢电池材料	18	1	失效

续表

序号	公开号	发明名称	申请日	申请人	技术分支	被引频次	同族专利个数	法律状态
74	CN1094852A	电池的电极隔板	1994-03-16	帕尔公司	镍氢电池材料	16	11	失效
75	CN101110521A	一种镍氢电池的充电装置及方法	2007-08-20	中兴通讯股份有限公司	镍氢电池材料	15	1	失效
76	CN2505322Y	混合动力汽车用镍氢电池组通风冷却装置	2001-11-16	清华大学	镍氢电池材料	14	1	失效
77	CN101882689A	稳压混合电池组及其充电管理系统	2010-06-11	李小平	镍氢电池材料	13	1	失效
78	CN2648617Y	蓄电池电压均衡控制装置	2003-08-27	天津清源电动车辆有限责任公司	镍氢电池材料	13	1	失效
79	CN101316048A	镍氢动力蓄电池组智能充电控制方法	2007-05-29	扬州福德电池有限公司、上海交通大学	镍氢电池材料	13	1	失效
80	CN101154821A	一种用于镍氢电池的快速充电装置及方法	2007-09-21	中兴通讯股份有限公司	镍氢电池材料	12	1	失效
81	CN1903793A	一种碳硅复合材料及其制备方法和用途	2005-07-26	中国科学院物理研究所	燃料电池材料	53	1	失效
82	CN102500365A	一种用于低温燃料电池的核壳结构催化剂的制备方法	2011-10-19	华南理工大学	燃料电池材料	24	1	失效
83	CN101814607A	一种质子交换膜燃料电池用铂-石墨烯催化剂的制备方法	2010-04-17	上海交通大学	燃料电池材料	23	1	失效
84	CN1841823A	燃料电池的最大功率点电压确定方法及其应用	2006-02-20	株式会社日立制作所	燃料电池材料	23	3	失效

续表

序号	公开号	发明名称	申请日	申请人	技术分支	被引频次	同族专利个数	法律状态
85	CN1697229A	固体氧化物燃料电池的单电池	2005-03-15	东邦瓦斯株式会社；株式会社日本触媒	燃料电池材料	22	9	失效
86	CN1278747A	用于膜电极组合件的催化剂及其制备方法	1998-04-29	美国3M	燃料电池材料	21	16	失效
87	CN101745384A	一种铂-石墨烯纳米电催化剂及其制备方法	2009-12-14	浙江大学	燃料电池材料	20	1	失效
88	CN1949577A	生物反应器-直接微生物燃料电池及其用途	2005-10-14	中国科学院过程工程研究所	燃料电池材料	18	1	失效
89	CN1409427A	一种中温固体氧化物燃料电池PEN多层膜及其制造方法	2001-09-18	中国科学技术大学	燃料电池材料	17	1	失效
90	CN101540411A	固体电解质直接碳燃料电池	2009-04-15	中国科学院上海硅酸盐研究所	燃料电池材料	17	1	失效
91	CN101627496A	膜-电极接合体以及采用该膜-电极接合体的燃料电池	2008-03-10	住友化学株式会社	燃料电池材料	16	2	失效
92	CN101485029A	用于可放大的微生物燃料电池的材料和构型	2007-05-02	宾夕法尼亚州研究基金会	燃料电池材料	16	3	失效
93	CN1617765A	气凝胶及金属组合物	2002-12-20	气凝胶合成物有限公司、康涅狄格大学	燃料电池材料	16	11	失效

续表

序号	公开号	发明名称	申请日	申请人	技术分支	被引频次	同族专利个数	法律状态
94	CN1416184A	质子交换膜燃料电池的金属复合双极板	2001-11-01	哈尔滨工业大学	燃料电池材料	15	1	失效
95	CN101379639A	铂纳米颗粒核上具有金单单层的电催化剂及其应用	2006-08-01	布鲁克哈文科学协会	燃料电池材料	15	17	失效
96	CN101165964A	一种不对称的二次空气燃料电池	2007-09-20	复旦大学	燃料电池材料	15	1	失效
97	CN1773755A	一种质子交换膜燃料电池用的膜电极及其制备方法	2005-11-17	上海交通大学	燃料电池材料	15	1	失效
98	CN1402369A	用于燃料电池的液体燃料容器	2002-06-28	弗麦克斯有限合伙组织	燃料电池材料	15	15	失效
99	CN102324531A	一种碳载CoN燃料电池催化剂及其制备方法和应用	2011-05-26	东华大学	燃料电池材料	15	1	失效
100	CN101515648A	一种可用于燃料电池的新型膜电极组件、制备方法及其应用	2009-03-19	同济大学	燃料电池材料	14	1	失效
101	CN1492530A	燃料电池膜电极的制作工艺	2002-10-24	江苏隆源双登电源有限公司	燃料电池材料	14	1	失效
102	CN101447532A	一种双面钝化晶体硅太阳电池的制备方法	2008-12-22	上海晶澳太阳能光伏科技有限公司	太阳能电池材料	43	1	失效
103	CN101179100A	一种大面积低弯曲超薄双面照光太阳能电池制作方法	2007-01-17	江苏林洋新能源有限公司	太阳能电池材料	39	1	失效

续表

序号	公开号	发明名称	申请日	申请人	技术分支	被引频次	同族专利个数	法律状态
104	CN101853897A	一种N型晶体硅局部铝背发射极太阳电池的制备方法	2010-03-31	晶澳(扬州)太阳能光伏工程有限公司	太阳能电池材料	36	1	失效
105	CN1918711A	集成薄膜太阳能电池及其制造方法	2004-12-22	昭和壳牌石油株式会社	太阳能电池材料	34	10	失效
106	CN101777429A	基于石墨烯的染料敏化太阳能电池复合光阴极及制备方法	2010-02-10	中国科学院上海硅酸盐研究所	太阳能电池材料	33	1	失效
107	CN102034877A	一种太阳能电池用导电浆料及其制备方法	2009-09-30	比亚迪股份有限公司	太阳能电池材料	32	5	失效
108	CN101414647A	一种高效太阳能电池局域深浅结扩散方法	2007-10-17	北京中科信电子装备有限公司	太阳能电池材料	31	1	失效
109	CN101241952A	高效低成本薄片晶体硅太阳能电池片工艺	2007-02-07	北京中科信电子装备有限公司	太阳能电池材料	30	1	失效
110	CN101101936A	选择性发射结晶体硅太阳电池的制备方法	2007-07-10	中电电气(南京)光伏有限公司	太阳能电池材料	30	1	失效
111	CN101404309A	一种硅太阳电池发射极的扩散工艺	2008-11-14	中国科学院电工研究所	太阳能电池材料	29	1	失效
112	CN101548392A	太阳能电池及其制造方法	2007-11-19	夏普株式会社	太阳能电池材料	29	8	失效

续表

序号	公开号	发明名称	申请日	申请人	技术分支	被引频次	同族专利个数	法律状态
113	CN101022140A	实现晶体硅太阳能电池选择性发射区的方法	2007-03-02	江苏艾德太阳能科技有限公司	太阳能电池材料	28	1	失效
114	CN101692466A	基于丝网印刷工艺的制作高效双面N型晶体硅太阳电池的方法	2009-09-17	中电电气(南京)光伏有限公司	太阳能电池材料	27	1	失效
115	CN101533874A	一种选择性发射极晶体硅太阳电池的制备方法	2009-04-23	中山大学	太阳能电池材料	26	1	失效
116	CN101058677A	用于染料敏化太阳能电池的染料和由其制备的太阳能电池	2007-04-17	三星SDI株式会社	太阳能电池材料	25	7	失效
117	CN101299446A	硒化物前驱薄膜与快速硒化硫化热处理制备薄膜电池方法	2008-05-30	南开大学,孙国忠,敖建平	太阳能电池材料	25	1	失效
118	CN102324267A	高光电转化效率晶体硅太阳能电池铝浆及其制备方法	2011-08-18	江苏泓源光电科技有限公司	太阳能电池材料	25	1	失效
119	CN101383389A	铜铟镓硒硫或铜铟镓硒或铜铟镓硫薄膜太阳能电池吸收层的制备方法及镀膜设备	2008-10-07	苏州富能技术有限公司	太阳能电池材料	25	1	失效
120	CN101022135A	硅太阳能电池减反射薄膜	2007-02-09	江苏艾德太阳能科技有限公司	太阳能电池材料	24	1	失效
121	CN101533872A	晶硅太阳能光伏电池组封装工艺	2009-04-29	淮安伟豪新能源科技有限公司	太阳能电池材料	24	1	失效

续表

序号	公开号	发明名称	申请日	申请人	技术分支	被引频次	同族专利个数	法律状态
122	CN101093863A	ZnO为电绝缘与杂质阻挡层的薄膜太阳电池及其制备方法	2007-06-12	南开大学	太阳能电池材料	24	1	失效
123	CN101447528A	一种双面钝化和激光打点接触晶体硅太阳电池制备背点的方法	2008-12-22	上海昌澳太阳能光伏科技有限公司	太阳能电池材料	24	1	失效
124	CN101483202A	单晶硅衬底多结太阳电池	2009-02-12	北京泰拉安吉清洁能源科技有限公司	太阳能电池材料	24	1	失效
125	CN101593812A	一种半透明倒置有机太阳能电池及其制备方法	2009-07-02	吉林大学	太阳能电池材料	21	1	失效
126	CN102443287A	用于太阳能电池的透明导电膜用组合物和透明导电膜	2011-09-30	三菱综合材料株式会社	太阳能电池材料	21	1	失效
127	CN201699033U	双面受光型晶体太阳能电池	2010-03-30	杨乐	太阳能电池材料	21	1	失效
128	CN101533871A	晶体硅太阳电池选择性扩散工艺	2009-04-01	常州天合光能有限公司	太阳能电池材料	21	1	失效
129	CN101692467A	基于丝网印刷工艺的制作高效双面P型晶体硅太阳电池的方法	2009-09-17	中电电气(南京)光伏有限公司	太阳能电池材料	21	1	失效
130	CN101710596A	一种硅太阳能电池	2009-11-23	宁波太阳能电源有限公司	太阳能电池材料	21	1	失效

图 索 引

图 2-1-1　先进储能材料领域全球专利申请趋势 (15)
图 2-1-2　先进储能材料领域全球专利申请构成 (16)
图 2-1-3　先进储能材料领域各技术分支全球专利申请趋势 (17)
图 2-1-4　先进储能材料领域全球专利申请目标国/地区分布 (18)
图 2-1-5　先进储能材料领域各技术分支在日本的专利申请趋势 (18)
图 2-1-6　先进储能材料领域各技术分支在美国的专利申请趋势 (19)
图 2-1-7　先进储能材料领域各技术分支在韩国的专利申请趋势 (20)
图 2-1-8　先进储能材料领域各技术分支在欧洲的专利申请趋势 (21)
图 2-1-9　先进储能材料领域各来源国/地区专利申请量排名 (21)
图 2-1-10　先进储能材料领域各来源国家/地区的专利申请趋势 (22)
图 2-1-11　先进储能材料领域全球主要申请人的专利申请量排名 (23)
图 2-2-1　先进储能材料领域中国专利申请的发展态势 (25)
图 2-2-2　锂离子电池材料中国专利申请趋势与专利类型分布 (26)
图 2-2-3　燃料电池材料中国专利申请趋势与专利类型分布 (26)
图 2-2-4　超级电容器材料中国专利申请趋势与专利类型分布 (27)
图 2-2-5　太阳能电池材料中国专利申请趋势与专利类型分布 (27)
图 2-2-6　先进储能材料领域不同国家和地区申请人在华专利申请占比 (28)
图 2-2-7　先进储能材料领域不同国家和地区申请人在华专利申请量 (28)
图 2-2-8　先进储能材料领域中国专利申请国内外申请人的类型构成 (29)
图 2-2-9　先进储能材料领域中国专利申请国内/外申请人的申请量占比构成 (29)
图 2-2-10　先进储能材料领域中国专利申请法律状态 (30)
图 2-2-11　先进储能材料领域在华主要申请人排名 (31)
图 3-2-1　锂电正极材料领域全球专利申请趋势 (37)
图 3-2-2　锂电正极材料领域全球专利申请的技术生命周期 (37)
图 3-2-3　锂电正极材料领域全球专利申请的目标国家/地区分布 (38)
图 3-2-4　锂电正极材料领域全球专利申请的来源国家/地区分布 (40)
图 3-2-5　锂电正极材料领域各技术分支全球专利申请趋势 (42)
图 3-2-6　锂电正极材料领域全球专利申请的技术分支发展态势 (43)
图 3-2-7　锂电正极材料领域各技术分支全球专利申请的国家/地区分布 (彩图1)
图 3-3-1　锂电正极材料领域中国专利申请趋势 (45)
图 3-3-2　锂电正极材料领域在华申请的国外申请人国别分布 (48)
图 3-3-3　锂电正极材料领域中国专利申请人的类型构成 (49)
图 3-3-4　锂电正极材料领域中国专利法律状态 (49)
图 3-3-5　锂电正极材料领域各技术分支中国专利申请趋势 (50)

图3-3-6	锂电正极材料领域中国专利申请的技术分支发展态势（51）		国家/地区分布（88）
图3-4-1	钴酸锂正极材料领域全球专利申请趋势（53）	图4-2-4	燃料电池领域全球专利申请的来源国家/地区分布（89）
图3-4-2	钴酸锂正极材料领域专利申请技术领域分布（54）	图4-3-1	燃料电池领域中国专利申请趋势（93）
图3-4-3	钴酸锂正极材料领域全球专利申请在H01M4技术领域内的分布（55）	图4-3-2	燃料电池领域中国专利申请的国外申请人国家/地区分布（95）
图3-4-4	钴酸锂正极材料领域全球专利申请地域分布（55）	图4-3-3	燃料电池领域中国专利申请人类型构成（96）
图3-4-5	钴酸锂正极材料领域全球申请人前12位排名（56）	图4-3-4	燃料电池领域中国专利申请法律状态（96）
图3-4-6	钴酸锂正极材料领域全球主要申请人的申请量占比（57）	图4-4-1	燃料电池电极技术领域全球专利申请趋势（98）
图3-4-7	钴酸锂材料领域全球专利申请的技术发展路线图（彩图2）	图4-4-2	燃料电池电极技术领域全球专利申请的国家/地区分布（99）
图3-4-8	钴酸锂材料领域技术功效矩阵（彩图3）	图4-4-3	燃料电池电极技术领域中国专利申请趋势（101）
图3-5-1	三元正极材料领域全球专利申请趋势（66）	图4-4-4	燃料电池电极领域上海交通大学中国专利申请法律状态（105）
图3-5-2	三元正极材料领域全球专利申请的技术领域分布（67）	图4-4-5	燃料电池电极领域比亚迪中国专利申请法律状态（113）
图3-5-3	三元正极材料领域全球专利申请在H01M4技术领域内的分布（68）	图4-5-1	燃料电池催化剂技术领域全球专利申请趋势（120）
图3-5-4	三元正极材料领域全球专利申请国家和地区分布（68）	图4-5-2	燃料电池催化剂技术领域全球专利申请国家/地区分布（121）
图3-5-5	三元正极材料领域全球专利申请人排名（69）	图4-5-3	燃料电池催化剂技术领域中国专利申请趋势（123）
图3-5-6	三元正极材料领域全球专利主要申请人的申请量占比（69）	图4-5-4	中国科学院燃料电池催化剂技术领域中国专利申请法律状态（126）
图3-5-7	三元正极材料领域全求专利申请技术发展路线图（彩图4）	图4-5-5	中国科学院燃料电池催化剂技术领域的重点研究方向（127）
图3-5-8	三元正极材料领域专利材料技术功效矩阵图（彩图5）	图4-5-6	中国科学院燃料电池催化剂领域各技术手段专利申请趋势（128）
图3-5-9	三元正极材料领域日本申请人在华申请的申请量排名（78）	图4-5-7	新源动力燃料电池催化剂领域中国专利申请法律状态（131）
图4-2-1	燃料电池领域全球专利申请趋势（86）	图4-5-8	新源动力燃料电池催化剂领域的重点研究方向（131）
图4-2-2	燃料电池领域主要申请国家/地区的专利申请趋势（87）	图4-5-9	燃料电池新源动力催化剂领域技术发展路线图（132）
图4-2-3	燃料电池领域全球专利申请的目标	图4-5-10	武汉理工大学燃料电池催化剂领域中国专利申请法律状态（133）
		图4-5-11	武汉理工大学燃料电池催化剂领

	域的重点研究方向 （136）
图4-5-12	武汉理工大学催化剂领域各技术手段专利申请变化趋势 （136）
图5-2-1	优美科锂电正极材料领域全球专利申请趋势 （140）
图5-3-1	优美科锂电正极材料领域全球专利申请的国家/地区分布 （141）
图5-3-2	优美科锂电正极材料全球专利申请的技术分支构成 （142）
图5-3-3	优美科锂电正极材料领域全球专利申请各技术分支发展趋势 （142）
图5-3-4	优美科锂电正极材料领域主要技术分支解决技术问题方面的全球专利申请分布情况 （143）
图5-3-5	优美科锂电正极材料领域主要技术分支采用技术手段方面的专利申请分布 （144）
图5-3-6	优美科锂电正极材料领域三元正极材料技术功效矩阵 （144）
图5-3-7	优美科锂电正极材料领域全球专利申请的技术发展路线 （彩图6）
图5-4-1	优美科锂电正极材料领域中国专利申请趋势 （146）
图5-4-2	优美科锂电正极材料领域中国专利申请的技术构成 （146）
图5-4-3	优美科锂电正极材料领域中国专利申请的技术领域分布 （147）
图6-2-1	丰田燃料电池领域全球专利申请趋势 （156）
图6-3-1	丰田燃料电池领域全球专利申请的国家和地区分布 （157）
图6-3-2	丰田燃料电池领域全球专利申请的技术领域分布 （157）
图6-3-3	丰田燃料电池领域全球专利主要技术领域申请趋势 （158）
图6-4-1	丰田燃料电池领域中国专利申请趋势 （159）
图6-4-2	丰田燃料电池领域中国专利法律状态 （159）
图6-4-3	丰田燃料电池领域中国专利申请技术领域分布 （160）

表 索 引

表1-2-1 技术分解表 （5~7）
表1-2-2 先进储能材料领域全球专利检索结果 （8）
表1-2-3 国内主要专利申请人名称的约定 （9~10）
表1-2-4 国外主要专利申请人名称的约定 （10~13）
表2-1-1 先进储能材料领域全球主要申请人专利申请量排序表 （23）
表2-2-1 先进储能材料领域中国专利申请省区市排名 （30）
表2-2-2 先进储能材料领域在华主要申请人的申请量排名 （31~32）
表3-2-1 锂电正极材料领域全球主要申请国家专利申请流向表 （39）
表3-2-2 锂电正极材料领域全球主要申请人排名 （40~41）
表3-3-1 锂电正极材料领域中国主要申请人排名 （46~47）
表3-4-1 钴酸锂正极材料领域日本申请人在华申请情况 （61~62）
表3-5-1 三元正极材料领域韩国在华申请情况 （74~75）
表3-5-2 三元正极材料领域日本专利在华申请情况 （78~80）
表4-2-1 燃料电池领域全球主要申请国家专利申请流向表 （88）
表4-2-2 燃料电池领域全球专利申请主要申请人排名 （90）
表4-3-1 燃料电池领域中国专利申请主要申请人排名 （93~94）
表4-4-1 燃料电池电极技术领域主要申请人排名 （99~100）
表4-4-2 燃料电池电极技术领域中国专利申请省份分布 （102）
表4-4-3 燃料电池电极技术领域中国专利申请人排名 （103）
表4-4-4 燃料电池电极领域上海交通大学的部分专利 （105~111）
表4-4-5 燃料电池电极领域比亚迪的部分专利列表 （114~117）
表4-5-1 燃料电池催化剂技术领域全球主要申请人排名 （122）
表4-5-2 燃料电池催化剂技术领域中国专利申请省市分布 （124）
表4-5-3 燃料电池催化剂技术领域中国专利申请人排名 （125~126）
表4-5-4 中国科学院燃料电池催化剂领域的重点专利 （129~130）
表4-5-5 武汉理工大学催化剂领域的失效专利列表 （133~135）
表5-4-1 优美科锂电正极材料领域中国专利申请列表 （147~149）
表5-5-1 优美科锂电正极材料领域核心专利列表 （149~151）
表5-6-1 优美科锂电正极材料领域全球引进专利列表 （153~154）
表6-3-1 丰田燃料电池领域全球专利申请的IPC统计表 （157）
表6-4-1 丰田燃料电池电极技术领域中国专利列表 （160~162）
表6-5-1 丰田燃料电池领域重点专利列表 （163~164）
表6-6-1 丰田燃料电池领域中国失效专利列表 （165~167）
附表1 可关注专利列表 （172~182）
附表2 失效专利列表 （183~192）